版权声明

Casebook in Abnormal Psychology（5th Edition）
ISBN: 978-1-305-97171-4
Timothy A. Brown, David H. Barlow　　高隽 译

Copyright © 2017, 2011 Cengage Learning.

Original edition published by Cengage Learning. All rights reserved. 本书原版由圣智学习出版公司出版。版权所有，盗印必究。

China Light Industry Press is authorized by Cengage Learning to publish and distribute exclusively this simplified Chinese edition. This edition is authorized for sale in the People's Republic of China only (excluding Hong Kong, Macao SAR and Taiwan). Unauthorized export of this edition is a violation of the Copyright Act. No part of this publication may be reproduced or distributed by any means, or stored in a database or retrieval system, without the prior written permission of the publisher.

本书中文简体字翻译版由圣智学习出版公司授权中国轻工业出版社独家出版发行。此版本仅限在中华人民共和国境内（不包括中国香港、澳门特别行政区及中国台湾）销售。未经授权的本书出口将被视为违反版权法的行为。未经出版者预先书面许可，不得以任何方式复制或发行本书的任何部分。
ISBN: 978-7-5184-1948-7

Cengage Learning Asia Pte. Ltd.
151 Lorong Chuan, #02-08 New Tech Park, Singapore 556741

本书封面贴有Cengage Learning防伪标签，无标签者不得销售。

CASEBOOK IN ABNORMAL PSYCHOLOGY
(5th Edition)

变态心理学案例集

（第五版）

［美］Timothy A. Brown，David H. Barlow 著
高隽 译

中国轻工业出版社

图书在版编目(CIP)数据

变态心理学案例集：第五版／（美）蒂莫西·A. 布朗
（Timothy A. Brown），（美）戴维·H. 巴洛（David H.
Barlow）著；高隽译. —北京：中国轻工业出版社，2018.8
（2024.8重印）
　ISBN 978-7-5184-1948-7

　Ⅰ.①变…　Ⅱ.①蒂…②戴…③高…　Ⅲ.①变态
心理学－案例　Ⅳ.①B846

中国版本图书馆CIP数据核字（2018）第080998号

> 保留所有权利。非经中国轻工业出版社"万千心理"书面授权，任何人不得以任何方式（包括但不限于电子、机械、手工或其他尚未被发明或应用的技术手段）复印、拍照、扫描、录音、朗读、存储、发表本书中任何部分或本书全部内容（包括但不限于光盘、音频、视频等）。中国轻工业出版社"万千心理"未授权任何机构提供源自本书内容的电子文件阅览、收听或下载服务。如有此类非法行为，查实必究。

责任编辑：刘　雅　　　责任终审：杜文勇
策划编辑：高小菁　　　责任校对：刘志颖　　　责任监印：吴维斌

出版发行：中国轻工业出版社（北京鲁谷东街5号，邮编：100040）
印　　刷：三河市鑫金马印装有限公司
经　　销：各地新华书店
版　　次：2024年8月第1版第5次印刷
开　　本：710×1000　1/16　印张：23.25
字　　数：253千字
书　　号：ISBN 978-7-5184-1948-7　定价：78.00元
读者热线：010-65181109
发行电话：010-85119832　　010-85119912
网　　址：http://www.chlip.com.cn　　http://www.wqedu.com
电子信箱：1012305542@qq.com
版权所有　侵权必究
如发现图书残缺请拨打读者热线联系调换
241112Y2C105ZYW

译 者 序

《变态心理学案例集》（第五版）是Timothy A. Brown和David H. Barlow两位著名学者为《变态心理学：整合之道》（第七版）撰写的配套读物。不久以前，我有幸参与了由我大学时代的导师、北京大学心理学教授钱铭怡老师组织的翻译团队，完成了《变态心理学：整合之道》的翻译工作。由此，该书的责任编辑高小菁女士邀请我继续翻译这本《变态心理学案例集》。

《变态心理学：整合之道》以百万字的篇幅，涉及的教学要点异常丰富。但它主要以障碍为中心的方式来编排内容——从诊断标准、患病情况介绍，到心理病理机制分析，再到治疗要点——因此没有足够的篇幅去围绕各个具体的心理障碍呈现出一位又一位患者的真实画像。无论是对于使用《变态心理学：整合之道》进行教学的师生，活跃在心理咨询与治疗一线的临床工作者，或是对于其他感兴趣的读者而言，针对各个具体障碍的典型病例不仅能帮助大家更有效地学习变态心理学的相关知识，而且也能帮助我们平衡"只见障碍不见人"的偏颇态度。

回顾人类认识和应对心理障碍的历史，我们总会发现：正是将人类遭受的心灵折磨及其诸种外在表现置于科学视野之中的探究实践，以及将"症状与障碍"和"遭受症状与障碍折磨的人"区分开，尊重每一位病人作为个体的独特性和复杂性的平等态度，一直推动着人类对心理障碍的理解与治疗。而这本可与教材配套使用，也可以单独购买阅读的《变态心理学案例集》能够很好地帮助读者做到上述两点。正如两位作者在本书前言中所说的那样，本书所包含的20个完整案例都是基于真实个案编写的，因而能给读者提供宝贵而丰富的临床细节。其中，本书重点介绍的17个障碍是DSM-5诊断手册中最为重要且常见的心理障碍，就障碍的选取而言也很具有代表性。而且这17个心理障碍案例在内容编排上还有两个亮点。一是，每个案例都基于Barlow及其同事在临床研究和实践中发展出来的整合模型，给出了详细的案例概念化过程，并特别突出了相对新近的科学研究证据。二是，基于上述案例概念化和有充分证据支持的相应治疗方法，每个案例中都细致地介绍了具体的治疗计划、过程和结果。总之，两位作者的诸多精心设计之处让本书既适用于变态心理学课程的教学参考，也适用于心理咨询与治疗实践的学习和训练，例如对个案的诊断评估和案例概念化、治疗计划制定与实施，以及对治疗结果的评估等。我相信，本书能给多个领域的读者都带去不少启发与收获。

在构思这篇译者序的时候，我总会回想起多年前在钱铭怡老师主讲的变态心理学课上，去北京回龙观医院见习的经历。那时，正上大学三年级的我和另一位同学一组，被安排负责一位病人Z先生。我们的任务是摘录病历，询问病史，并且用包括《明尼苏达多项人格问卷》（MMPI-I）在内的多个心理测量工具对他进行评估，最终撰写出一份报告。那是我第一次与精神疾病患者相处；而今，我仿佛仍能嗅到当年回龙观医院破旧、拥挤的男病房里弥漫着的一股奇特气味，也仍能清晰地回想起Z先生矮小的个子和他的面孔。第一次见面时，因为正处于躁狂状态中，Z先生脸上充满了一种富有感染力的喜悦。他的各类躁狂症状都十分突出，从幻觉到夸大妄想，从思维奔逸到语词新作，即便是我们两个菜鸟学生也能轻易地观察到。课本上的那些概念出现在了一个活生生的人身上，这带给我强烈的震撼。但当我和同学第二次见到Z先生时，陷入抑郁心境的他完全判若两人。MMPI-I极为冗长，有将近400道题，我和同学蹲在蜷缩在走廊角落的Z先生旁边，一道一道地询问和记录。我已经记不清我们花了多少时间才完成MMPI-I，但我记得，Z先生企图在他的妄想世界中，用无法兑现的官职和金钱贿赂我们两个，好让我们帮助他从回龙观医院逃走，因为他想回家……那一刻，我体验到了深切的悲哀和无力感。有关Z先生的这份见习报告至今仍保存在我正在使用的这台电脑中。在提笔写译者序之前，我又一次打开了它：20页，15659个字，满眼是各种专业术语、计分规则、表格、参考文献……而在这份报告的正文前后，我引用了著名诗人（同时也是精神分裂症患者）食指的作品，以表达我在和Z先生总计仅数十个小时的接触中所体验到的情感冲击。这份报告的总结部分是这样写的："作为一个学习以探究人的行为与心理活动缘由之学科的学生，面对心理学最被人认识也最受人非议的领域，既为其未知与复杂所迷，也感其困难重重，不禁心有怯怯。"

如今，我在临床心理学和心理咨询与治疗领域学习、实践已有十几年，食指的两首诗作（《在精神病院》和《相信未来》）以及这一小段总结于我依然贴切。十几年过去，怀抱同样一份着迷和心怯，我完成了本书的翻译工作；今后，我也将继续坚持平凡的努力，在这条专业道路当中前行。在此，我想借这本案例集，向Z先生，以及曾经、现在和未来允许我与他们一起工作，携手从荆棘中开辟出方向的每一位来访者，致以深深的谢意。

高隽

二零一八年四月二十三日

于复旦大学

作者简介

Timothy A. Brown 是美国波士顿大学心理学系教授，波士顿大学焦虑及相关障碍研究中心主任。他在多个领域著作颇丰，包括对焦虑和心境障碍的分类研究、情绪障碍的易感性研究、心理测量学研究以及社会科学研究中的方法学等。除了开展自己的基金项目研究之外，Brown教授还担任了为数众多的联邦政府资助研究项目的统计专员或顾问。他曾担任过数本科学杂志的编辑，包括长期担任《变态心理学杂志》的副主编。

David H. Barlow 是世界知名的临床心理学专家和领袖人物，DSM-IV 编写委员会审定组成员及DSM-5[*]编写委员会审定组顾问，在焦虑和心境障碍领域的治疗和研究工作中开创了众多先河。Barlow教授目前是波士顿大学心理学和精神病学的终身荣誉教授，同时也是波士顿大学焦虑及相关障碍研究中心的创立者和荣誉主任，该中心是这一领域中世界最大的临床研究中心之一。此前，他在纽约州立大学任精神病学和心理学杰出教授一职。1975年至1979年，他在布朗大学任精神病学和心理学教授，并创立了临床心理学实习项目。1969年至1975年，他在密西西比大学医学院担任精神病学教授，并创立了医学院心理学实习医生项目。除此以外，Barlow教授还获得了美国心理学会颁发的终身成就奖以及美国心理科学协会颁发的詹姆斯·麦基恩·卡特尔会员奖，后者旨在表彰在其一生中对应用心理学领域做出非凡贡献的个人。

---

[*] DSM 编写委员会决定从第 5 版开始不再使用罗马数字表示版次，改用阿拉伯数字。

目　　录

前言　　001

案例 1
　　广泛性焦虑障碍　　005

案例 2
　　惊恐障碍和广场恐怖症　　025

案例 3
　　青少年社交焦虑障碍　　047

案例 4
　　创伤后应激障碍　　065

案例 5
　　强迫症　　087

案例 6
　　躯体变形障碍　　109

案例 7
　　成年人的躯体虐待（家庭暴力）　　131

案例 8
　　分离性身份障碍　　153

案例 9
　　重性抑郁障碍　　177

案例 10
双相障碍 197

案例 11
神经性贪食症 217

案例 12
神经性厌食症 235

案例 13
恋童障碍 255

案例 14
酒精使用障碍 275

案例 15
边缘型人格障碍 295

案例 16
精神分裂症 311

案例 17
自闭症谱系障碍 327

案例 18
未诊断的案例一 345

案例 19
未诊断的案例二 349

案例 20
未诊断的案例三 355

参考文献 359

前　言

真实的病人，真实的案例——丰富的临床细节

　　本书中呈现的所有案例都基于真实的病史和治疗结果，但病人的姓名和可用于鉴别其身份的特征（诸如年龄、职业和婚姻/家庭史这类的人口学信息）都经过了改写以恪守保密原则。本书中涵盖了众多《精神障碍诊断与统计手册》（第5版）（美国精神病学会，2013；通称DSM-5）的障碍种类，对这些障碍的探讨都采取了整合范式，以此强调多维度的影响因素（例如，遗传因素、生物学因素、社会心理因素，等等）如何以相互关联和相互影响的方式共同组成一个统一的模型，从而将具体障碍的病因、维系因素及其临床治疗包含在内。

　　为了让每一章节的篇幅适合阅读，我们没有收录那些不会对病人所患障碍的发生、维系或治疗结果造成影响的生活史细节。但我们在概念化、治疗进程和治疗结果方面提供了丰富的细节和详细的解释，远远超越了通常这类案例集中可以读到的内容分量。

　　就本书中谈及的大多数障碍而言，都存在多种治疗方法，包括药物治疗和社会心理治疗。不过，在大多数的案例中，本书中呈现的治疗是迄今为止的研究文献所显示的针对此种障碍最为有效的干预方式。尽管如此，和临床实践的复杂现实一样，读者会注意到，不同病患经过干预后所能获得的改善各不相同。

充分意识到诊断的复杂性

鉴于许多教授变态心理学的教师常常在课堂提问、测验、期中考核和期末考试中用到案例，本书的最后三个案例只提供了病史，而没有提供诊断和治疗案例概念化。这几个案例，即案例18、案例19和案例20，旨在辅助教学工作，让学生有机会充分思考应提供何种诊断和治疗计划。这些"悬而未决"的案例有利于学生们就心理障碍的复杂性和多变性展开课堂讨论，并充分意识到诊断的复杂性。案例18"略简单"，和在考试时所使用的案例难度相近，而案例19和案例20则是较为复杂的鉴别性诊断案例，或可用作额外的学分奖励，或供高年资的学生使用。

第5版的一些变化：DSM-5和文献回顾

此版所更新的内容反映并呈现了在新出版的DSM-5中所介绍的心理障碍界定中所发生的所有变化。每一章节的参考文献部分也做了更新。

致　谢

许多人为作者提供了临床信息，它们是本书中案例病史的基础。作者对这些人表示诚挚的感谢，他们是：

马丁·安东尼、丹尼斯·贝罗蒂、凯伦·卡尔霍恩、瑞·切丝、布鲁斯·切彼得、罗斯·德尼尔、帕特·迪巴特罗、玛丽罗斯·吉拉德、詹尼佛·格林伯格、康丝坦斯·科尔、莎莉·菲尔德波—科恩、莱纳·诺克斯、帕特里夏·米勒、劳拉·穆福森、K.丹尼尔·奥乐瑞、崔西·奥乐瑞、帕特里夏·瑞森克、大卫·沙克海姆、丽萨·维斯伯格以及马丽娜·维斯曼。

作者同样也想感谢各位审稿人，感谢他们对于这些案例的最初版本提出了富有建设性的意见。他们包括：来自拿骚社区大学的布罗斯·莱文，来自威斯康星大学帕克赛德分校的本杰明·哈里斯，来自得克萨斯农机大学科帕斯分校的帕米拉·布鲁亚尔，来自西俄勒冈州立大学的埃里克·库利，以及来自圣地亚哥州立大学的路易斯·R.弗兰兹尼。

当然，作者还要感谢本书之前版本的审稿人，包括：来自俄克拉荷马浸礼会大学的莫迪·A.坎贝尔，来自华氏本大学的罗兰德·G.伊文斯，来自西弗吉尼亚大学的威廉·弗里莫，来自卡斯特兰顿州立大学的弗兰克·古德金，来自加利福尼亚州立大学圣伯纳迪诺分校的伊丽莎白·A.克伦诺夫，来自马斯基根社区大学的卡罗尔·汤普逊，以及来自圣诺伯特大学的雷蒙德·M.祖拉夫斯基。

Timothy A. Brown

David H. Barlow

波士顿大学焦虑及相关障碍研究中心

案例 1

广泛性焦虑障碍

基本情况

阿德里安·霍尔兹沃思是一位39岁的白人女性，有两个孩子（儿子12岁，女儿7岁）。自从八年前获得企业管理的学士学位以来，阿德里安一直从事着银行经理的工作。最近，她越来越担心自己在工作中的注意力和记忆力问题，因此去家庭医生那里做了一次检查。阿德里安的家庭医生并没有发现她的注意力和记忆力的困扰有任何躯体层面的原因，因此将她转介给一位神经心理学家，以便对她的认知功能进行更为仔细的评估。这位神经心理学家认为阿德里安的困扰和焦虑有关，鼓励她去一家焦虑障碍诊所寻求治疗。

在诊所的首诊中，阿德里安又一次表达了她对于自己在注意和记忆方面出纰漏的担心。她表示，正是因为这些纰漏，她在工作中已经犯下了某些"在经济方面会造成灾难性影响"的错误。其结果是，上司建议她休假一段时间，放松一下，"让脑子清醒起来"。上司的话让阿德里安感到非常挫败，她开始深信自己在注意和记忆方面存在严重的问题，而且这或许是她在大学时代曾经服用过大麻造成的。除了担心自己的注意和记忆问题以及自己的工作陷入危机之外，阿德里安也声称，自己无法在工作之余放松下来。她还报告了低自尊以及在做出决策方面存在困难等问题。就决策困难而言，阿德里安说她常常在采取行动的过程中犹豫不决（例如，她总是忍不住想"这是正确的决定吗？我应该另做打算吗？"），以至于她常常避免做出任何决策。

阿德里安在注意和记忆方面的问题通常发生在她对于一些生活事件感到焦虑和担忧的时候，而她说到，在自己清醒时，大约75%的时间里她会处于一种焦虑和担忧的状态。她对自己的工作表现，对孩子的健康，以及她和身边男性的关系都有诸多担心。此外，各种各样的琐事，例如按时赴约，让家中保持清洁，以及与家人朋友保持定期的联系等，也让她感觉到压力。例如，就拿孩子来说，如果孩子们出门去社区中玩耍，而她在两个小时里没有听闻他们的情况，她就会变得非常焦虑，担心她的孩子可能会受伤或是丢掉性命。（关于阿德里安的其他担心，我们将在后文中进行讨论。）

除了过度担心（孩子们两个小时没有和她联络并不足以得出他们很可能已经被害死了的结论）外，阿德里安的担心也是不可控制的：一旦她的脑海中出现一个叫人担忧的念头，她就无法将它放下并重新专注于手头的工作。例如，当上司在她旁边时（此时她会担心上司对自己的工作表现做出负面的评价），阿德里安就会变得越来越焦虑。她满脑子只想着自己有可能会被批评，而这让她更难以专注在自己的工作上，因此就更容易犯错。在担忧持续加重的时刻，阿德里安会变得健忘，因为她的头脑并没有集中在工作上（例如，她常常会忘记上司和她说过的话，因为比起他当时所说的话，她更关注的是自己的担心）。除了注意和记忆方面的困难之外，阿德里安的焦虑和担忧还伴随着其他的症状：易激惹、入睡困难、难以维持睡眠，经常出现肌肉紧张、头痛以及激动或烦躁不安的感觉。

阿德里安对于自己的过分担心和焦虑感到忧心忡忡："我讨厌一整天都是这种感觉。我只想变得正常，能够控制生活中的事情！"这些症状除了导致阿德里安主观上的痛苦感受外，还极大地干扰了她的生活。例如，她会在办公室里消耗许多额外的时间，每天早到30分钟以"确保自己把一天都安排好了"（从而降低在工作中犯错的可能性）。她完成任务或做出决策所需要的时间远远超过必要的花费，因为她会在这个过程中质疑每一步是否准确无误。此外，阿德里安报告，这些症状对她的社交和家庭生活带来了负面的影响。孩子们经常抱怨她脾气不好,她也很少花时间和朋友们在一起,而且她曾经约会过的几个男人似乎在见了一两次面之后就没有再给她打过电话,"他们能感觉到,我不是一个有趣的人"。不仅如此,她的担心和焦虑还影响了她的身体健康。她有"临界性高血压"(血压轻度升高),而她的家庭医生将其归结于压力所致。阿德里安有偏头痛的病史,通过服用医生开具的处方药一直将这个问题控制得不错,但在她出现过度担心之后,偏头痛似乎变得更为频繁了。

除了会对于各类生活事务(例如,工作表现、孩子健康)感到焦虑和担心外,阿德里安还报告说,在一些自己可能会被他人观察或评价的社交情境下感到有些不适。具体来说,比如在约会、明确表态、参加会议以及在众人面前讲话等情境中,她都很容易怀着相对偏高的焦虑和痛苦去忍受。不过,尽管害怕他人会给出负面评价,但阿德里安说自己很少会回避这些社交情境。她注意到,自己对这些社交情境感到忧虑和她担心自己会在交往互动中丢失原有的思路而感到尴尬有关。

病 史

阿德里安报告了自己的成长经历,在中产阶级家庭中相当典型。她和父母以及两个弟弟相处得不错。尽管她认为父母"保守且严肃",但她并不相信他们中的任何一个曾经患有过任何情绪障碍(例如,焦虑、抑郁)。事实上,阿德里安唯一能回忆起的有这类困扰的家庭成员是她的爷爷,她的爷爷是一个酒鬼。阿德里安认为自己在整个童年时代都很羞涩,尽管如此,她报告自己有几段持久的友谊和兴趣爱好。在升入高中(14岁)之前,她一直是个优等生,但那之后她和家人搬到了另一个城市,她则开始在一个全然陌生的新学校上学。基于她过去出色的成绩和考试分数,老师建议阿德里安进入资优班上课。此时,她开始过度担忧,具体来说,就是担心自己会通不过课程考试。她开始在考试之前出现晚上睡不着的情况，而且注意到自己在那些更具挑战性的课程上难以集中注意力。她对失败的担心是在这个时期开始出现的，而且她开始拖延，经常直到最后一刻才完成作业。她还回忆说，自己的羞涩在这个阶段也开始加重；她在旁边有男孩子的时候会更加焦虑，而且更不愿意在班级上讲话。

阿德里安的父母和朋友尝试安慰她，一切都很好，没有必要担心。她的老师也努力帮助她放松，有些老师还答应阅读她的文章草稿，从而保证她最终会拿到通过课程的等级。尽管如此，当阿德里安在课程中获得了几个B等成绩后，她的担心和失眠变得更为严重了。因为不再是一个全A生，她害怕自己无法被大学录取。她日益严重的睡眠问题更加重了她的忧虑——如果没办法保证足够的睡眠，她担心自己的成绩会变得更糟糕。

阿德里安的症状在她读高中和大学期间时好时坏。她发觉自己在暑假和节假日期间会睡得好一些，而且注意和记忆方面的问题也较少。但是，当新学期开始后和在考试季中，她的症状又会卷土重来。约会也会增加阿德里安的焦虑，因为她担心对方不喜欢自己，或是会对她有负面的评价。由于这个原因，以及父母的原因——在她看来，父母十分严格，直到她满17岁前都不允许她约会——阿德里安很少与男孩子约会。最终，她在大学三年级的时候遇到了一个男人，两人于她22岁那年结婚。

在婚姻的头几年里，阿德里安发现自己不那么焦虑了。不过，两个孩子出生之后，她的婚姻开始出现问题。她的丈夫是一名匈牙利裔生化学家，希望一家人迁回自己的祖国，这样一来他就能够在布达佩斯获得一个学术职位。但阿德里安希望自己的孩子在美国长大，而且她本人也不愿去其他国家居住。这个冲突最终导致两人离婚，她丈夫独自回到了布达佩斯。一开始，他会在节假日和暑假来看望孩子。但是，随着孩子渐渐长大，他们开始在假期里前往匈牙利看望自己的父亲。在探访期间，阿德里安会过度担心孩子们的安全和健康。这种担心，连同她对于工作表现、生活琐事以及她与异性关系的担心，如上升的螺旋一般愈演愈烈，其频率和强度都不断增大。

正如之前所提到的，阿德里安还担心自己在大学时代服用大麻的影响。尽管她只在20年前服用过少数几次，但她仍担心这段经历会杀死部分脑细胞，导致自己持续出现注意和记忆问题。家庭医生向她保证，她早年使用大麻的经历几乎不太可能对她的注意和记忆造成这么持久的影响。阿德里安接受了这一保证，但她对医生的信心会在之后几天里就消失殆尽，或者一旦她觉察到自己难以集中注意力或回忆事情，这一保证的效力就立马烟消云散。

DSM-5 诊断

基于上述信息，阿德里安的DSM-5诊断如下：

300.02 广泛性焦虑障碍（主要诊断）

300.23 社交焦虑障碍

临界性高血压，偏头痛

尽管DSM之前各版中的多轴诊断系统在DSM-5中已经不再使用了，但原先在DSM-Ⅳ的轴Ⅲ诊断中记录的和临床表现有关的医学情形仍然应该和临床诊断一并列出。

在治疗之初，阿德里安表现出了DSM-5中广泛性焦虑障碍（美国精神病学会，2013）的所有症状。在DSM-5中，广泛性焦虑障碍被界定为具有以下的特征：①在至少6个月的多数日子里，对于诸多事件或活动（例如，工作或学校表现）表现出过分的焦虑和担心；②个体难以控制这种担心；③在最近6个月里这种焦虑和担心与下列6种症状中的至少3种相联系：坐立不安或感到激动、紧张，容易疲倦，注意力难以集中或头脑一片空白，易激惹，肌肉紧张，睡眠问题（难以入睡或保持睡眠状态，或休息不充分的、质量不满意的睡眠)。要达到DSM-5的诊断标准，这些症状必须引起个体足够大的痛苦，或对其生活造成干扰。此外，广泛性焦虑障碍的诊断还必须排除以下情况：这些担心和广泛性焦虑的症状不能用其他情绪障碍来解释（例如，惊恐障碍患者会担心出现意料之外的惊恐发作，但这种情况不应该被认为符合广泛性焦虑障碍的诊断），不能用某种物质（例如，毒品、药物等）的生理效应来解释，也不能用其他躯体疾病（例如，甲状腺功能亢进）来解释。

在DSM之前各版中，当症状（例如，慢性的焦虑和担心）全部出现在某种心境障碍（例如，重性抑郁障碍、双相障碍）或创伤后应激障碍的病程之中时，是不能给出广泛性焦虑障碍诊断的。而在DSM-5中，这一诊断的层级原则被移除了，这意味着，现在，即便这类困扰出现在患者心境障碍或创伤后应激障碍的病程内，也可以给予其广泛性焦虑障碍的诊断。

广泛性焦虑障碍的性质和治疗将在后文中进行详细的探讨，针对社交焦虑障碍的全面讨论将在案例3中呈现。

使用整合模型进行案例概念化

和本书中论述的其他焦虑障碍（例如，惊恐障碍、社交焦虑障碍）类似，广泛性焦虑障碍的整合模型强调的是生物因素和心理因素在这一障碍的发生和维系中共同起作用（Barlow & Durand, 2015）。生物因素影响着广泛性焦虑障碍的易感性。正如本书在其他焦虑障碍案例中所指出的那样，调查研究显示，焦虑作为一种人类特质具有显著的遗传性。研究同样提示我们，在广泛性焦虑障碍方面也很可能存在遗传影响。例如，广泛性焦虑障碍容易在家族中反复出现，即广泛性焦虑障碍患者的一级亲属（即父母和兄弟姐妹）患上广泛性焦虑障碍的可能性要高于没有焦虑障碍的人或患有惊恐障碍的人（Hettema, Neale, & Kendler, 2001；Newman & Bland, 2006；Noyes, Clarkson, Crowe, Yates, & McChesney, 1987；Noyes et al.,

1992）。双生子研究（例如，Kendler，Neale，Kessler，Heath，& Eaves，1992a）则进一步加强了上述研究结果的效力。这些研究发现，当双胞胎中的一方患上广泛性焦虑障碍，另一方也患上广泛性焦虑障碍的风险在同卵女性双胞胎中要高于在异卵女性双胞胎中。鉴于同卵双胞胎的基因近乎一模一样，而异卵双胞胎仅共享50%的基因（和个体与一级亲属共享的基因比例相同），广泛性焦虑障碍在同卵双胞胎中比例更高说明基因因素对该障碍的发展存在影响（Hettema，Prescott，& Kendler，2004；Hettema，Prescott，Myers，Neale，& Kendler，2005）。

　　初步研究的证据提示，广泛性焦虑障碍患者可能具有一些特定的特征，这对于理解该障碍的病因和维系十分重要。和没有焦虑障碍的人不同的是，在进行一项应激性的实验室任务（例如，在屏幕上一系列快速滚动的数字中检索出预先规定的数字）时，广泛性焦虑障碍患者表现出对于诸如心率、血压、皮肤电和呼吸等生理指标的反应性降低（Hoehn-Saric，McLeod，& Zimmerli，1989）。研究者发现，相比患有其他焦虑障碍（例如，惊恐障碍）的病人，广泛性焦虑障碍患者报告的症状以紧张感为主（例如，肌肉紧张、易激惹），而非自主神经系统唤起的症状（例如，心率上升、气短）（Brown，Marten，& Barlow，1995）。这一点也符合阿德里安的情况，她报告自己的慢性忧虑主要伴随着易激惹、难以入睡、难以维持睡眠、肌肉紧张、头痛，以及感到激动和烦躁不安等症状。诸如此类的发现提示研究者考虑广泛性焦虑障碍的患者可能属于自主神经系统受限者，因为这类个体身上紧张的症状要远强于自主神经系统唤起的症状。

　　这些发现背后的原因——若在未来的研究中浮现出来的话——是否能够清晰地区分患有广泛性焦虑障碍的人群和患有其他焦虑障碍的人群？答案或许和这些个体的某些认知特性有关。具体来说，广泛性焦虑障碍患者总体上对于潜在的威胁过度警觉或十分敏感，尤其是当威胁与其个人有一定联系的时候。这个特征也见于其他焦虑障碍。但是，就特定的障碍而言，对威胁线索的关注会更具体一些（例如，案例2中的惊恐障碍患者对于那些可能意味着一次即将来临的惊恐发作的躯体感觉存在过度警觉）。和诸如惊恐障碍等其他焦虑障碍不同，广泛性焦虑障碍患者对于潜在威胁的关注"广泛"地分布在日常生活的各类事件当中。事实上，广泛性焦虑障碍的一个核心特征就是总体上倾向于高估日常活动和事件的风险或威胁。这一点在阿德里安身上十分明显，她对自己的工作表现、孩子的安全和健康、她和异性的关系以及一系列琐事（例如，准时赴约、保持家中清洁、和家人朋友维持定期的联系）都存在过度担心。

研究已经表明，相比自主神经系统唤起的症状，担心与紧张感等症状的相关更高（Brown，Antony，& Barlow，1992；Brown，Chorpita，& Barlow，1998；Brown et al.，1995）。那么，为什么担心主要和紧张感以及自主神经系统受限有关呢？Borkovec及其同事为这一相关关系提出了一种可能的解释。他们发现，尽管广泛性焦虑障碍患者表现出自主神经系统唤起受限，但同时他们在脑电检查中也表现出了beta波活动增强，这意味着患者的大脑双侧额叶皮层发生了密集的认知加工活动，尤其是在左侧半球（Carter，Johnson，& Borkovec，1986）。因此，他们提出，广泛性焦虑障碍患者在产生强烈担心的时候脑海中没有伴随那些让他们感到担心的画面（因为意象活动会通过大脑右半球的活动反映出来）。根据这一假设，可能正是担心导致了自主神经系统受限的状况（Borkovec，1994）。担心者可能过分执迷于思考潜在的问题或威胁，以致他们没有足够的注意力来在头脑中制造有关的画面。换句话来说，担心者可能在回避这些画面，因为这些具有威胁性的画面和更强烈的负面情绪以及自主神经系统活动有关（Borkovec，Alcaine，& Behar，2004）。

你在阅读这个案例和本书中其他有关焦虑障碍的案例时会注意到，让患者在想象层面上暴露在威胁材料之下（例如，飞行恐惧治疗的第一步就是患者在头脑中持续进行有关自己乘坐飞机飞行的视觉想象）是一种重要的治疗技术。尽管在一开始，想象暴露意味着痛苦增加，但持续暴露在这些威胁意象之下，一般都会带来焦虑的持续减弱（有关这一过程的更多细节参见案例4）。但是，患有广泛性焦虑障碍的人通常不会自己进行这一过程，他们可能会回避大部分和负面情绪及负面意象有关的不快感受，因而永远无法"修通"自己所面临的问题来获得解决之道。因此，他们会发展出慢性的担忧，并且伴随着僵化的自主神经系统反应和持续的紧张感症状（例如，肌肉疼痛、肌肉紧张、易激惹等）。阿德里安高中时期的表现可以很好地表明她的担心、回避以及无法有效解决问题之间的联系。因为过度担心自己可能会在资优班学业失败，阿德里安在考试前出现睡眠困难，而且难以在较难的课程上集中注意力。阿德里安对自己学业失败的担心令她感到极度厌烦，以至于她开始拖延，直到最后一分钟才把作业做完（但这种回避行为强化了阿德里安头脑中的念头，即自己更有可能会失败）。

治疗目标和计划

阿德里安在焦虑障碍诊所接受了一个名为"控制担心治疗"的项目（Craske & Barlow，2006）。这一治疗取向包括了以下的元素：认知治疗、担心暴露治疗以及预防担心行为项目。认知治疗会帮助患者鉴别出自己担心的想法和所预期的内容。一旦这些东西被鉴别出来，病人就会学习用一些方法来批判性地评价自己的预期的有效性，并且最终的目标是用更为准确的解释去替代错误的看法。例如，就像我们接下来将要呈现的那样，阿德里安在治疗师的指导下意识到，她对工作中的事件做出了错误的解释（例如，将上司建议她去休假视为自己被解雇的征兆）。

担心暴露治疗的基础是前面讨论过的整合模型，它要求病人直接面对自己那些令人担心的预测所引发的焦虑画面（例如，当阿德里安两个小时没有听到孩子的消息时，她会被要求在头脑中持续"观看"基于她的担心可能产生的画面，即想象孩子出了事故的场景，并维持几分钟的时间）。在与认知治疗联合使用时，这一技术会让阿德里安能够直面并修通那些她原本努力通过担心去回避的令其焦虑的预测和意象。

最后，在学习如何预防担心行为产生的治疗环节中，个体会学习鉴别并停止从事以前他们在担心时进行的那些活动。之所以这么做，是因为这类行为会维持甚至强化令病人担心的念头。例如，阿德里安总是提前许多时间去上班，因为她觉得，如果不事先把工作全部理顺，那么她这一天就会犯下很多错误，最终导致自己被解雇。因此，她早到的习惯事实上维持了她的问题信念，即认为自己特别容易犯错因而会被解雇（例如，"我还没有犯下致命错误的唯一原因是我每天早到办公室"）。而在预防担心行为的实践之一，就是要求阿德里安按时上班，并且让她去比较行为改变的结果（例如，按时上班对她的工作表现没有影响，或是对她上司对其工作的评价没有影响）和她所害怕的"可能会发生"的预测（例如，工作中犯错数量显著增加，导致上司给她负面评价）之间的差异。因此，预防担心行为可以作为另一种有力的技术来帮助病人挑战和拒绝他们所害怕的那些预测（担心）。

治疗过程和治疗结果

在前几次会谈中，阿德里安接受了心理教育（教学）的治疗项目。在这部分治疗中，治疗师向她解释了焦虑和担心的性质以及治疗的原理。在此过程中，她需要每天记录自己的想法和焦虑症状（自我监控）。她所监控的信息类型包括每天焦虑、抑郁和愉悦的水平；每天花在担心上的时间比例；诱发担心的扳机点；想法和与担心有关的行为的性质。这些自我监控记录除了能为她在治疗中出现的改善程度提供指标外，对于应用各种治疗技术（例如，在认知治疗期间鉴别那些需要评估的想法）来说也是非常重要的。

随着治疗的进展，很明显阿德里安在两个领域中出现的担心最为频繁且强度最大：工作表现（以及与此有关的注意与记忆问题）和孩子们的安危。因此，治疗的绝大部分重点放在了这两个领域。例如，在认知治疗环节中，阿德里安认识到了两种引发焦虑的基本想法：高估概率，即过高估计了负面的或有害的事件发生的可能性（"我会被解雇"）；灾难化思维，即认为若发生负面事件，它会是"灾难性的"，超出自己的应对能力（例如，"要是我被解雇了，那么我就会变得身无分文、无家可归，因为我没有办法再找到新工作"）。（案例2对这类念头会进行进一步的描述和举例。）在阿德里安和治疗师一道鉴别出这些想法之后，他们开始评估这些想法的有效性，最终目标是能够用更为准确的解释来代替它们。

例如，在她的一份自我监控记录中，阿德里安写下了她的一个预测，即她会因为在工作中惹上司生气而被解雇（参见图1.1；汤姆是阿德里安的上司）。这显然是一个高估概率的情形，因为阿德里安是一名业绩很好的员工，而且从来没有面临过要被解雇的情形（即便以前她和上司发生矛盾时也没有）。在这个过程中，阿德里安需要评估她对上司建议她度假所产生的看法的准确性：这真的意味着上司打算解雇她吗？阿德里安没有询问过自己的上司，让他澄清自己的意思，因为她害怕上司的回答会证实她的恐惧，即他打算解雇她。而治疗师帮助她看到了许多这一提议背后的可能原因，于是，阿德里安去找了自己的上司，想了解他为什么这么说。让她大感惊讶（并且直接挑战了她原本的预测）的是，上司告诉她，她是一个出色的雇员，他绝对没想过让她离职，他之所以那么说只是因为他注意到阿德里安已经很久没有休假了。

担心暴露技术则帮助阿德里安去检查自己担心的念头的可信度，并且练习控制自己的担心。阿德里安学会了每天都留出一段特定的时间（通常是晚上花一个小时）来专注于自己的担心。从她最为强烈的担心（例如，孩子们的安危）开始，先鉴别出和这个担心相关的最为害怕的结果（例如，孩子们在车祸中丧生），随后花20到30分钟，将这个可怕的画面保持在自己的头脑中。在这一"想象暴露"中，她还学着用认知治疗的技术来挑战预测

```
担心控制日记

日期：  6/12                起始时间：  5:30   上午/下午
                            结束时间：  6:15   上午/下午

焦虑      0....1....2....3....④....5....6....7....8
（画圈）  没有      轻微         中度         重度        极重

在这个    颤抖/发抖/打颤  ___    恶心/腹泻      ___
小时里    肌肉紧张/疼痛/酸 ___    潮热/发冷      ___
出现的    坐立不安         3     尿频           ___
症状      疲倦            ___    吞咽困难       ___
          气短            ___    紧张/烦躁不安   4
          心跳加快/急促   ___    容易惊跳反应   ___
          出汗/绞手       ___    难以集中注意力 ___
          口干            ___    难以入睡       ___
          头晕/眩晕       ___    易激惹          3

担心内容：  我没有按照我的上司汤姆的指示去做。他让我给弗兰克打电话讨论工作上
            的问题，但我认为最好还是通过玛丽去说。我听到汤姆碰到了弗兰克，而
            弗兰克告诉他我没有给他打电话。

最可怕的结果： 汤姆会生气，因为我没有按照他告诉我的去做。他会解雇我。

焦虑（0–8）：   5

其他可能性：   他不会生气。我解释我的行为以后，他会理解我。或许我甚至都不需要做
              解释。人会犯错——我犯了一个错误。有时候我觉得汤姆很容易发火，但
              他并不是那样的。他只是外表看起来有些脾气不好。最后也不会有什么大
              不了的。总能解决。

对担心的相信
程度（0–100）：  60         （这真的让我
                             感觉轻松多了！）
焦虑（0–8）：    2
```

图1.1　一则担心控制日记

的准确性（例如，列出若孩子们没在她预期的时间里打电话回来，那么除了发生致命的事故外可能出现其他哪些情形）。除了让她去修通她经常回避的担心之外，担心暴露技术也让她感到自己能够更好地去控制那些侵占着脑海的担心。因为担心暴露技术每天给她提供了整整一个小时去"放肆"担心的机会，所以当担心自然出现的时候，她就更容易打消这些念头，因为她知道，晚些时候她可以全心思考这些内容。

这个技术在处理阿德里安对于孩子们安危的担心方面尤其重要。例如，当孩子们去匈牙利度暑假的时候（恰好在治疗的前半段），阿德里安不断地担心他们是不是会在交通事故中丧生。她觉得"除了西班牙巴斯克的司机外，匈牙利的司机是最糟糕的了"。

此外，若她打电话问候和了解情况时孩子们没有接到电话，而且没有在30分钟内给她回电，阿德里安就会担心他们被绑架了，或者已经死了（高估概率）。她反复提到，这些念头让自己非常难受，她甚至讨厌去想到这些念头，更不用说把它们写下来，或者在头脑中保持这样的画面30分钟了。她还补充说："如果孩子们出事的话，我完全没法面对。"（灾难化思维）阿德里安起初并没有全部完成每天的担心暴露任务，她说"它们占用太多时间了"。但是，她不完成任务的另一个原因似乎是，这些练习聚焦于阿德里安对孩子安全的担心，唤起的焦虑水平太高。治疗师对这一问题进行了处理，他提醒阿德里安担心暴露治疗的原理，并且指出，这些练习给她带来的强烈痛苦再次说明她非常需要修通自己的担心，这样才能在日常生活中感到较为舒适，不再过分忧虑。此外，治疗师帮助阿德里安针对自己最为害怕的预测，即若自己联系不上孩子们，那孩子们一定是受伤了或死亡了，列出其他可能的情况。起初，阿德里安很难想出，若自己长时间没有得到孩子们的消息，除了发生伤亡还会有什么其他的可能性。但是，通过在治疗中的不断努力，以及每日的担心暴露练习，她开始认识到，相比各种令人愉悦的可能性，孩子们受伤死去的可能性是多么的低（见图1.2）。

担心控制日记

日期：_7/3_　　　　　　　　　　　起始时间：_6:30_　上午/**下午**
　　　　　　　　　　　　　　　　　结束时间：_7:30_　上午/**下午**

焦虑　　　0 . . . 1 . . . 2 . . . 3 . . . 4 . . . ⑤ . . . 6 . . . 7 . . . 8
（画圈）　没有　　　　轻微　　　　　　中度　　　　重度　　　　极重

在这个小时里出现的症状：

颤抖 / 发抖 / 打颤	___	恶心 / 腹泻	___
肌肉紧张 / 疼痛 / 酸	3	潮热 / 发冷	___
坐立不安	4	尿频	___
疲倦	5	吞咽困难	___
气短	___	紧张 / 烦躁不安	4
心跳加快 / 急促	___	容易惊跳反应	___
出汗 / 绞手	___	难以集中注意力	___
口干	1	难以入睡	___
头晕 / 眩晕	___	易激惹	3

担心内容：_孩子们还没有给我回电话。_
在我上次打电话过去之后已经两个小时了。

最可怕的结果：_他们在车祸中受伤了，或者丧生了。_

焦虑（0–8）：_8_

其他可能性：_他们没事的。他们只是出去玩了。或许他们被一些事情缠住了，或许他们的奶奶忘记告诉他们我打过电话了。他们或许在读书或者在画画，或者在玩游戏。也可能刚好有个朋友来家里做客了。_

对担心的相信程度（0–100）：_65_

焦虑（0–8）：_4_

图1.2　另一则担心控制日记

渐渐地，阿德里安发现，随着孩子们临近回家的日子越来越近，她对他们的担心越来越少。在担心之外，她开始感觉到自己很期待再次见到孩子们。此外，她发现，她打电话的次数越少，孩子们和她对话就越积极（她频繁打电话去核查孩子的情况是一种担心行为）。阿德里安说："现在我会很期待我们的通话，而且我对于和孩子们打电话这件事情也不再那么紧张了。"对于每一个她努力处理的担心（例如，孩子们的安危、工作表现、可能因为许多年前吸过大麻而导致脑损伤），阿德里安最终都发现，进行担心暴露治疗是非常有帮助的。在进行担心暴露的那些时间里，她学会了系统地面对自己的恐惧，并且去考虑较为现实的、不那么灾难化的可能后果和解决问题的方法。

预防担心行为的治疗是另一个用于此次治疗的主要技术。首先，阿德里安和治疗师鉴别出了她身上那些会维持或强化其担心的行为。在阿德里安的案例中，这些行为包括在工作时早到和晚归，频繁地往匈牙利打电话，过度打扫房间（因为她担心有朋友会突然造访，然后觉得她是一个懒鬼），以及每晚只睡6小时（"还有那么多事情要做，如果早点上床睡觉我会担心自己没有办法完成。"）就像前面提到的那样，预防担心行为的目标之一就是让病人停止这些行为，并且将事后的结果和他们所害怕的预测——即停止这些行为之后会发生什么——做比较。将这一技术用于阿德里安习惯早到公司的情况前面已经讨论过了（她发现自己按时上下班并不会增加工作中犯错或被上司批评的次数）。在治疗过程中，这一技术也应用到了阿德里安的其他担心行为（例如，逐步提早入睡时间直到每晚能睡8小时，逐渐减轻家务清洁工作）中。事实上，将上床时间提前这一看似微小的干预对于阿德里安的焦虑症状产生了极大的影响。这个行动不仅否定了她原先的预测，即如果睡觉时间超过6小时，她就无法完成必须完成的任务；而且还改善了她的睡眠质量。随着时间的推移，她所报告的注意力难以集中的问题以及易激惹的问题都有所减轻。

阿德里安一共接受了15次治疗。在治疗结束时，她报告的焦虑和担心程度显著减少了。她仍然容易对孩子、工作、琐事以及大脑健康（即她的注意和记忆问题）感到担心，但是她报告说自己的担心每天只占用5%~10%的时间，而在治疗之前，这一比例高达75%。尽管阿德里安仍然偶尔会出现过度担心的情况，但她表示自己能够更好地控制担心了。孩子们也发现，她"脾气变好了"，而且"和她在一起更快乐了"。她的睡眠有所改善，而且开始参加一项她喜欢的运动课程。

在注意力和记忆力方面，阿德里安观察到自己有了一些改善，因此她在工作中的自信和自尊也有所提升。剩下的时间里偶尔会出现注意问题，而且似乎并不是由某类特定的情境触发的，但是，她发觉自己的注意力问题很大程度上只出现在工作场合。治疗师提出了一个假设，即这些症状最有可能是阿德里安身上残留的一些社交焦虑的担心（这次治疗没有直接处理她的社交焦虑障碍）。具体来说，它们可能造成了她在面对权威人物，需要表现出决断力，以及和顾客、同事打交道时感到忧虑。事实上，尽管她仍然对于被他人负面评价有些害怕，但她也报告自己在这方面确实有所改善。例如，阿德里安开始更多地和朋友出去聚会，而且说自己对于跟异性约会也不那么焦虑了。因此，尽管她继续表现出对某些社交情境的担心，但她不再回避这些情境，并且也不觉得这些症状会显著干扰她的生活。

讨 论

阿德里安所获得的诊断是焦虑障碍中最常见的一种诊断。据现有研究估计，广泛性焦虑障碍在一般人群中的终身患病率在1.9%~5.7%之间（终身患病率指的是人们在其一生中的某个时刻符合某一障碍诊断标准的比例）。关于广泛性焦虑障碍最近的患病率数据来自"美国全国共病调查复查研究"。在这项研究中，来自社区（与来自医疗机构相区别）的9000多人接受了结构化访谈的评估,结果显示广泛性焦虑障碍的时点患病率和终身患病率分别是 3.1% 和 5.7%(Kesler, Berglund et al., 2005;Kessler, Chui, Demler, & Walters, 2005)。此类社区调查有一个一致的发现:广泛性焦虑障碍的女性和男性患者比例为 2∶1(例如,Wittchen, Zhao, Kesler, & Eaton, 1994;Yonkers, Warshaw, Massion, & Keller, 1996)。

在老年人群体中,各种不同形式焦虑的发生比例很高。例如,Himmelfarb 和 Murrell(1984)发现,17%的老年男性和 21.5%的老年女性具有足以严重到需要治疗的焦虑症状,但尚不清楚的是,这些个体中有多少人最终会符合广泛性焦虑障碍的诊断标准。Flint(1994)报告,广泛性焦虑障碍在老年群体中的患病率高达 7%。另一项针对心理障碍的流行病学调查则发现,广泛性焦虑障碍在老年群体中的患病率高达 10%(Byers, Yaffe, Covinsky, Friedman, & Bruce, 2010)。可用于估计老年群体中广泛性焦虑障碍症状患病率的另一个指标,是镇静剂使用的数据。有调查显示,使用轻度镇静剂的比例在这一人群中是非常高的(17%~50%)(Salzman, 1991)。

研究者一度以为,相较于其他焦虑障碍及有关的障碍(例如惊恐发作和强迫症),广泛性焦虑障碍痛苦和损害程度都要小一些,但实际的数据表明情况恰好相反。在较早期的一次全美共病调查中发现,根据过往的求治行为(药物或心理治疗)或是严重干扰生活的程度来看,82%的广泛性焦虑障碍患者都伴随有严重的功能损害(Wittchen et al., 1994)。在对此类群体所做的一些研究中,目前被诊断为广泛性焦虑障碍的病人中,超过 80%在接受评估时也具有其他焦虑或心境障碍(Brown & Barlow, 1992a;Brown, Campbell, Grisham, & Mancill, 2001)。在 Brown 等人(2001)的研究中,最常与广泛性焦虑障碍共病的障碍是惊恐发作、社交焦虑障碍及心境障碍(重性抑郁发作、持续抑郁心境障碍)。

就像阿德里安一样,有些广泛性焦虑障碍患者报告自己在成年早期或青春期晚期开始发病,通常起于某些生活应激事件之后(Campbell,

Brown, & Grisham, 2003; Hoehn-Saric, Hazlett, & McLeod, 1993)。但是，大部分研究发现，广泛性焦虑障碍相比其他大多数焦虑障碍而言，发病更早且起病更缓（Beesdo, Pine, Lieb, & Wittchen, 2010; Brown, Barlow, & Liebowitz, 1994; Brown et al., 2001）。事实上，许多广泛性焦虑障碍患者报告，他们一直以来都感到焦虑、紧张和担忧（Barlow, 2002; Noyes et al., 1992; Sanderson & Barlow, 1990）。

因为在患有广泛性焦虑障碍的人群中有一大部分会向初级医疗机构寻求帮助，因此他们最有可能接受到药物治疗。用于治疗广泛性焦虑障碍的药物中，最常见的是苯二氮䓬类（即诸如地西泮等轻度镇静剂）。不过，有限的证据表明，即便苯二氮䓬类产生了任何积极效果，也都是极其微弱和短暂的（Schweizer & Rickels, 1996）。此外，研究者观察到，苯二氮䓬类的使用伴有某些风险。例如，苯二氮䓬类药物似乎会造成认知和运动功能上的问题（例如，O'Hanlon, Haak, Blaauw, & Riemersma, 1982; van Laar, Volkerts, & Verbaten, 2001）。具体来说，当人们服用苯二氮䓬类药物时，他们似乎在工作或学习中都难以保持认知方面的"警觉"。这些药物可能会损害人们驾驶车辆的能力，并且似乎还和更为频繁的摔倒有关，而这会导致老年人髋骨骨折（Ray, Gurwitz, Decker, & Kennedy, 1992; Wang, Bohn, Glynn, Mogun, & Avorn, 2001）。更重要的是，研究已经提示，苯二氮䓬类药物可能会导致心理和生理依赖，这让人们难以停止服用它们（Mathew & Hoffman, 2009; Noyes, Garvey, Cook, & Suelzer, 1991; Rickels, Schweizer, Case, & Greenblatt, 1990）。基于这些考虑，大多数研究者一致认为，苯二氮䓬类药物的最佳使用方式是用于短期内缓解与暂时的危机或应激事件（例如，家庭危机）有关的焦虑，而不应该用于长期的焦虑管理。越来越多的证据表明，抗抑郁药物（例如，文拉法辛和帕罗西汀）对于广泛性焦虑障碍的治疗有较好的效果（Brawman-Mintzer, 2001; Craske & Barlow, 2006; Mathew & Hoffman, 2009）。

在短期内，心理治疗似乎和药物治疗同样有效，但是前者的长期效果更好，而且脱落率也更低（Borkovec，Newman，Pincus，& Lytle，2002；Mitte，2005a；Newman et al.，2011）。最初考察心理治疗有效性的研究声称这些干预并不比安慰剂心理治疗（例如，安慰剂心理治疗可能包括对于病人提供一般的安慰，而不直接给予任何被认为对减轻广泛性焦虑障碍症状有效的治疗元素）更有效（参见Roemer & Orsillo，2014所做的研究综述）。但是，许多这类研究都在某种程度上比较宽泛（例如，使用放松训练来减轻广泛性焦虑障碍症状），而且也没有包含专门针对广泛性焦虑障碍核心问题（过度和无法控制的担心）的治疗模块（Brown et al.，1994）。心理治疗缺乏针对性的一个原因可能是，近30年来广泛性焦虑障碍的诊断标准发生了巨大的变化，从旨在描述无法被其他诊断所解释的一般焦虑症状的一个剩余分类（DSM-Ⅲ，美国精神病学会，1980）演化为具有独特性和关键界定特征的完整诊断（即对于一系列事件和活动有过度的、不可控的担心；DSM-5）。

目前，研究者已经发展出了直接以过度担心为目标的心理治疗，并对其效果进行了评估。这些治疗和阿德里安所接受的治疗形式上非常类似。具体来说，它们包括：认知治疗，以及对于和担心有关的意象的直接暴露。例如，Borkovec和Costello（1993）构建了这样一种治疗，并且发现它的效果显著优于安慰剂心理治疗——无论是在治疗结束时，还是在一年后随访时。尽管他们的治疗要比安慰剂治疗更优（而且在某种程度上也优于放松治疗），但仅有58%的病人在一年随访时仍然符合高终极状态功能的标准（高终极状态是疗效研究中的一个术语，指障碍的症状没有残留或残留很少的一种治疗结果）。更为近期的一项运用类似治疗条件的研究发现，在治疗结束24个月后随访时，病人的成功率与之前的研究相当（Borkovec et al.，2002）。因此，尽管这些发现相比之前的结果要令人鼓舞，但事实上仅有一半的病人表现出了持久且显著的改善。这说明，我们有必要发展出更有效的广泛性焦虑障碍治疗。

最近，研究者尝试将一些把重点放在接受而非回避令人痛苦的念头和感受的治疗成分整合进来，从而提高认知行为治疗的有效性（Roemer & Orsillo，2014）。一些初步研究发现提示，这些基于接受的治疗可能会提高广泛性焦虑障碍治疗的成功率（例如，Hayes-Skelton，Rowmer，& Orsillo，2013）。

批判性思考

1. 按照 DSM-5 的界定，担心是广泛性焦虑障碍的一个核心诊断标准。鉴于任何人都会担心，在你看来，应如何区分正常的担心和广泛性焦虑障碍中的担心？

2. 在治疗中，有些广泛性焦虑障碍患者不愿意消除他们的担心和担心行为，因为他们相信这些东西对自己是有帮助的（例如，阿德里安每天早到公司 30 分钟来安排一整天，以减少犯错或漏掉重要事务的可能性）。你相信担心会具有有益的特点吗？如果是的话，是哪些特点？你认为担心具有的负面特点又是什么，特别是广泛性焦虑障碍中的那种担心？

3. 研究表明，和许多其他障碍（例如，惊恐障碍、强迫症）不同，广泛性焦虑障碍起病缓慢，且常常可以追溯至童年；患有广泛性焦虑障碍的许多成年人回忆自己一直以来都感到紧张、焦虑和担心。你认为为什么会出现这种情况？你是否相信，倾向于过度担心的特点是一种人格特质而非一种时不时突然出现的症状？

4. 除了在阿德里安的治疗中所谈到的那些策略外，你认为还有哪些方法可能对于治疗广泛性焦虑障碍患者有益？

案例 2

惊恐障碍和广场恐怖症

基本情况

约翰·多纳休是一位45岁的白人男性，已婚，有3个儿子。尽管约翰是一个受过良好教育且十分成功的人（他是一位中学校长），但他15年来一直遭受着惊恐发作之苦。在之前的几年里，约翰向心理健康专业人员进行了多次咨询，可是他的惊恐发作并没有得到显著的缓解。事实上，当他和家人搬到纽约州北部并开始在一所新的学校工作时，他惊恐发作的频率上升了。约翰确信自己可以克服这些发作，因此四处寻找可以提供帮助的资源。当他看到一家擅长焦虑障碍的诊所发布的广告时，他十分兴奋，进行了预约。

在第一次访问诊所时，约翰告诉他的治疗师，他每个月会经历2到5次惊恐发作。治疗师请他描述一下最近一次典型的发作状况，约翰回忆了一周前的那次惊恐发作。当时他正在开车和家人一起前往一家电脑商店。他在惊恐发作之前意识到自己感到焦虑，不过当时他觉得可能是因为孩子们在后座十分吵闹，让他"神经紧张"。约翰记得，在他迅速转身告诉孩子们"坐好"之后，惊恐发作就发生了。他刚回过头来看路，就觉得头晕。而一旦他注意到这种感受，其他的感受就席卷而来，包括出汗、心跳加快、热气上涌、颤抖以及仿佛灵魂出窍（人格解体）。面对这些强烈的感受，约翰开始在驾驶座上移动身体，改变姿势，将手从方向盘上拿开，以便之后能更加握紧方向盘。当妻子问他"你还好吗？"的时候，约翰无法回答这个问题，因为这些感受给他的冲击太大了，他正在全力以赴地试图控制住这些感受。

约翰担心自己可能会撞车,所以努力把车停在了路边。他跳下车,迅速走上人行道。他蹲了下来,尝试通过使用他和妻子一起在助产课上学到的技术来控制他的呼吸。10分钟后,约翰开始感觉好一些了。由于高水平的焦虑在惊恐发作之后还会延续一段时间,而且他也害怕自己可能会再次发作,约翰决定在这一天剩余的时间里让妻子开车。

约翰告诉他的治疗师,从那天开始,他对于开车就变得更犹豫了,特别是对于他惊恐发作时开过的那条路。尽管迄今为止他绝大部分的惊恐发作都和特定的场所有关,但约翰报告他有些时候仍然会莫名其妙地出现惊恐发作。他注意到,尽管每个月平均下来他只有几次惊恐发作,但这导致他每天都十分焦虑,总是担心下一刻他是否又会出现惊恐发作。事实上,约翰已经发展出了对一系列情境的极度忧虑和回避,包括开车(尤其是长途驾驶)、飞行、乘坐电梯、在空旷的空间里(例如,空旷的停车场)、一个人走长路、去电影院、去教堂以及出城等。

因为这些信息对治疗可能非常重要,治疗师试着确认,若约翰在这些情境中出现惊恐发作的话,那么他到底害怕发生什么。约翰回忆说,惊恐发作最为严重的时候(即在发作刚开始出现的那几年),他认为它们是由于身体原因才出现的。具体来说,他害怕这些发作是医生没有能够确诊的某种心脏疾病的症状。不过,目前他已经不再担心自己濒临死亡,或是患有某种躯体疾病,因为医生已经说服他,他的身体一切正常。约翰现在最为害怕的是失去意识,或者是失去对手脚的控制而跌倒。实际上,约翰提到,在一些最为严重的惊恐发作当中——比如他刚刚描述的那次——他的手脚会不自主地乱动,而且无法控制。约翰对于失去意识、跌倒或失去对肢体控制的担忧,似乎在他体验到担忧和回避的大多数情境中都会发生,例如开车时(失去对车的控制而撞车),或是在教堂、电梯和空旷空间时(跌倒而令所有人都注意到他)。

为了收集更多有用的信息,治疗师询问约翰是否会携带特定物品,或者做一些特定的事情来应对惊恐发作。这类物品或事情要么是能够帮助他在困难的情境中感到舒服一些，要么是（似乎）能够降低某种可怕后果（例如，晕倒）发生的可能性。通过这个问题，治疗师鉴别出了如下的"安全行为"和"安全信号"：24小时都将抗焦虑药物带在身边；沿着道路边缘开车；走路的时候握住某些静止的物品并且身体紧贴着墙。安全行为和安全信号将在后文中详细界定和讨论。

病 史

在初诊中，约翰将自己漫长的惊恐发作病史告诉了治疗师。他第一次惊恐发作是在15年前。他在和几个朋友喝了一晚上酒之后回到家，于凌晨1点左右在起居室的沙发上睡着了。到了凌晨4点半，他刚刚醒来，突然感到胃痛，并且后颈处出现一种剧烈跳动的感觉。突然间，他注意到自己的心跳也非常快。他立刻从沙发上蹦了起来。而他刚一起身就感到头晕，简直害怕自己的头会"爆开"。约翰回忆说自己"跌跌撞撞"地出了起居室，想要呼吸一些新鲜空气。一到户外，他就开始踱步，抓挠自己的后颈和脑袋，希望能够减轻各种躯体感受。他并不知道自己遭受了什么，但他十分肯定自己快要死了。尽管有这样的念头和强烈的躯体感受，可是这次发作只持续了大概5~7分钟。当约翰逐渐感觉好点之后，他回到了室内，叫醒妻子，并告诉了她刚才发生的事情。

天亮后，约翰给他的家庭医生打了电话，对方同意当天就见他。会面后，医生告诉他，他的身体状况很好，并且怀疑只不过是他的神经系统在"释放压力"。这或许是因为他的第一个孩子刚刚出生，加上当时正临近学期末，而期末对于约翰来说总是特别忙碌的。为了帮助他放松下来，医生给他开了安定。

但约翰没有遵循医嘱，因为发作并没有很快再次出现。不过，他记得在大约一个月之后出现了第二次发作。自此，发作开始定期出现。惊恐发作反复出现后，约翰开始回避它们发生时的情境，以及那些他害怕可能会出现发作的情境。在刚开始的几年里，约翰3次冲进当地医院的急诊室，因为他坚信自己的症状是严重心脏疾病的迹象。正是在急诊室里，约翰第一次听到医生用"惊恐发作"这个词来概括他的症状。

第一次惊恐发作之后的7年，对约翰而言尤为艰难。为了应付频率和强度都越来越严重的惊恐发作，约翰开始依赖酒精，把饮酒作为一种解决问题的手段。事实上，约翰回忆说，在那段时间里，他每天要喝一打啤酒。幸运的是，通过当地社区心理健康中心的一位治疗师的帮助，在一次短期住院治疗后，约翰的酒精依赖在7年重度酗酒之后顺利结束了（但6年后他才首次前往焦虑障碍诊所求助）。不过，差不多在那个时期，有一位精神科医生给约翰开了高剂量的阿普唑仑（一种高活性苯二氮䓬类药物），至今他仍在服用。除了阿普唑仑，约翰还接受了几年由一位临床社会工作者定期进行的心理治疗。他认为自己和这位社工的治疗工作在某种程度上是有帮助的，因为他更加了解惊恐障碍及其应对方法了。例如，对自己说一些让自己平静下来的话，"这会过去的"。在此期间，他也曾经试图通过定期阅读心理自助书籍来解决问题。不幸的是，他发现，这些书在帮助他进一步康复方面用处有限。

治疗师询问了他的家庭背景，以及家族中是否存在任何情绪障碍的历史。约翰报告了大量心理问题方面的家族史，几乎都发生在他母亲那一系。除了时断时续的酗酒外，约翰的母亲还患有伴随广场恐怖症的惊恐障碍。尽管他一直认为自己的母亲是一个焦虑的女人，长期对于她和她的孩子们的躯体症状表现出担心和过度关切，但直到约翰被诊断出患有同一种障碍后，他才意识到母亲也患有惊恐发作。除了母亲外，他的外祖父和他的两个姨妈也有酗酒或滥用酒精的问题，而他的外祖母和他的一个姨妈也患有惊恐发作，并且他姨妈的广场恐怖症极其严重，以至于她在家里闭门不出长达

7年。在他的3个兄弟姐妹中，哥哥滥用酒精，但姐姐和弟弟没有任何情绪障碍或物质使用障碍的历史。

在收集了这些信息之后，治疗师用一套半结构化的简式临床访谈来评估约翰身上是否存在其他的DSM-5焦虑障碍、心境障碍、强迫障碍、创伤相关障碍、躯体形式障碍以及物质使用障碍，并筛查是否存在其他的综合征（例如，精神病性障碍）。除了曾被诊断为患有酒精使用障碍外，约翰没有获得其他的诊断；此外，他还在某些领域（例如，工作表现、孩子的健康）有反复出现的担忧，这些属于可能患有广泛性焦虑障碍的迹象。不过，治疗师并没有将广泛性焦虑障碍作为另一项诊断给出，因为他认为约翰的症状具有"亚临床"的特点（即症状没有严重到或频繁到符合DSM-5的界定标准），而且在某种程度上，围绕着惊恐发作而出现的症状（例如，约翰的大部分慢性焦虑都基于他担心自己不知何时再次出现惊恐发作），能更好地解释约翰身上的这些现象。

DSM-5 诊断

基于上述信息，约翰的DSM-5诊断如下：

300.01 惊恐障碍
300.22 广场恐怖症
305.00 酒精使用障碍，持续缓解

在许多方面，约翰的症状和病史体现出了惊恐障碍和广场恐怖症的典型临床表现。例如，他的症状与DSM-5（美国精神病学会，2013）对于惊恐障碍的定义相当一致。在DSM-5中，惊恐发作障碍的核心标准是：①反复出现不可预期的惊恐发作，伴随着②至少在1次发作之后，在持续1个月

（或更长）时间里，出现下列症状中的1种或2种：持续担心再次惊恐发作或其后果（例如，失去控制），或在有关惊恐发作的行为方面出现显著的不良变化（例如，做出某些行为以回避惊恐发作，如回避体育锻炼）。在DSM-5中，惊恐发作被定义为一种突然发生的、强烈的害怕或强烈的不适感，它在几分钟内达到高峰，并且伴随着13种症状中的至少4种，例如心率加速、出汗、气短和头晕，等等。惊恐发作既可以是无法预期的，也可以是能够预见的。不可预期的惊恐发作是DSM-5诊断惊恐障碍的必要条件，它指的是没有明显的线索或扳机点就出现的惊恐发作（即它们似乎是"无缘无故"发生的）。而可以预见的惊恐发作则有明显的线索或扳机点，例如惊恐发作通常出现的某种情境（例如，对于社交焦虑障碍患者而言，就是做演讲这类情境）。可以预见到的惊恐发作往往和诸如社交焦虑障碍、特定恐怖症等其他焦虑障碍有关。

约翰的经历也符合DSM-5对于广场恐怖症的诊断：①对于5种规定情境（乘坐公共交通工具，处于开放空间，处于密闭空间，排队或处于拥挤人群之中，独自离开家外出）中的2种或更多感到显著的恐惧或焦虑；②个体恐惧或回避这些情境是因为害怕自己万一出现惊恐样症状、其他失去功能或窘迫的症状（例如，老年个体害怕摔倒）就会难以逃离或得不到帮助；③个体所恐惧的广场情境几乎总是会触发其害怕或焦虑；④个体总是主动回避广场情境，要求有人陪伴，或带着强烈的害怕、焦虑去忍受；⑤这种害怕、焦虑或回避通常持续了至少6个月；⑥这种害怕、焦虑或回避引起了临床意义上的痛苦，或导致个体在社交、职业或其他重要功能方面受损。在DSM之前各版中，若存在广场恐怖症的话，通常都被作为惊恐障碍的一个伴发特征（例如，"伴广场恐怖症的惊恐障碍"），而非一个单独的诊断。而在DSM-5中，无论是否有惊恐障碍，广场恐怖症都可以作为诊断列出。例如，在有些案例中，患者符合广场恐怖症的所有诊断标准，但其情境性的恐惧和回避并不是针对惊恐发作而是针对其他症状的（例如，恐惧尿失禁）。就像约翰这样，若个体符合DSM-5惊恐障碍和广场恐怖症的标准，则两个诊断都应给出。

约翰过去的酒精使用障碍诊断也被记录下来，并标注了"持续缓解"。若个体曾经符合酒精使用障碍的诊断标准，但在最近至少12个月里都没有表现出任何该障碍的症状（例外的是，可能仍存在对使用酒精有渴求、强烈的欲望或冲动的情况），那么就适用于这一标注。因为约翰6年来都没有表现出任何饮酒问题的症状（即便他依然有惊恐发作），所以给出这一标注是恰当的。对于酒精使用障碍的完整论述见案例14。

使用整合模型进行案例概念化

治疗师在初始测评会谈中已经完成了案例概念化和治疗计划的大部分工作。除了获得做出DSM-5诊断的必要信息外，治疗师尽可能地收集了他认为维持了约翰的惊恐障碍和广场恐怖症的因素信息。这些信息包括惊恐障碍的症状、广场恐怖的情境、与惊恐发作及预见性的焦虑有关的认知、安全行为和安全信号等。有关惊恐障碍的病因和维持因素的整合模型告诉治疗师，获得这些信息十分重要（Barlow，2002；Barlow & Durand，2015）。这个模型承认，根据研究证据，我们都遗传了某些体验到应激的易感性（Eysenck，1967；Tellegen et al.，1988）。具体来说，这种易感性意味着个体倾向于对生活中的常见应激在神经生物学层面做出过度反应。基于一系列的因素，例如基因，有些个体比其他人更容易体验到一种紧急的警报反应（不可预期的惊恐发作或虚假警报）。因此，根据整合模型，惊恐发作属于正常的恐惧反应（即战斗—逃跑反应），只是患者在不恰当或预料之外的时刻体验到了。约翰的家庭背景提示治疗师，遗传因素在传递惊恐发作和惊恐障碍方面具有相当的影响力（Hetteman，Neale，& Kendler，2001；Kendler，Neale，Kessler，Heath，& Eaves，1992a）。考虑到惊恐障碍和酗酒在他的血亲中大量出现，合理的推断是，相比那些没有这类家族史的人来说，约翰继承了更高水平的体验到虚假警报的易感性。此外，他是在人们普遍认为压力很大的时期（即，第一个孩子出生，加上忙碌的工作日程）经历头一次惊恐发作的。这种情况也和整合模型的观点一致，该模型认为第一次惊恐发作常常源自生活应激的背景之下，因为应激事件会激活个体既有的易感性（素质—应激模型）。事实上，许多研究者都发现，大多数惊恐障碍患者都报告自己的第一次发作是在生活应激时期出现的（Craske & Barlow，2014）。

但是，易感性本身不能决定个体是否会发展出惊恐障碍，而只是搭建一个发展出惊恐障碍的舞台；若再出现适当的心理和社会因素，那么个体就会发展出惊恐障碍。在惊恐障碍中，这类因素的核心是个体对于可能会出现更多次惊恐发作感到焦虑（Barlow，2002）。这种焦虑的关注点在于那些可能预示着下一次发作的特定身体感受，而这种焦虑的特征则是个体对惊恐发作的过程顺序或意义以及相关症状产生强烈的失控感和认知歪曲。这些认知歪曲通常和不切实际的推断有关，即个体认为惊恐发作可能预示着躯体受损，或是躯体受损带来的结果（例如，心脏病发作、中风），又或者个体害怕自己会发疯或失控（例如，认为惊恐发作是精神分裂症或神经崩溃的迹象；会由于尖叫、逃跑或类似的举动而极度尴尬）。约翰身上显然存在这种认为一旦惊恐发作症状出现就会发生最糟糕的事情的倾向。正如之前讨论过的，在惊恐发作的最初阶段，约翰认为这是严重身体疾病（例如，心脏病）的迹象。而在障碍的后期，约翰主要的恐惧和其他信念有关，即认为惊恐发作会导致自己失去意识，或者失去对手脚的控制。临床经验显示，病人对于惊恐发作会造成何种后果的想法可能会在他们的病程中发生变化。是什么导致约翰将这些躯体感受解释为灾难前兆呢？个体为何会习得将正常躯体感受解释为严重威胁的倾向？对此，整合模型提出了一个具体解释：这是从早年生活中习得的。例如，约翰可能在童年期观察到他母亲如何对特定症状做出反应，从而学会了将躯体感受视为一种潜在的危险信号（观察学习）。

整合模型认为，虚假警报在个体的头脑中会迅速地和某些外在及内在线索联系在一起，而这些线索出现在个体惊恐发作的时候。在外在线索方面，若个体在某个情境中惊恐发作，那么她/他可能会在未来对这一情境产生担忧或采取回避行动，因为这个情境成了未来惊恐发作的线索。例如，约翰在他开车时经历了惊恐发作后很快就开始恐惧或回避驾驶。这一点和大量的研究证据一致。研究发现，广场恐怖症（情境性的回避）是一种和未预期到的惊恐发作有关的特质，它总是在惊恐发作之后才出现（惊恐障碍的患者中仅有很少一部分人从来都没有发展出广场恐怖症的症状；Barlow, 2002）。在内在线索方面，那些经历过预料之外的惊恐发作的人可能很快就将那些在发作时出现的躯体感受和发作本身联系在一起。这个过程有一个特定的名称，即"内感觉条件化"，意思是若某种身体感受（例如，心跳加快）反复和恐惧（在某一次惊恐发作中出现）相联系，那么这种感受本身就会具有引发焦虑或恐惧的能力（例如，剧烈运动导致心跳加快，而心跳加快又会因内感觉条件化而导致焦虑或惊恐发作）。在之后的治疗会谈中，约翰报告，自从患上惊恐障碍，他已经回避摄入含咖啡因的饮料和剧烈运动，因为他害怕这些行为可能会引发惊恐发作。因为这些最初的虚假警报通过一种学习过程（条件化）和一系列外在、内在线索相联系，所以在整合模型中它们被称为"习得性的警报"（即习得的对于躯体感受的恐惧性警报反应）。

治疗目标和计划

约翰的治疗师是一名擅长以认知行为取向来治疗焦虑障碍的执业临床心理学家。在用认知行为疗法治疗惊恐障碍时，一个主要的目标是协助病人对于他们的惊恐障碍获得控制感，并且教会他们不再因未来有可能出现惊恐发作而感到恐惧。很大程度上，治疗的重心并不在于惊恐发作本身，而在于处理病人对未来惊恐发作的焦虑；后者在整合模型中被看作惊恐发作持续发生的主要原因（即，对未来发作的焦虑是该障碍的一个维持因素）。根据这一模型，治疗师认为，收集有关约翰所害怕的惊恐发作的后果（例如，失去意识）以及他回避的情境类型的信息非常关键，这些信息对于认知治疗和情境暴露两个治疗环节都很重要。借助由艾伦·贝克和大卫·克拉克（D.A.Clark & Beck, 2009; Clark, 1986, 1994）发展出来的原理和技术，治疗师将使用认知治疗来帮助约翰鉴别和修正他的某些态度，即认为和自己的惊恐发作有关的特定感受和情境是危险的。

因为约翰的惊恐障碍伴随着广场恐怖症（这一点和大多数惊恐障碍患者类似），治疗师也将情境暴露纳入约翰的治疗中，从而降低他对于诸如开车、去电影院等情境的回避程度。情境暴露主要包含：①准备一张清单，列出约翰所恐惧和回避的情境；②按照等级（恐惧和回避等级）来排列约翰的清单，从困难最小的情境开始，到困难最大的情境结束；③从困难最小（即最不恐惧）的情境开始，让约翰在预先约定好的时间进入这些情境，并在其中停留预先约定好的时长。情境暴露（有时也被称为现场暴露）可以以许多不同的形式实施，例如系统脱敏式（约翰的治疗师所选择的方式）和集中式（也被称为满灌疗法，即治疗师安排病人立刻面对其最为恐惧和回避的情境，并且通常会持续很长一段时间）。

尽管治疗师计划以一种自助的方式来实施情境暴露（即病人自己进行大多数的暴露练习），但这个技术也可以由治疗师陪伴病人进行，或是由配偶（或亲密的朋友）作为教练或助手来协助病人进行。由治疗师协助的优势在于，能够确保病人尽量以最有益的方式暴露在恐惧的情境中。安排病人自己进行暴露可能并不总是能保证这些练习以具备治疗性质的方式完成。例如，为了让暴露达到治疗效果，病人必须在恐惧的情境下停留足够长的时间，以体验到焦虑水平的下降。但有时候，那些被安排独立完成暴露练习的病人一体验到高水平的焦虑，就立刻逃离现场。逃离现场除了妨碍病人减少对于这个情境的恐惧感之外，还可能导致病人未来更难以面对这个情境，因为她/他曾经带着极度的焦虑逃离过这个情境。

由配偶协助的暴露除了能以一种具有治疗效果的方式完成练习以外，还有其他一些好处。通过参与这一过程，配偶能够了解所有关于惊恐发作的性质和有效的治疗方法的知识。除了可以增进积极的人际互动之外（例如，因为更了解这一障碍而减少了彼此的冲突），让配偶学会担任病人的治疗教练还可以增加在治疗会谈的间歇期完成暴露练习的次数（因为有些病人会因害怕面对这些情境而拖延暴露任务）。此外，这种做法可以消除配偶时常针对病人的症状做出的反应，因为某些反应实际上有助于维持障碍。例如，配偶可能会证实病人对惊恐发作的认知（"你是对的，亲爱的。那些医生没有办法直接回答你的心脏出了什么问题，这说明他们根本不知道自己在干什么！"），也可能会强化病人逃脱或回避情境的倾向（"在你撞车而让我们都送命之前把车靠边停下！"）。但治疗师协助式和配偶协助式都可能具有的劣势在于，病人会对治疗师或配偶发展出依赖性，必须依靠他们才能够成功面对害怕的情境。不过这一问题很少发生，可以通过要求病人独立进行一定次数的暴露练习来避免。

就像其他认知行为治疗中常见的那样，约翰的治疗师计划将情境暴露和认知治疗的技术整合在一起。为了顺利实施，治疗师询问了约翰用来避免或应对惊恐发作的事情（即他的安全行为和信号，例如，他总是将药物随身携带以及贴着墙行走，或在走路的时候扶着静止的物品，从而避免自己在惊恐发作时跌倒）。就像情境回避行为一样，尽管这些安全行为能降低病人的焦虑，但实际上可能会增加或者至少会维持长期的焦虑和惊恐发作，因为这些行为阻止了他推翻自己对于惊恐发作后果的那些可怕预测。

例如，每当约翰在独自一人时经历惊恐发作，他总会跌倒在地上，而他觉得这是惊恐发作的结果。但是，治疗师观察到，若约翰认为在这个情境中跌倒是不可接受的，那么跌倒就绝不会发生。也就是说，尽管他曾经在公共场合经历过许多次严重的惊恐发作，但他总能够防止自己跌倒，或者防止自己以一种不可控的方式移动自己的手和脚（即便他无法逃离这个情境，他也常常能够找到某个可以坐下或可以倚靠的地方）。几乎所有和跌倒相关的惊恐发作都发生在家里。因此，治疗师把这些行动（跌倒在地、坐下、倚靠某些东西）视为安全行为，它们是约翰为了避免可怕的结果（即失去意识或身体瘫软）而做出的应对行为。尽管约翰通过这些行为来减轻焦虑，但这些行为却导致他的焦虑持续存在，因为它们阻止了他去证伪自己会晕倒的预测。也就是说，因为约翰从来都没有在惊恐发作中一直站着，所以他并不知道，其实他的惊恐发作非常难以造成跌倒或晕倒的后果。事实上，由于他相信惊恐发作导致自己跌倒在地上，他的安全行为就支持了这种信念。

惊恐发作控制治疗的一个核心元素是内感觉暴露（Barlow & Craske，2007；Craske & Barlow，2014）。正如之前所提到的那样，经历预期之外的惊恐发作后，个体很快就开始将那些在发作中体验到的躯体感受和惊恐发作本身联系在一起（内感觉条件化）。结果是，个体开始恐惧和回避那些会引发这些感觉的活动（例如，体育锻炼、饮用含有咖啡因的饮料、蒸桑拿），因为这些感受已经发展成了惊恐发作的内在线索。这一现象可以通过内感觉暴露在治疗中进行处理。与情境暴露类似，这一程序也包含让病人反复地、系统化地暴露在已知会害怕的躯体感觉（例如，头晕、心跳加速）之下。后文将会谈到，治疗师发现，将内感觉暴露技术和认知治疗技术相结合对约翰来说很有用，尤其是当内感觉暴露成功地引发了高水平的焦虑或惊恐时。

治疗过程和治疗结果

在初始评估会谈之后，约翰和治疗师进行了第一次和治疗会谈。在这次会谈中，治疗师获得了更多关于约翰症状的信息，包括他因为内感觉条件化作用而回避的活动类型（例如，咖啡馆、剧烈运动）。治疗师在第一次治疗会谈中花费了大量的时间为约翰提供关于焦虑和惊恐的性质的知识，还有惊恐障碍的整合模型，治疗计划的总体安排和原理，治疗将包括认知重构、情境暴露以及内感觉暴露等。在第一次治疗会谈结束时，约翰拿到了自我监控的表格，以记录他每天焦虑、抑郁、害怕惊恐发作以及实际惊恐发作的情况。

在第二次治疗会谈中，约翰和治疗师列出了两套恐惧和回避等级清单：一套针对广场恐怖症的情境，一套主要针对内感觉活动（当这一治疗环节完成之后，会加上更多活动）。等级清单上的每个项目都非常具体，包括情境和活动的时长以及相关信息（例如，是独自一人还是有人陪伴、发生的时间点）。例如，在约翰的情境等级清单中，有一个条目是"开车上州际公路，直到10号出口，独自一人，在太阳下山之后"。就像在上一节中提到的那样，两份等级清单上的条目都是根据约翰对每个条目的恐惧和回避程度按照固定顺序排列的（从困难最小的到困难最大的）。为了衡量他的进展，治疗师让约翰在以后每次会谈的开头，都对两份等级清单进行新一轮恐惧和回避评分。在这次治疗会谈结束时，约翰选择了情境等级清单中靠近末尾的一个项目，约定好在下一次会谈之前做2到3次暴露练习。

在第三次治疗会谈中，治疗师讨论了情境暴露的技术和原理，并且让约翰知道，从这次会谈开始，在每一次会谈结束时，他们都会从他的等级清单中选择一个项目，在下一次会谈前完成几次练习。也从这次会谈开始，治疗师开始关注认知成分。约翰和治疗师讨论了自动化思维的性质，还讨论了鉴别出导致焦虑和惊恐的认知的最佳方法是什么。治疗师告诉约翰，病人常常难以鉴别出在某个具体情境中最能够引发自身焦虑和恐惧的那些预测。有一部分原因是，这些想法可以在个体的意识之外发挥作用。治疗师也告诉约翰，病人可能会关注那些过于宽泛的认知，这要么是因为自我询问的程度不够，要么是因为倾向于回避令其恐惧的预测（因为关注这些念头会增加焦虑）。例如，一个病人可能会鉴别出这样的预测，"如果我在一个不安全的情境中惊恐发作，那么这次发作将会持续几个小时，或者甚至几天"。并且，他们不会去挑战这样的预测，而非进一步询问自己"如果我在这个情境中经历一次难以消退的惊恐发作，那么我害怕会发生什么？"约翰从治疗师那里得知，他应该确保自己鉴别出了重要的认知。这方面的一个指导原则是，假设其他人对于某个情境或某种感觉也有和他相同的想法，那么她/他也会体验到和他相同水平的焦虑。

在重新梳理了鉴别自动化思维的方法之后，治疗师介绍了两种产生焦虑的认知基本类型：高估概率（即高估惊恐发作带来负面结果的可能性，例如，约翰预测惊恐发作会导致他驾驶失控和撞车）以及灾难化思维（即把一个负面后果看得像灾难一般可怕，或者认为它超出自己的应对能力，例如，如果因为惊恐发作而在教堂里瘫软在地，约翰会认为，这在社交层面造成的后果令自己难以承受，因为其他人会严厉地批评他，把他看作一个软弱或有病的人）。

在第三次会谈和之后的会谈中，治疗师引导约翰以最有效的方式挑战自己所恐惧的预测。和许多病人一样，约翰在挑战自己的焦虑认知时做得太笼统。例如，他只是简单地告诉自己"我以前发作时从来没有失去过意识"来推翻自己对于失去意识的恐惧。而治疗师告诉约翰，在挑战自己害怕的预测时，关键在于收集尽可能多的证据来驳斥这个想法。例如，"在躯体层面，一次惊恐发作和一次战斗—逃跑反应是一样的。如果我在差一点遇上意外的时候出现战斗—逃跑反应的话，我根本就不会在意，那么为什么我要担心自己因为一次错误的警报而晕倒呢？"此外，治疗师指导约翰将所有他认为能够支持他原有预测的证据记录下来。治疗师发现，作为一种认知治疗，重要的不仅仅是帮助约翰去驳斥有问题的认知，也要帮助约翰去挑战那些他认为能够支持他原有预测的证据。这个做法能够非常彻底地处理约翰所恐惧的预测，而且也减轻了他"反驳再反驳"的倾向——"好吧，我在开车的时候的确没有失去过意识。但是，如果我没有靠边停车，没有及时呼吸一些新鲜空气的话,那我可能就会晕倒啊!"作为认知治疗模块的一部分,约翰用自我监控表格记录自己在两次治疗会谈之间出现的引发焦虑的认知以及他为挑战这些念头而做的努力。除了定期检查自我监控表格外,对于这些材料的回顾也成了每一次会谈中不可或缺的部分(通常是在会谈开始之后立刻进行)。这种回顾工作引导治疗师和约翰讨论上一周发生了些什么,以及约翰应该如何"精进"自己的技术从而让治疗变得更为有效。

在将预测检验作为认知治疗的一部分引入之后(见后文),治疗师开始实施内感觉暴露模块的治疗。在解释了这一成分的治疗原理之后,治疗师让约翰在会谈中做了一些能引发躯体感觉的活动,以此来鉴别出可用的练习内容。这些活动包括,通过一根小吸管呼吸2分钟、原地跑步1分钟、过度换气1分钟,等等。完成10到12个活动之后,约翰和治疗师鉴别出了几个对内感觉暴露练习有帮助的活动(基于约翰报告该活动令其产生了中等到高等水平的焦虑,以及它们和自然发生的惊恐发作更为相似)。

对于约翰来说,感觉特别相似的活动是坐在椅子上转圈1分钟。事实上,在练习了约20秒之后,约翰就突然因为一次彻底的惊恐发作而不得不停下来。治疗师注意到约翰浑身颤抖以至于无法说话,而且快要从椅子上摔到地下了。治疗师将此视为治疗中的一个重要机会,因此用坚定的语气指导约翰快速站起来。而约翰似乎未加思考就做出了反应,他下一刻就意识到自己站在了治疗师面前,眨着眼睛,满脸汗珠。治疗师注意到,约翰将双脚分开站了(以稳定自己的身体),便指导约翰将脚并拢。让约翰十分惊讶的是,他的惊恐发作停止了。

最终,这一刻成为约翰治疗中最为重要的时刻之一,其原因如下:①这给他提供了强有力的证据,反驳了他认为惊恐发作会导致他跌倒在地的预测;②这提示他,过去当他在惊恐发作时摔倒在地板上的时候,实际上是他自己选择了摔倒,以此作为一种应对惊恐发作的方式,即,在惊恐发作导致他以一种伤害性的方式摔倒(例如让他的头磕到地板)之前,他就以一种相对可控的方式先摔倒在地,从而"回击惊恐发作";③这反映出了安全行为(即约翰用来应对或降低焦虑的行为)如何增加或延长他的焦虑。以跌倒为例,这个行为阻止他认识到惊恐发作从未让他失去意识或摔倒;事实上,这一安全行为往往还增加了他的焦虑,因为他把自己自主选择跌倒在地板上的行为错误地解释为是惊恐发作所致。

因为几项内感觉活动引发了高水平的焦虑,治疗师将预测检验纳入了约翰在会谈中和会谈之间进行的暴露练习当中。预测检验是一种认知治疗技术,治疗师和病人会设计一项行为实验来检验病人有关惊恐发作的后果的预测,或者消除一种安全行为,又或是去检验病人对暴露在困难情境中时会发生什么事情的预测。例如,在一次会谈中,约翰和治疗师做了几轮椅子转圈暴露练习,以减轻约翰对眩晕感的焦虑。眩晕感是约翰在惊恐发作中经常出现的一个症状,也是他最害怕的感受,因为他相信这会导致他跌倒或晕倒。

在初次尝试之前,治疗师先收集了约翰对于转圈后果的预测,以及他对于自己预测的准确程度的评分。约翰预测,有50%的概率初次练习椅子转圈会导致他跌倒在地板上,并且会导致他的四肢不可控制地抽动。治疗师记下了这些预测,然后指导约翰开始尝试。约翰过早地停止了试验,因为旋转又引发了一次惊恐发作,且强度比第一天更甚。和之前一样,治疗师注意到约翰又开始把身体冲向地板了,因此,他指导约翰做第一天进行内感觉暴露练习时被告知去做的事(椅子旋转在约翰的内感觉暴露清单中是等级较高的活动,因此他们经过了好几周才做到这个项目)。约翰听从了治疗师,双腿并拢站直。就像第一天发生的那样,他的惊恐发作突然消失了。然后,治疗师比较了约翰的预测和这次试验的真实结果。在约翰给出了对第二次尝试结果的预测之后(约翰认为自己摔倒的概率下降到15%),再一次坐在椅子上开始转圈。

因为接下来几次的试验也会产生高水平的焦虑,治疗师继续让约翰通过做出能够极大挑战这个预测的行动来检验他对于跌倒的担忧。在一项预测检验中，治疗师让约翰在每一次转椅子之后都做一些他认为有可能增加跌倒概率的事情（例如，双脚并拢站直、手臂打开、单腿站立或站立且身体前屈等）。而每一次约翰所恐惧的预测都被试验的结果推翻了。到这次会谈结束时，他的焦虑水平已经从第一次练习中的8分（使用0—8分量表）降到了2分。和其他的内感觉暴露练习一样，治疗师在会谈间隔期给约翰布置了转椅子的练习作业，这个练习要以一种循序渐进（以持续时间，以及独自练习还是和妻子一起的标准来衡量）的方式去完成。在内感觉暴露的后期，约翰做了许多涉及"自然"活动（例如，喝含咖啡因的饮料）的练习。这类练习也对他的治疗有益，它们将他暴露在那些强度和持续时间更难以预测的感受之下，因此这些感受更接近自然发生的焦虑。

尽管治疗师认为认知反驳是约翰治疗中的一个重要部分，但他主要依靠预测检验来挑战让约翰产生焦虑的那些认知。这种方法不仅可以和内感觉暴露练习同时进行，也可以用于挑战和焦虑有关的思维，因为这些焦虑会因为即将进行一次计划好的情境暴露练习以及自然生活事件（例如，参加妻子的同事聚会）而产生。到了情境暴露的后期，治疗师要求约翰在不做安全行为的前提下进入更困难的情境（例如，站在电梯轿厢的中央乘电梯上20楼；独自开车到州际公路的10号出口，并且把抗焦虑药物留在家里），此时这个方法也是一种有益的辅助手段。另外，治疗师还将预测检验技术整合到约翰同时进行情境暴露和内感觉暴露练习的时候（例如，在开上州际公路前喝两罐红牛饮料）。

当约翰能够毫无困难地定期完成这些联合暴露练习，而且对即将进行暴露也鲜有预前焦虑时，治疗师就有信心约翰能够独立使用这些治疗技术来消除或减少剩余的症状（例如，约翰对于飞行仍然有中度焦虑，因为他没有机会练习这个项目）。在15次会谈之后，约翰又以每个月一次的频率继续见了治疗师5次。在最后一次会谈中，治疗师认为约翰的惊恐障碍已经"部分缓解"了；但在此时，约翰对于一两项活动还有一些残留的担忧，而且他偶尔会体验到一些症状有限的发作，通常都是和生活应激有关的。值得注意的是，在一个月一次的治疗过程中，约翰在医生的帮助下将抗焦虑药物的使用剂量减少到了每天1毫克。在最后一次治疗结束后6个月，约翰给治疗师打电话，告诉治疗师他已经摆脱惊恐发作和抗焦虑药物了。

讨 论

根据第二次全美共病率调查的数据，有4.7%的人在一生中的某个时段会发展出惊恐障碍或广场恐怖症；这一障碍常起病于成年早期，发病年龄的中位数为24岁（Kessler, Berguland et al., 2005）。就像大多数患有惊恐障碍的个体那样，约翰也发展出了广场恐怖症这一并发症。事实上，约翰的广场恐怖症是相当严重的（即他会回避众多情境）；这和一般的个案情况相左，因为大多数广场恐怖症的严重患者均为女性（Barlow, 2002）。女性在广场恐怖症的患病率上超过男性，但研究发现，男性患者比女性患者更容易发展出物质使用或物质依赖问题（通常是酒精，Kushner, Abrams, & Borchardt, 2000）。约翰在其惊恐障碍发病之前饮酒量就比较大，而当他开始定期出现惊恐发作时，他的饮酒量显著增加。这种"自行用药"的行为只会让病人的问题变得更为复杂。和大多数最终成功克服酒精使用障碍的病人情况一样，约翰的焦虑障碍在他开始过量饮酒之后强度不减，甚至更严重（Chambless, Cherney, Caputo, & Rheinstien, 1987）。

尽管约翰曾经有酒精使用障碍，但幸运的是，他在接受治疗时并没有患上任何其他的障碍。他没有共病（即一个人具有不止一种诊断）的情况，这很值得注意。因为大多数研究发现，焦虑障碍鲜有单发的情况。例如，一项研究（Brown, Campbell, Lehman, Grisham, & Mancill, 2001）考察了在焦虑和心境障碍中的共病率和模式，发现若病人的DSM-Ⅳ主要诊断是惊恐障碍伴广场恐怖症，则其中62%的人在测评时获得了至少一种额外的诊断。在这项研究中，惊恐障碍伴广场恐怖症患者中最常见的额外诊断是心境障碍（重性抑郁或恶劣心境）以及广泛性焦虑障碍。此外，几项研究都发现，在患有惊恐障碍和广场恐怖症的病人中，27%~65%的人有一种共病的人格障碍。不过，这些数字很可能高估了，因为大多数这类研究都使用问卷而非结构性诊断访谈来评估人格障碍（Brown & Barlow，1992a）。

在获得针对这一障碍的专门治疗之前，约翰遭受惊恐障碍的折磨达15年之久。更不幸的是，大多数病人的经历与约翰相似。尽管惊恐障碍是最常见的心理障碍之一，但大多数有这个问题的病人在最终获得合适的治疗之前都已罹患此症多年。有一部分原因是直到1980年，惊恐障碍才被DSM系统承认为一种焦虑障碍（在此之前，惊恐发作被看作一种自由浮动的、广泛性的焦虑形式），也就是说，针对惊恐障碍的有效治疗在很长一段时间里都不存在。尽管目前可以获得心理治疗和药物治疗，但仍有许多惊恐障碍患者难以找到合适的治疗（或者合适的测评）（Kessler，Chiu，Jin，Shear & Walters，2006）。在理解惊恐障碍的性质和治疗惊恐障碍方面的主要进展最近才出现，因此仍然有待于向广大健康服务工作者进行有效传播。在意识到这一问题之后，美国国家心理健康研究所开展了一项全国性的项目来增强公众和专业人员对于惊恐障碍的认识（例如，如何提高早期发现率），并帮助公众和专业人员获知有关的测评和治疗服务。

尽管直接以惊恐发作为目标的心理治疗相对较新，但目前已有许多研究衡量了它们的有效性（Mitte，2005b）。这些研究显示，心理治疗（例如本案例中描述的形式）可能比大多数普遍使用的药物治疗（例如阿普唑仑）更为有效。相比药物治疗，心理治疗的潜在优势在长期效果（即在治疗结束几个月后病人的功能水平）中最为明显，因为药物治疗常常在其停止使用时出现复发（Brown & Barlow，1992b）。相反，接受认知行为取向治疗的病人可能会享有更为持久的治疗收益。因为他们已经学习到了各种技术，可以自行运用，以不焦虑的方式去面对躯体感受或者困难情境。

例如，在一个比较了认知治疗、丙咪嗪以及放松技术有效性的重要疗效研究中，Clark等人（1994）发现，认知治疗组在15个月后的随访中被划为"不具有惊恐发作"的比例更高（85%），而相比之下，另两个治疗组的这一比例要显著低一些（丙咪嗪组60%，放松组47%）。与此类似，在15个月后的随访中，那些符合"高终极水平功能"（"高终极水平功能"在惊恐障碍中被界定为在测评前的一个月内没有出现惊恐发作，并且在0~8分的困扰和功能损害评分中，临床的严重度评分在2分及以下）的病人比例在认知治疗组中也显著更高（70%），相比之下，丙咪嗪组为45%，放松组为32%。后续由Barlow、Gorman、Shear和Woods（2000）进行的一项大型疗效研究发现，惊恐障碍的认知行为治疗比药物治疗（丙咪嗪）或合并治疗（认知行为治疗+丙咪嗪）的长期效果都更佳。

这些发现和Craske，Brown以及Barlow（1991）的发现十分类似，后者考察了类似于Clark等人（1994）所使用的一种认知行为治疗的长期有效性。具体来说，完成治疗的病人在24个月后的随访中，有86.7%被划分为没有惊恐发作，有53.3%符合高终极水平功能的标准。在Craske等人（1991）进行的这项研究中，没有惊恐发作和高终极水平功能之间的比例差异源于几个没有惊恐发作的病人仍然有其他严重症状，例如广场恐怖症式的回避。Craske等人（1991）的发现支持了长期以来的临床信念，即当惊恐障碍伴随广场恐怖症时，情境暴露应作为治疗项目的一部分。这些结果提示我们，通过认知治疗和内感觉暴露来消除惊恐发作并不能保证消除广场恐怖症。

批判性思考

1. 许多患有惊恐障碍的人表示，在第一次发作之前，他们从未听说过"惊恐发作"。有些研究者相信，大众不熟悉惊恐发作的性质和成因会让人们在初次经历"毫无缘由"的发作后更容易产生惊恐发作。因为知识的缺乏让人们更容易对于第一次的发作做出错误解释,而且极为害怕再次发作。你认为事情是这样的吗?为什么?如果你不知道什么是惊恐发作,而且体验到一次惊恐发作,你认为你会如何解释这次意料之外的、强烈的恐惧和躯体症状一起爆发的情况?你会做出什么反应?你会害怕重新回到出现惊恐发作时的场所吗?为什么?你认为,若人们能在体验到惊恐发作之前就知晓有关惊恐发作的可靠信息,惊恐障碍就能够避免吗?为什么?

2. 就像约翰那样,男性更容易用饮酒或服药来应对自己的惊恐发作。而女性更有可能因惊恐发作而发展出广泛的广场恐怖回避行为。你如何理解这种情况?

3. 正如这个案例所指出的,惊恐障碍在一般人群中相当普遍。如果你有一个朋友或家庭成员曾经体验到偶尔的惊恐发作,你会对他/她做出什么样的反应?请考虑一下,有惊恐障碍和广场恐怖症的个体背后的社会和家庭环境因素如何促进或维持其担忧以及日常活动中的回避行为(例如,回避去商店、开车、处理杂务)?

4. 尽管在约翰的治疗中这一点并不是问题,但有些研究发现,服用药物(例如阿普唑仑,一种抗抑郁药物)的人相比不服用药物的人,对认知行为治疗的反应要糟糕一些。这一发现可能是何种因素导致的?

案例 3

青少年社交焦虑障碍

基本情况

邦妮·艾米森的父母听说朋友的儿子最近成功完成了一个针对社交焦虑青少年的治疗项目。这一信息对邦妮的父母来说十分及时，因为邦妮最近受到恐惧和焦虑的困扰，正在向父母求助。因此，邦妮的母亲联络了提供这一治疗项目的诊所，诊所为他们安排了一次家庭初始评估会谈。

邦妮是一个15岁的白人女孩，正在读九年级。作为初始评估的一部分，一位擅长治疗儿童焦虑障碍的临床心理学家分别对邦妮和她的父母进行了访谈。在访谈一开始，邦妮说自己的问题是对所有事情都感到紧张，尤其是在学校里发生的事情以及任何新的事情。当访谈者请她给出一个例子时，邦妮说，父亲想让她在假期参加夏令营，但是她因为自己"神经紧张"而不想去。通过访谈，问题变得越来越清晰，邦妮的焦虑源于她对社交情境的持续恐惧：在社交情境里，她可能会成为其他人注意的焦点。例如，邦妮报告自己在商场里感到很羞怯，并且会一直担忧其他人怎么看她。

访谈者就有社交焦虑问题的青少年通常会感到恐惧或回避的各种情境询问了邦妮。几乎对所有的情境邦妮都报告自己至少有某种程度的恐惧和回避。邦妮表示，她十分害怕诸如在公共场合吃东西、使用公共卫生间、置身于拥挤的地方以及遇见陌生人等情境，她总是努力回避这些情境。邦妮还报告自己在学校里害怕和回避诸如在课堂上发言、在黑板上写字以及与老师或校长讲话等情境。尽管很善于演奏长笛，但邦妮说自己对于参加演出感到焦虑，所以已经退出了学校的乐队。除了对和老师说话感到焦虑之外，她也报告她害怕和陌生的成年人（例如，商店店员）交谈。事实上，邦妮称她在家里从来都不接电话。她表示，即使自己不得不和陌生人交流以完成诸如询问信息或点比萨这类的事情，她仍然非常不情愿使用电话。

在大多数这类情境中，邦妮说自己的恐惧和回避和担忧有关，即她担心自己有可能说错话，或者不知道该如何说话或做事，而这会导致其他人对她产生糟糕的看法。她对这些情境的恐惧是如此强烈，以至于她会经历一次完整的惊恐发作，而且这种情况经常发生。当邦妮出现惊恐发作时，她的严重恐惧通常还会伴随着以下症状：心跳加快、胸部不适、气短、浑身发热、出汗、颤抖、眩晕以及吞咽困难。邦妮还说，当她预期会遇到某个困难情境时，她常常会感到头疼和胃疼。尽管邦妮常常出现惊恐发作，但访谈者逐渐确定，她的发作总是发生在令她感到困难的社交情境中或是她预期会进入这类情境时。

为了全面了解邦妮遇到的问题，心理学家和邦妮的父母也进行了一次单独的访谈。邦妮的父母证实了她的话，同时他们还表示，邦妮的社交焦虑甚至比她自己说的更为严重。邦妮的父母说，尽管目前才5月，但邦妮已经在担忧秋季学期开始后的十年级生活，并且因此而感到胃痛。父母说邦妮在公共场合会"极为惊恐"。在快餐店，邦妮不会去点餐或付钱，而是让妹妹代替她做所有事情。尽管邦妮在访谈中说自己不会害怕去参加聚会，但她的父母注意到，她初中时参加过聚会，但上高中后就为穿衣打扮以及别人会如何看待自己而感到焦虑，所以再也没有参加过聚会。虽然邦妮容貌美丽，但父母注意到，她总是对自己的外形感到担忧。此外，他们提到，当邦妮去参加聚会时，她会坚持和一个"安全的"人（她的好朋友之一）一起去。她的父母报告说，邦妮永远都不会主动发起任何活动，不会参加社团，不会邀请朋友来家里玩，甚至都不会给朋友打电话。他们说，两周前出现了"最后一根稻草"，那天家中办了一场聚会，他们邀请了一些亲友来参加。因为家里有很多人，邦妮经历了一次惊恐发作。她一整天都把自己锁在房间里，直到最后一位客人离开为止。

病　史

邦妮家有两个孩子，邦妮和比她小2岁的妹妹。这是一个幸福的中产阶级家庭。邦妮的父亲是一位建筑承包商，母亲是一名银行柜员。父母关系和睦，并且一直都很支持她。对于邦妮的社交焦虑问题，父母曾经督促她多参加社交活动，但这似乎起到了反效果，让邦妮变得更为回避了。邦妮的父母报告说，他们的近亲属没有任何焦虑问题的历史。除了典型的同胞冲突外，邦妮和她的妹妹相处得也不错。尽管有社交焦虑的问题，但邦妮有两三个好朋友，并且有一些"熟人"朋友。父母告诉访谈者，事实上，邦妮总是能交到朋友，她只是从来都不首先伸出橄榄枝。邦妮喜欢和让她感到安全的好朋友在一起，因为她们也都很羞怯，和邦妮一样有着相同的害怕被别人评价的担忧。在学校里，这个小团体每天都会一起吃午饭，课间也待在一起，远离其他学生。

邦妮的学业成绩大部分是B等，少数几个是C等。她的父母说，邦妮获得这些成绩并没有花太多力气。有趣的是，尽管邦妮害怕学校，但是她在过去几年里并没有缺席太多天数（事实上，在当前这一学年里，一天都没有缺席）。她的父母注意到，邦妮在上学前总是会胃痛，但是她从来都没有要求待在家里。

虽然一直有些羞怯，但邦妮的社交焦虑在她第一次来求诊之前的那一年里大幅增强了。这一增幅似乎和两个因素有关：①面对与升入高中有关的各种改变（例如，新的环境、新的同学、舞会、课堂发言的要求更高）；②和男友分手了。在假期里和男友分手之后，邦妮不想做任何事情，也不想去任何地方。特别是在得知前男友已经在约会其他女孩子后，邦妮十分抑郁。那几个月里，她睡眠不佳，感觉非常疲惫，注意力难以集中，并且觉得自己毫无价值。不过，在她接受初始评估前的一个月左右，邦妮的抑郁开始好转。邦妮告诉访谈者，心境恢复正常的一部分原因是她开始和另一个男孩子约会了。不过，新男友和她一样羞怯。她的父母十分担心，邦妮花大量时间和一个羞怯的男孩子待在一起会妨碍她走出自己的"壳"。

DSM-5 诊断

基于上述信息，邦妮的DSM-5诊断如下：

300.23 社交焦虑障碍，伴随惊恐发作
296.25 重性抑郁障碍，单次发作，部分缓解

邦妮在治疗前的表现符合DSM-5对于社交焦虑障碍的定义（美国精神病学会，2013）。在DSM-5中，社交焦虑障碍的核心诊断标准如下：①个体由于面对可能被他人审视的一种或多种社交情境（例如，社交互动、被观察、在他人面前进行表演）而产生持续且显著的害怕或焦虑（通常持续时间超过6个月）；②个体害怕自己的言行（或呈现的焦虑症状）会导致负面评价（例如，会被羞辱，会令人尴尬，会导致被排斥，或会冒犯他人）；③社交情境几乎总是能够触发个体的恐惧或焦虑；④个体主动回避社交情境，或是带着强烈的恐惧或焦虑去忍受。

在DSM-5中，社交焦虑障碍（或任何心理障碍，如有必要的话）若符合惊恐发作的标准，可以给予"伴随惊恐发作"的标注。DSM-5中增加这一描述性标注的基础在于，研究者普遍认为惊恐发作对于一般心理障碍的严重程度、病程以及治疗反应而言，可能是一个重要的预测因子。在下一节中我们会详细讨论，有些人在社交情境中经历了意外的惊恐发作后，发展出社

交焦虑障碍（这似乎更像是惊恐障碍的特征）。例如，有一位老师在讲课方面一直感到相当自如，但某一天他在学生面前经历了一次意外的惊恐发作，问题自此开始。这样的话，给予这位老师社交焦虑障碍的诊断可能是恰当的。若个体的惊恐发作仅出现在社交情境中，那么诊断者应该考虑这是一例社交焦虑障碍而非惊恐障碍；若个体在其他情境中（例如，独自待在家中时）也出现了惊恐发作，那么惊恐障碍就会是更为恰当的诊断。病人担忧的焦点时常有助于区分社交焦虑障碍和惊恐障碍。例如，许多社交焦虑障碍患者的惊恐发作源于极度担忧获得他人的负面评价。在邦妮的案例中，对其惊恐发作的最佳解释是将之视为社交焦虑障碍的特征，因为它仅在社交情境中出现，并且是由她对负面社交评价的强烈恐惧所激发的。但是，如果邦妮在社交情境之外也经历过惊恐发作，或是没有明显的理由就会出现惊恐发作，又或是焦虑主要源于她对再次出现惊恐发作的担忧（而非对别人会如何审视她的担忧），那么给予惊恐障碍的诊断就更为合适。尽管如此，在社交焦虑障碍的DSM-5诊断中，承认存在惊恐发作很重要，因为这类特征可能成为治疗的重点（例如，将内感觉暴露纳入治疗之中，从而处理病人对于在社交情境中出现惊恐发作症状的恐惧；更多关于内感觉暴露的细节请参见案例2）。

若病人的恐惧仅局限于进行公开演讲或表演的话，DSM-5的社交焦虑障碍诊断也可以给予"仅限于表演时"的标注。在邦妮的案例中，诊断者并未使用这个标注，因为她对众多社交情境都感到害怕。下面我们会详细呈现有关社交焦虑障碍的性质和治疗的信息。对于邦妮具有的其他诊断（重性抑郁障碍）的信息请参见案例9。

使用整合模型进行案例概念化

社交焦虑障碍的整合模型在许多方面都类似于本书前面讨论过的惊恐

障碍整合模型。正如有关惊恐障碍和其他情绪障碍的概念化模型一样，社交焦虑障碍的概念化模型基于的是素质—应激模型（Barlow & Durand, 2015）。素质（或者说易感性）因素中的一个重要维度是生物性因素。生物易感性指的是一种发展出焦虑的遗传倾向（换句话说就是在应激状态下体验到虚假警报的倾向；参见案例2），或是一种强烈的社交抑制倾向。Kagan及其同事（例如，Kagan, Reznick, & Snidman, 1988；Kagan & Snidman, 1991，1999）的研究已经表明，有些婴儿生来就属于某种气质类型或是具备抑制或羞怯的特质。尽管研究者通常认为这些维度在整个人群中以一种连续谱系的形式分布着（即，人们的这些特质只是在程度上有所差异），但在面对玩具或其他正常刺激时，此类高特质水平的婴儿要比相应的低特质水平的婴儿更容易被激惹，哭泣也更频繁。研究者还发现，社交焦虑障碍在家族中多发。这提示我们，社交焦虑障碍患者的亲属相比非亲属而言，前者发展出社交焦虑障碍的风险要显著高得多（例如，在Fyer, Mannuzza, Chapman, Liebowitz, & Klein, 1993的研究中，这一概率分别是16%和5%）。尽管邦妮的家人当中没有焦虑障碍的病史，但邦妮可能具有这方面的生物易感性，其中一项证据就是父母报告说，邦妮自出生起（即在她有机会通过观看其他人的表现从而习得特定行为方式之前）就是一个羞怯的孩子。

但是，与其他情绪障碍一样，基于整合模型的观点，单凭生物易感性并不足以引发社交焦虑障碍。到了这一步，起作用的就是心理因素了（或者说是素质—应激模型中的"应激"因素）。就像在惊恐障碍中，一个具有特定生物易感性的个体，可能会在面临应激时出现一次意外的惊恐发作（一次虚假警报）。在社交焦虑障碍的病例中，这一警报是在某个社会情境中发生的，因而个体会发展出在相同或类似的社交情境中再次出现虚假警报的焦虑。最终，个体会因为害怕出现更多虚假警报而回避社交情境。（正如本章前文所说，尽管重复出现的惊恐发作一般提示存在惊恐障碍，但若个体的惊恐发作仅限于某种社交情境，那么更为准确的诊断实际上是社交焦虑障碍。）除了虚假警报外，有些社交焦虑障碍始于个体在某个社交情境中体验到了"真实的警报"。例如，许多患有社交焦虑障碍的成年人和青少年都回忆说，自己在童年或刚进入青春期时的某个社会情境中受到创伤后（例如，被嘲笑或是感到极为尴尬），问题就开始出现了（McCabe, Antony, Summerfeldt, Liss, & Swinson, 2003）。例如，一位成年男性患者回忆，他的社交焦虑问题始于自己在高中时代的一次班级演讲中老师当着同伴的面大肆嘲笑和批评。这次经历带来了高水平的焦虑，最终是惊恐发作，以至于他开始将这些感受和其他相同或类似的社交情境联系在一起。

除了遗传因素的作用外（Fryer et al., 1993; Hettema, Neale, & Kendler, 2001），家庭内部的心理因素也可能和社交焦虑障碍的易感性有关。例如，社交焦虑障碍患者的父母比惊恐障碍患者的父母具有更为严重的社交性恐惧，对于他人的评价性意见也更为关注（Bruch, Heimberg, Berger, &Collins, 1989; Lieb et al., 2000; Rapee & Melville, 1997）。这类父母可能将社交方面的担忧传递给了自己的孩子们（例如，孩子观察到父母以一种害怕的方式对社交情境做出反应，因而学会了对社交情境感到忧虑）。

通过上述这些路径，社交焦虑障碍患者对于有关在社交情境中可能发生的事情发展出了各种各样被歪曲的想法（认知）（"我希望我不会让自己出丑"）以及对于自己在社交情境中的表现该如何评价也发展出了被歪曲的想法（认知）（"他们会发现我不知道我在讲些什么"）。社交焦虑障碍在认知方面的特点通常包含害怕他人的负面评价，倾向于关注自己在某个社交情境中的消极反应（例如，在回忆某次社交互动时，只记得自己口吃，而不记得其余顺利的交谈），并为自己在这些情境中应该如何表现和行事设立很高的标准（Clark & Wells, 1995; Hofmann & Barlow, 2002）。最后这一特征在邦妮身上十分明显，她非常担忧自己的外表（虽然她是一个很有吸引力的女孩子，但她常常贬低自己的长相）。像大多数社交焦虑障碍患者一样，邦妮极为害怕他人的负面评价。在大多数她所害怕的情境中，邦妮都会担心别人会因为她不知道该说什么，或者因为她会说错话或做错事而对她有不好的看法。因此，她会回避这些情境，或者让其他人（例如她的妹妹）为她做这些事。这种回避行为是社交焦虑障碍的关键维持因素。和诸如广场恐怖症等其他焦虑障碍一样，回避会阻止个体学会不再害怕困难情境（例如，直面某个情境能够帮助个体证伪自己对可能发生的事情所做出的消极预测）。

治疗目标和计划

在初始访谈之后，心理学家建议邦妮参加诊所的一个治疗项目。这一项目是一套专为社交焦虑障碍开发的认知行为治疗（Heimberg, Liebowitz, Hope, & Schneier, 1995; Heimberg & Magee, 2014; Hope, Heimberg, & Turk, 2006），包含16次团体会谈（通常包括4到6名青少年）。这个项目有意设计成团体形式源于好几个理由。一是团体形式本身能对于治疗的核心方面起到辅助作用，即让患者暴露在社交情境之中。就像其他焦虑障碍的治疗一样，暴露意味着让个体去直面令其恐惧或回避的情境（从而减少回避行为，并且协助个体学会不再恐惧这类情境）。因为社交焦虑障碍患者常常会特别担忧某种社交情境类型，所以团体治疗的成员就可以用这一情境类型来作为最初暴露练习的一部分（例如，让患者在团体面前做一次演讲或是演奏一种乐器）。除了暴露之外，邦妮治疗中的另一个核心要素是认知治疗。认知治疗会从邦妮对自己说过的话或想过的事情里鉴别出那些加剧她对社交情境的恐惧和回避的事物类型。通常来说，这些言语或想法与患者预计可能发生的可怕事情有关。同时，邦妮将会学习以一种非常彻底的方式来挑战这些令人害怕的预测。邦妮的治疗师会利用情境暴露练习来帮助她挑战那些令她感到焦虑的预测（例如，把某次社交互动中的实际情境与邦妮曾经预测的情境相比较）。最后，邦妮的治疗还包括社交技能训练。某些社交焦虑障碍患者严重回避许多社会情境，这在一定程度上导致他们从来都没能学会如何采取有效的社交行动。社交技能训练是一种教育，其目的是鉴别出患者的技能缺陷（例如，和别人打交道时某些不恰当的方式），为其介绍恰当的行为（通常由治疗师来示范），然后给予患者反复演练这个行为的机会（治疗师和团体成员会给予反馈），直到患者能够以一种自然而流畅的方式做出反应。

治疗过程和治疗结果

邦妮带着相当忐忑的心情参加了她的第一次团体治疗会谈。除了邦妮之外，还有5名十几岁的青少年被分配到这个团体，包括2个男孩和3个女孩。这个团体由一名执业临床心理学家和一名正在受训即将成为临床心理学家的高年级研究生带领。第一次会谈的主要目标是让每个团体成员介绍自己，确立团体的规则（例如，出席、参与以及完成会谈作业的重要性），并且展示之后的15次会谈中将要包含的治疗技术原理。当治疗师邀请邦妮向团体介绍自己并且描述一些自己感到困难的方面时，邦妮非常焦虑。但她还是谈了一些，并且提到在别人面前吃东西对自己来说尤其困难。在第一次会谈中，这是邦妮唯一一次在团体面前发言。

在这次会谈中，治疗师协助每一位团体成员发展出一套自己的恐惧和回避等级清单。等级清单包含10个情境，按照个体目前所恐惧和回避的情况，按照从最容易到最困难的顺序排列。之后，这些情境将成为情境暴露练习的目标。邦妮的等级清单包含在别人面前吃东西，打电话订购比萨，在班级同学面前讲话，在其他人面前演奏长笛，以及在商店里买东西，等等。在每次会谈一开始，治疗师会让团体的每一个成员评估目前自己对等级清单中每一个项目的恐惧和回避程度，以此作为一种了解治疗进展的方式。此外，团体成员都拿到了自我监控表格来记录他们每天的焦虑水平。他们在整个治疗中都要坚持进行这一自我监控的任务。在之后的会谈中，当治疗师介绍了相应的议题之后，这个自我监控的任务会要求团体成员记下他们曾经遭遇到的困难的社交情境，并且写下他们是如何应对的，以及他们在预期这个情境和身处于这个情境之中的时候有何想法。

在第二次会谈中，邦妮的话多了一些，但她只有在被点到名的时候才会发言。尽管如此，她的会谈作业完成得很到位，这份作业的内容是让她把自己参加治疗项目的目标具体化。邦妮所列出的一些目标包括：①在学校里做一次口头报告并且不那么紧张；②打电话订购比萨并且不担心自己会搞砸；③去一个她谁都不认识的地方并且不感到担忧。在这次会谈中，治疗师花费了相当多的时间来为团体解释焦虑的性质。例如，治疗师讲解了一个三因素的模型，在这个模型中，焦虑具有三个成分（或系统）：生理（诸如心跳加快或颤抖这类内感受），认知（诸如"我会让自己出丑的"这样的想法），以及行为（诸如回避某个情境，或者拒绝目光接触等举动）。团体中的每个人都要使用三因素模型来分析自己最近的一次焦虑（即将这次经历分为三个相应的成分）。治疗师告诉他们，这么做对于处理未来的焦虑发作经历而言非常重要，因为这些信息对于团体成员今后运用他们将会学习到的治疗技术而言很有用。

在接下来的3次会谈中，治疗师着手处理三因素模型中的认知成分。在这些会谈中，邦妮在团体面前发言时仍然显得很犹豫，而且在回答问题时往往只是点点头而不是张口说话。尽管如此，她对于治疗有很强的动力，并且很好地完成了团体练习和会谈作业。在治疗师指导大家如何鉴别那些会引发焦虑的想法（即自动化思维）时，她十分专注。邦妮和其他小组成员都拿到了一张记录会引发焦虑的自动化思维类型的清单。例如，"全或无思维"，即以一种非黑即白或者非此即彼的方式思考，"有一天我做口头报告时有一次结巴了，这足以说明我是一个糟糕的演讲者"。在界定完每一种类型的自动化思维之后，每一个团体成员都要根据自己的个人经历提供一个具体的例子。随后，治疗师指导团体成员如何来挑战这些思维，即将这些想法作为一种猜测而非一个事实，然后去找出所有可能支持或不支持这个想法的证据（这叫作头脑风暴）。在这一治疗模块实施之初，治疗师帮助邦妮来挑战她觉得自己无法完成某种社交活动的信念。例如，邦妮最初坚持认为，她没有办法在电话里点比萨，因为她会由于过度焦虑而没有办法成功地打电话。而针对这个预测使用了几次头脑风暴之后，邦妮开始考虑她可以用电话点比萨这件事情，只是头几次会很困难，而目前她还没有准备好去尝试。

在第六次会谈时，邦妮在团体中感到更加自在了。例如，当团体针对一名成员的自动化思维进行头脑风暴时，邦妮开始参与其中。在这次会谈中，治疗师介绍了社交技能训练。在开始实施这个治疗模块时，治疗师用角色扮演的方式呈现出一个有社交技巧和一个没有社交技巧的青少年之间的对话。团体成员则需要鉴别出良好的社交技能和糟糕的社交技能的例子，包括言语层面和非言语层面的。团体成员还要鉴别出可以改善社交互动质量的社交行为。在这次讨论中，邦妮发言把"面朝你讲话的对象"作为一个良好的社交技能的例子。治疗师也讨论了改善社交技能缺陷所需的步骤（例如，鉴别出缺陷，在想象中练习这个技能，在现实中练习这个技能，在完成练习之后自我表扬）。邦妮鉴别出了自己进行社交技能训练的两个目标：在社交互动中停止玩她的头发，以及在交谈时增加和对方的目光接触。在这次会谈中还包括了决断训练。

在下一次会谈中，邦妮的口头表达比以往任何时候都多，她甚至自愿参加一次角色扮演来展示良好的社交技能。邦妮参与扮演的是一个通常会激发相当大的焦虑的社交情境：因一项作业而向一位老师求助。在另一位团体成员扮演老师的情况下，邦妮花了5分钟来完成这次角色扮演。角色扮演结束后，团体成员和治疗师对邦妮的表现进行了点评（例如，一位团体成员说："当你注意到你在玩自己的头发时，你停了下来，并且看向老师，这一点很好。"）

邦妮也开始在团体活动的其他方面显示出了进展，比如茶歇时间。在大多数会谈进行到一半的时候，会有一段15分钟的茶歇时间。这段时间并非真正用于休息，治疗师会使用这段时间来协助团体成员塑造他们的社交技能，并以一种渐进的方式把重点放在社交焦虑的其他方面。例如，在茶歇时间内，当团体成员以一种非正式的方式彼此互动时，除了帮助提升团体成员的舒适感，还可以用来演练新的社交技能（例如，在练习公共演讲的技能时，团体成员会轮流当着团体的面念出某本书里的一段话）。因为会提供一些小食品（汽水、点心），茶歇时间在会谈刚开始时对于邦妮而言非常困难，因为它要求邦妮在其他人面前吃东西。但是，在这次会谈中，治疗师注意到邦妮在吃东西时没有表现出任何困难。

尽管取得了这些进步，但在治疗师介绍下一个治疗阶段时，邦妮变得非常焦虑。接下来的7次会谈涉及治疗性暴露：以一种循序渐进的方式，每一个团体成员都将开始直面他们等级清单上列出的情境。此时，邦妮的父母给治疗师打来电话报告她的进展情况。邦妮的父母告诉治疗师，邦妮对治疗的反应让他们很受鼓舞。例如，他们注意到，邦妮现在开始做一些她之前回避的事情了，例如接电话和在餐馆里点餐——事实上，邦妮是替她的男友点餐，因为男友比她更害羞！但是，她的父母说邦妮和她的男友仍然不会在彼此的父母面前吃东西。而令人烦恼的是，他们报告邦妮拒绝参加学校乐队举行的一次长笛试音活动，尽管她在试音活动所需要演奏的曲目方面毫无问题。治疗师回复说，这两个领域，即公开吃东西以及表演长笛，将会在之后的情境暴露中受到充分的关注。

在下一次会谈中，团体成员了解到了情境暴露的程序和目的。当一位成员从自己的等级清单中选择了一个项目之后，就会在其他成员帮助下模拟这个情境。在开始暴露之前，成员要指出自己最害怕出现的情况，而这些恐惧会被纳入暴露程序当中。患者的焦虑水平在暴露之前和过程中都会得到监控，在练习完成之后则要鉴别出引发焦虑的认知并对其进行挑战。最后治疗师会布置成员在会谈后进行暴露练习。

因为父母曾经敦促邦妮将长笛带到会谈中来，她便选择了"在其他人面前演奏长笛"作为她的第一次暴露项目。治疗师询问邦妮，在别人面前演奏长笛时，她最害怕的事情是什么。邦妮回答说，她最害怕的是听众低声讲话、发笑并且不关注她的演奏。邦妮选择了她原本受邀在学校乐队试音中演奏的那首曲子。在头几分钟里，邦妮在团体成员和两名治疗师面前演奏了这首曲子。暴露每进行1分钟之后，邦妮就要使用一个0（完全没有）到8（最高程度）的量表来评价自己的焦虑水平。一开始，邦妮的打分是7分和8分；到了暴露的第六分钟，她的焦虑评分是5分。此时，治疗师带来了几个陌生人——在诊所工作的研究生——进入房间。此后的几分钟里，邦妮的焦虑再次增加到了6分和7分，尤其是当"陌生人"开始小声说话和咯咯笑时。但是，当邦妮继续演奏，暴露练习进行到10分钟时，她的焦虑评分降为4分（中等程度）。她接受了团体成员对她的表扬，因为她达成了目标：完成整个暴露练习，以足够大的音量演奏，并且在整个过程中都面朝观众。治疗师布置给邦妮的会谈作业是在她的家人和男友的家人面前演奏长笛。

在之后的会谈中，邦妮和其他的小组成员努力直面各自的等级清单中更为困难的情境。到了第十四次会谈时，邦妮已经准备好去面对最困难的情境：在其他人面前吃东西。和在茶歇时间发生的"小暴露"不同的是，邦妮要在每个团体成员都看着她的情况下吃东西。在暴露进行到一半的时候，有一组不熟悉的人也进入房间来看邦妮吃东西。或许是因为之前的暴露练习（例如，在一间拥挤的咖啡店独自用餐）让她已经能够在类似的情境中变得比较自在，这一次，邦妮的焦虑没有在她演奏长笛时那么高，虽然后者在她的等级清单上的困难程度还低一些。她的焦虑评分从6分降到了2分。邦妮说，这个练习没有那么难的一个原因是，暴露练习中使用的食物（薯片）吃起来容易一些。她说，比萨要难得多，因为它更难咀嚼，而且还有黏糊糊的奶酪（在吃比萨时，她总担心别人会认为她很蠢）。治疗师要求邦妮在下一次会谈中将比萨带来，作为下一次暴露练习的内容。

在下一次会谈中，邦妮在团体成员和4个陌生人面前吃了比萨。尽管一开始很焦虑，但她还是达成了自己咀嚼和吞咽，并且在吃东西时和他人做目光接触以及对话的目标。在这次暴露练习之后，邦妮说当她开始感到焦虑时，她要么会停下来不吃东西，或者将吃东西的速度大大放慢。因此，邦妮被要求再完成一次暴露练习，这一次要更快地吃完比萨。治疗师给邦妮布置的作业则是和她男友的家人一起吃饭。

最后一次会谈用来回顾整个治疗项目中包含的内容，并为每个团体成员计划如何精进和继续使用他们已经学会的技能，以用于还需要继续处理的领域。这次会谈以持续一个小时的告别聚会为终点。

作为治疗项目的一部分，邦妮在治疗刚结束之后，以及结束后6个月和12个月时都接受了评估。治疗后的评估显示，邦妮仍具有社交焦虑障碍的迹象，但是，其症状的频率和强度都不再符合DSM-5对于社交焦虑障碍的定义。值得注意的是，邦妮的抑郁处于完全康复的状态（即，邦妮已经超过6个月没有表现出抑郁的症状了）。在6个月和12个月的随访评估中，邦妮甚至表现出了进一步的改善，因为她一直在使用她在团体治疗中所学到的技能。在这些测评中，邦妮报告对于公开进食，和老师或其他成年人交谈，或者是参加会议方面已经不再有恐惧和回避。事实上，在两次随访评估之间，邦妮还参加了学校乐队的试音活动和正式演出。尽管如此，邦妮仍然注意到自己会对一些情境感到担忧（例如，使用公共洗手间，在黑板上写字，在课堂上做口头报告）。邦妮的父母称，"她取得了长足的进步"以及"邦妮现在是一个正常的孩子了"。他们说，许多过去对她来说很困难的事情现在已经变得轻而易举了，但是，邦妮在进入全新的环境时仍然会感到不舒服（例如，在新学年刚开始时和某位新老师互动）。不过，尽管有一些预期中的焦虑，但她几乎不会回避这些情境了。

讨 论

在总体人群中,社交焦虑障碍的12个月患病率约为7.1%(即,在受访样本中,有7.1%的人在之前一年中的某些时候符合社交焦虑障碍的诊断标准);据估算,在青少年中,社交焦虑障碍的12个月患病率约为8.2%(Kessler et al., 2012)。流行病学研究提示,有12%的成年人在一生中的某些时刻会符合社交焦虑障碍的诊断标准(Ruscio et al., 2007)。这些数字尚未包括那些认为自己羞怯,或者那些报告在诸如约会或表达自己的意见等特定的社交情境中感到不自在的个体,而这类人群的比例是相当高的。在大型的社区调查中,相比男性而言,女性患上社交焦虑障碍的比例略微高一点,这和其他的焦虑和心境障碍有所不同,因为在其他障碍中,女性的患病率都要高得多(Magee, Eaton, Wittchen, McGonagle, & Kessler, 1996)。就像邦妮的案例那样,尽管许多人都报告自己一直具有羞怯的特点,但完全发作的社交焦虑障碍通常都起于儿童期,发病年龄的中位数为13岁(Kessler, Berglund, et al., 2005)。社交焦虑障碍容易在年龄较小(18~29岁),受教育程度较低,单身和低经济地位的人群中出现(Magee et al., 1996)。

和许多其他的焦虑障碍类似,社交焦虑障碍通常不会单独出现(Brown & Barlow, 1992a; Brown, Campbell, Lehman, Grisham, & Mancill, 2001; Rusico et al., 2007)。和邦妮的主诉一致,研究已经提示社交焦虑障碍患者往往(约20%的病例)也符合一种心境障碍(重性抑郁障碍,持续性抑郁障碍)的诊断标准。许多病人为另一种更干扰生活或更痛苦的障碍而寻求帮助,由此在诊断时发现了他们的社交焦虑障碍问题。例如,一项研究(Brown et al., 2001)发现,在其他焦虑障碍或心境障碍的病例中,社交焦虑障碍是最常见的额外诊断标注。

有关社交焦虑障碍心理治疗有效性的证据大部分都来自对成年病人的

研究。首批评估社交焦虑障碍疗效的研究仅仅包含了社交技能训练，而研究者的结论是，仅依赖社交技能训练的干预对于治疗社交焦虑障碍来说是不够的。原因有几点，其中包括许多社交焦虑障碍患者的社交技能并无缺陷，以及社交技能训练没有办法处理这一障碍的许多维持特征（例如，情境回避，有关高估社交情境风险的歪曲认知；参见Heimberg & Magee，2014所做的综述研究）。因此，研究者开始考察那些处理社交焦虑障碍的特定特征的治疗。来自这些研究的发现表明，这类治疗对于这一障碍可以很有效。

　　研究提示，社交焦虑障碍最有效的治疗是那些同时包含了认知技能和情境暴露的干预方法，这和邦妮完成的治疗项目很类似。例如，Mattick和Peters（1988）在51名社交焦虑障碍患者身上比较了单纯暴露的效果和暴露加上认知重构的效果。尽管两种条件下患者都表现出了显著的改善，但在许多治疗结果的变量上，接受暴露加认知重构治疗的病人比接受单纯暴露治疗的病人改善幅度更大。在3个月后的随访评估中，暴露加认知重构组的病人表现出了持续的改善，而单纯暴露组的病人并没有表现出任何改变。针对另一组患者所做的一个类似研究也支持了这些发现（Mattick，Peters，& Clarke，1989）。

　　邦妮所完成的治疗项目以由Heimberg及其同事为成年患者所开发的治疗方案为模板（Heimberg et al.，1990；Heimberg & Magee，2014；Heimberg，Salzman，Holt，& Blendell，1995；Hope et al.，2006）。在针对这一多模块治疗项目的第一个对照研究中，Heimberg等人（1990）将他们的认知行为团体治疗和一种安慰剂治疗（教育支持性治疗）做了比较。后一种条件经过精心设计，让病人以为这是一种针对社交焦虑障碍的有效疗法，但实际上没有任何研究者相信其中包含着有助于治疗这种障碍的成分。这一条件类型在疗效研究中有时很有用，因为它们能帮助研究者看清，除了诸如关注、治疗的声誉、病人的期待，以及在治疗尾声病人感到"有压力"报告治疗有效等非特异性因素之外，他们的多模块治疗是否真的因为特定成分而有效。有趣的是，Heimberg等人（1990）发现，两个组都表现出了显著的好转，这提示"非特异性因素"可能导致病人身上的某些方面发生改变。但是，认知行为组的病人在每一次测评（治疗后，3个月随访和6个月随访时）中都比安慰剂组表现出了更大幅度的改善。事实上，在治疗结束时安慰剂组所表现出的许多进展在6个月后随访时都已经不再存在了，而接受认知行为治疗的病人仍然表现出改善。此外，对这些病人所做的后续研究发现，那些接受认知行为治疗的病人在项目结束5年之后仍然保持着他们在治疗中所获得的改善（Heimberg，Salzman，et al.，1995）。

鉴于某些药物可以有效治疗社交焦虑障碍（例如，五羟色胺重吸收抑制剂，以及单胺氧化酶抑制剂，参见Liebowitz et al.，1992），研究也比较了心理治疗和药物治疗的效果。Heimberg等人（1998）考察了认知行为治疗（类似于邦妮的治疗）和单胺氧化酶抑制剂（苯乙肼）的效果。研究表明，两种治疗都很有效，且疗效相当；但是，在接受药物治疗的病人中，治疗结束后的复发会更常见一些。这一结果和考察惊恐障碍药物治疗长期效果的研究结果一致（参见Barlow，Gorman，Shear，& Woods，2000）。这些结果提示，认知行为治疗相比药物治疗的一个优势可能在于，患者能从前者当中学到他们在治疗结束后很长时间里都可以持续使用的技能。在一项后续研究中，Clark等人（2003）比较了认知治疗和五羟色胺重吸收抑制剂（氟西汀）在60名社交焦虑障碍患者身上的效果。结果提示，两种治疗都是有效的，但认知治疗在短期（治疗结束时）和长期的随访中（治疗结束后12个月）的效果都显著更优，而且在5年后的随访评估中，认知治疗所获得的改善仍然存在（Mortberg，Clark，& Bejerot，2011）。但是，另一项研究发现，认知行为治疗和氟西汀在疗效上相当，而合并治疗的疗效则比两种单一治疗都更优（Davidson，Foa，& Huppert，2004）。

最近，社交焦虑障碍的认知行为治疗临床方案发生了一些改变，以更好地针对青少年患者（例如，Garcia-Lopez et al，2006; Masia-Warner et al.，

2005）。初步发现提示，新方案（让父母一方或双方都积极加入团体治疗过程中来、以家庭为基础的治疗）对于社交焦虑障碍青少年患者而言非常有效（例如，Kendall, Hudson, Gosch, Flannery-Schroeder, & Suveg, 2008）。而对于认知行为治疗和药物治疗有效性的比较研究，新目标是发现社交焦虑障碍患者中的某些亚群体是否对某一种治疗形式反应更好。有证据提示，认知行为治疗对于那些仅仅害怕某一类社交情境（例如，只害怕表演）的病人而言最为有效。有些研究者推测，药物治疗可能对于那些害怕众多社交情境的病人更为有效，不过Clark等人（2003）的研究结果对这一看法提出了挑战。幸好，邦妮并非如此，她的社交焦虑障碍问题对于认知行为团体治疗的反应相当不错。

批判性思考

1. 和邦妮的情况一样，许多个体会在社交焦虑障碍病程中体验到心境障碍（例如，重性抑郁发作）。你认为为何会出现这种情况？社交焦虑障碍的哪些特征与抑郁的特征及其风险因素有关？
2. 像惊恐障碍那样，社交焦虑障碍在一般人群中很普遍。你认为为何会出现这种情况？你认为哪些因素是造成社交焦虑障碍的重要原因？
3. 在大多数人身上都可以发现某种程度的羞怯或社交焦虑（例如，在班上做口头报告，在尝试表现出决断力或者邀请某人约会时感到紧张）。你认为哪些因素能将正常的社交焦虑同DSM-5对社交焦虑障碍的诊断区分开来？
4. 邦妮接受了团体治疗来治疗她的社交焦虑障碍。相比个体治疗，用团体治疗来治疗社交焦虑障碍的好处和坏处各是什么？

案例 4

创伤后应激障碍

基本情况

辛迪·欧克雷应征了一则某大学研究诊所征集性侵受害者接受治疗评估的招募启事。她初次来到诊所时是一名26岁的白人女性，有两个孩子。她当时没有工作，不过她刚刚应聘为一名自由撰稿人，预计在几周后开始工作。

在初次访谈中，辛迪报告她过去3个月一直处于抑郁当中。辛迪结束了持续5周的婚外情，随后就出现了抑郁的状况。在外遇期间，辛迪开始对10年前发生的一些事件出现闪回。这些事件围绕着她16岁时遭遇的多次强奸。事件的画面会突如其来地出现在她脑海中，让她十分痛苦；除此之外，闪回还包括了过去辛迪忽然觉得往事仿佛正在重演的那些时刻。当辛迪意识到这次婚外情和那年她被强奸的确切日子重叠时，她就结束了外遇关系。尽管如此，随着越来越多的记忆浮出水面，辛迪还是变得越来越抑郁和焦躁不安。

直到10年后的今天，辛迪才开始把当时发生的事情归类为强奸。在初始访谈中，辛迪声称她被家庭的一个亲密朋友反复强奸长达5周。那个男孩和辛迪同龄（16岁），就住在街对面。因为这个男孩的家庭有虐待问题，所以辛迪一家就"收养"了他。他是辛迪哥哥的好友，因此总是待在他们家里。辛迪的父母也很喜欢他。辛迪说，在强奸发生之前，自己和那个叫马克的男孩属于"兄妹关系"。

辛迪在初始访谈中只是很简略地叙述了一下这些事件，而且和访谈者鲜有视线接触。在这次会谈中，访谈者并没有强迫辛迪给出更多细节，只按照研究项目的规定，把重心放在结构性临床访谈中的一系列标准化问题上。在这次访谈中，辛迪报告说，她在强奸发生前是处女，而且十分相信马克。马克在口头上威胁她，但没有使用任何武器，也没有造成任何躯体伤害。辛迪被迫从事了一系列的性活动，包括口交、阴道性交和肛交。在侵害过程中，她最主要的反应是疏离、麻木、内疚和难堪。她并未报警，也从来没有因此接受任何医疗帮助。

在初始访谈中，辛迪还提到，她常常吸食大麻。对于这一点，她的态度十分防备，并且表示自己不想戒掉大麻。辛迪说，她以前的治疗师对于她吸食大麻这件事特别在意。当辛迪对这位治疗师说，她觉得自己把吸食大麻当成一种精神支撑时，他警告她大麻是她最重要的问题。她不同意这种看法，并且告诉治疗师她不想让大麻成为她治疗的焦点，随后退出了治疗。事实上，除了和这位治疗师有过一次会谈外，辛迪还寻求过两次治疗。然而，这三次治疗都只完成了一次会谈。

病 史

辛迪描述自己的童年是快乐的。她认为自己家是所在街区的"安全屋"，在这里，所有的孩子都可以来玩，其中一些孩子可以远离他们自己家里的问题，得到庇护。辛迪的父亲是一名参加过越南战争的退伍老兵，因为他在战争中的遭遇而一直患有创伤后应激障碍。她描述自己的父亲在情感上关闭了心门，但她也说自己仍然很喜欢父亲。她描述自己的母亲是一个"心灵鸡汤"爱好者，家里摆满了心灵鸡汤类的书。辛迪说，自己和母亲的关系是亲密的，能够彼此支持。之前已经提到，辛迪有一个哥哥，他最好的朋友强奸了辛迪。辛迪称自己在强奸发生之前一直和哥哥很亲近，而强奸发生之后，两人几乎就没有什么互动了。

在描述了强奸发生之前的童年状况之后，辛迪告诉治疗师，强奸发生之后，事情发生了戏剧性的变化。辛迪说，她告诉了母亲所发生的事情，而母亲制止了这种虐待的继续发生。不过，当治疗师进一步询问她之后，辛迪回忆起她告诉母亲的是，马克总是想"亲近"自己，而且局面已经失控了，她需要人帮助她从中脱身。在母亲告诉马克不要去打扰辛迪之后，虐待就停止了。辛迪从来都没有告诉过母亲，自己被强奸了。因此，她的家人并不能理解为什么她变了。强奸发生之后，辛迪不再参加正常的高中活动，而是开始和一些有问题的孩子混在一起。在接下来的一年里，辛迪常常说谎，而且开始喝酒。她对自己的描述是，"在现实与虚幻之间浮浮沉沉"。她频频和母亲争吵。在强奸发生一年之后，她的一个朋友因为危险驾驶而发生车祸，辛迪当时也坐在车上，因此背部骨折，不得不休学两个月。她回忆说，自己在之后的几年里变成了一个"彻头彻尾的叛逆孩子"，而且和一个"名声很坏的混混"约会。她怀上了他的孩子，不知所措地去询问父亲的意见。她的父亲接手处理这件事情，安排她做了流产手术。辛迪说，尽管她最终可能会做出同样的决定，但是现在她后悔当初放弃了自己做出选择的权利。辛迪没有自信能升入大学。母亲说服她去一所商业学校学习了秘书课程。直到来诊所的那一年为止，她一直都是一名执行秘书。但在进行初始访谈的时候，她已经6个月没有工作了。

辛迪说，幸运的是，5年前她很"明智"地嫁给了一个好男人，并和这个男人生了两个孩子。辛迪说，丈夫非常支持她，而且在外遇后仍然没有放弃她。辛迪的丈夫也很支持她寻求治疗。但是，除了她的丈夫以外，辛迪所获得的社会支持相当差。事实上，辛迪报告说，当她对其他亲密的人透露自己被侵犯的事情时，她所得到的反应是消极的。例如，辛迪回忆自己曾经告诉一个最好的朋友，因为脑海里浮现出被强奸的回忆，所以整整一周都过得很糟糕。而这位朋友，一个她从高中时就认识的女性，对此的反应是，"别多想，忘了吧"。

DSM-5 诊断

基于上述信息，辛迪的DSM-5诊断如下：

309.81 创伤后应激障碍，慢性（主要诊断）
296.21 重性抑郁障碍，单次，轻度
305.20 大麻使用障碍，轻度

尽管获得了重性抑郁障碍和大麻使用障碍等额外诊断，但辛迪的主要诊断是创伤后应激障碍（美国精神病学会，2013）。如果个体获得了数个诊断，那么就要使用"主要诊断"一词来明确指出哪一个诊断和最严重的痛苦有关或对生活功能的干扰最大（即在当时最需要接受治疗的诊断）。

在之前各版DSM中，创伤后应激障碍被列为焦虑障碍的一种，因为它具有焦虑的过度唤起以及回避这两项标志性特征。在DSM-5中，创伤后应激障碍被划分到了"创伤及应激相关障碍"的类别下。这个类别下所有诊断的共同特征是个体曾暴露在一次创伤事件或应激事件之下；例如，这个类别中的另一个诊断是适应障碍，指的是在对应激源做出反应时在情绪或行为方面出现了显著的临床症状，但这些症状又不符合其他心理障碍的标准。尽管对诊断体系做了这些重组，但DSM-5显然早已意识到了创伤后应激障碍和焦虑障碍以及其他邻近问题之间的密切关系（例如，在临床上，创伤后应激障碍的表现意味着个体也可能出现人格解体和现实解体等某些分离性障碍中的核心症状；对于分离性障碍的讨论参见案例8）。

在DSM-5中，创伤后应激障碍的核心诊断标准是：①以如下1种（或多种）方式暴露于真正的死亡、死亡威胁、严重的创伤或性暴力，包括直接经历创伤事件；目睹发生在他人身上的创伤事件；获悉家庭成员或亲密的朋友身上发生了此类事件；反复经历创伤事件中令人厌恶的细节（例如，急救员接触到恐怖的犯罪现场），或是经历到的此类细节过于极端。②存在至少1种与创伤事件有关的侵入性症状（例如，与事件有关的令人痛苦的梦或侵入性记忆；出现好像创伤事件正在重演的感受或举动；接触到象征着或类似于创伤事件某个方面的内在或外在线索时，会感到强烈的痛苦或产生生理反应）。③持续回避与创伤事件有关的刺激（例如，回避能够唤起创伤回忆的活动、地点或人物，或回避令人痛苦的有关创伤的记忆、想法或感受）。④出现与创伤事件有关的认知和心境方面的消极改变（例如，无法回忆起有关事件的重要方面，感觉与他人脱离或疏远，持续性地无法体验到积极情绪）。⑤持续出现警觉性和反应性增高的症状（例如，易激惹、暴怒、睡眠困难、过分的惊跳反应、不计后果或自我毁灭的行为）。

虽然不符合辛迪的临床表现，但若以下任何1个（或2个）特征持续或反复出现，那么就应当在创伤后应激障碍诊断中加上"伴解离症状"的标注：①人格解体，感到"灵魂出窍"，仿佛自己作为一个外部的旁观者在观察自己的心理过程或身体；②现实解体，感到周围环境不真实（例如，觉得世界是不真实的、遥远的或像梦境一样）。此外，DSM-5还会针对创伤发生至少6个月后才完全符合诊断标准的病例给予"伴有延迟性表达"的标注。尽管辛迪在外遇后体验到症状显著增多，但是自10年前创伤发生时起她就表现出大量创伤后应激障碍症状（例如，接触到有关强奸的线索时感到痛苦，无法回忆强奸事件，易激惹，疏离感）。因此，在她的案例中并未使用"伴有延迟性表达"的标注。

接下来，我们将全面讨论创伤后应激障碍的性质和治疗。有关重性抑郁障碍和物质使用障碍的讨论则参见案例9和案例14。

使用整合模型进行案例概念化

一如本书中讨论的大部分障碍一样,创伤后应激障碍的整合模型对于指导如何评估和治疗根植于极端应激条件下的心理困扰十分有用(Barlow & Durand,2015)。尽管暴露在应激生活事件之下常会促使个体发展出各种各样的情绪障碍(例如,惊恐障碍、重性抑郁障碍),但在创伤后应激障碍的发展中,经历一次创伤性的应激则是必要条件。然而,暴露在极端应激(例如,性暴力、战争、自然灾害、严重的车祸)之下本身并不足以产生创伤后应激障碍。数个研究已经表明,无论是短期或长期暴露于创伤事件(例如,作为战争俘虏被关押),都有许多个体并没有发展出创伤后应激障碍(Dohrenwend,Turner,& Turse,2006;Foy,Sipprelle,Reuger,& Carroll,1984;Kulka et al.,1990)。因此,尽管暴露在极端应激下是产生创伤后应激障碍的必要条件,但个体在经历创伤事件后是否会发展出创伤后应激障碍,则和其他一系列生物、心理和社会因素有关。

就像其他的情绪障碍(焦虑障碍、心境障碍)一样,生物因素可能增大了个体发展出创伤后应激障碍的易感性。尽管尚未鉴别出具体的生物标记(例如,基因)(Noorholm & Ressler,2009),但研究表明,具有焦虑障碍家族病史的个体比其他人更容易发展出创伤后应激障碍(Davidson,Swartz,Storck,Krishnan,& Hammett,1985;Foy,Carroll,& Donahoe,1987)。在惊恐障碍中,这一易感性表现为在神经生物层面具有对应激过度反应的倾向(Bremner,Southwick,& Charney,1999)。进一步支持生物因素的证据来自双生子研究。在True等人(1993)的研究中发现,若双生子中有一人患有创伤后应激障碍,那么暴露在相似程度的战争经历之下的同卵双胞胎中另一人要比异卵双胞胎中另一人更容易罹患创伤后应激障碍。因为同卵双胞胎具有同样的基因而异卵双胞胎仅有大约50%的基因相同,所以,同卵双胞胎患有创伤后应激障碍的比例更高提示我们，基因对创伤后应激障碍的产生发挥了影响。之后的研究进一步指出，创伤后应激障碍的症状具有中等程度的遗传性（参见Afifi，Asmundson，Taylor，& Jang，2010；Stein，Jang，Taylor，Vernon，& Livesley，2002）。

整合模型和研究结果（例如，Brown & McNiff，2009；Mellman & Davis，1985；Nixon & Bryant，2003；Reiney，Manov，Aleem，& Toth，1990）都表明了创伤后应激障碍和惊恐障碍之间的相似性。整合模型假设，在惊恐障碍和创伤后应激障碍中，警觉反应基本上是相同的。但是，惊恐障碍中的警报是错误的，而在创伤后应激障碍中，最初的警报是正确的，因为的确存在真实的威胁。尽管如此，但只要正确的警报足够强烈，那么个体就可能会针对与创伤类似、或提醒他们创伤发生过的线索，发展出一种条件化或习得性的警觉反应。例如，曾目睹战友在越南激战中阵亡的退伍军人在面对让他想起这些事件的刺激时（例如，电影中的枪战、起火的车辆、靠近植被密集的地区），一些相关的记忆可能会"再现"。在创伤后应激障碍中，最常见的"再现"方式是关于创伤事件的痛苦梦境，闪回（就好像事件正在重演般的感受或举动；除了生动的回忆之外，它们还可能以幻觉或感到自己正在再次经历创伤的形式出现），接触那些象征着或类似于创伤事件的线索时感到生理上或情绪上的痛苦，以及产生一些令人痛苦的意象或想法等。

和惊恐障碍的整合模型相似，在创伤后应激障碍的发展中，一个核心因素是患者对于有可能再次经历这些体验感到强烈的焦虑。焦虑的程度有一部分取决于个体既有的易感性水平，尤其是当创伤事件的严重性相对较低的时候。Foy等人（1987）发现，在很严重的创伤事件中，易感性的作用并不大，因为大多数体验到极端应激的人都会发展出创伤后应激障碍（例如，若暴露在类似战俘营，以及目睹许多朋友被残忍地折磨和杀死等这类非常极端的条件下，大多数人都会体验到创伤后应激障碍的症状）。其他的研究也重复了这一结果，即在极端应激下的暴露程度和创伤后应激障碍的症状程度之间密切相关（例如，Kulka et al., 1990）。相反的是，在程度较轻的应激条件下，个体的易感性（例如，在事件发生之前的心理功能水平）能更好地预测创伤后的适应情况。

除了既有的易感性水平外，其他一些因素也能影响个体在经历创伤事件后的心理功能水平。此外，个体应对应激的风格（Fairbank, Hansen, & Fitterling, 1991）以及社会和文化因素也在创伤后应激障碍中起到作用。这些研究表明，那些周围有强有力的支持团体的人（即社会支持）在经历创伤后比较不容易发展出创伤后应激障碍（Carroll, Rueger, Foy, & Donahow, 1985; Friedman, 2009; La Greca, Silverman, Lai, & Jaccard, 2010; Vernberg, La Greca, Silverman, &Prinstein, 1996）。例如，Frye和Stockton（1982）发现，在经历了越南战争的退伍老兵中，那些家人期待他们迅速适应平民生活，而且不承认其所经历的事件具有创伤性质的老兵的创伤后应激障碍水平最高。事实上，曾有人推测，越战老兵中创伤后应激障碍高发的一个重要因素是这场战争所具有的消极的社会和政治背景，这种环境让许多老兵不愿意去讨论自己的经历。在下文有关直接治疗性暴露的讨论中，你将会看到，这对于个体是否会持续表现出适应困难而言，十分重要。

事实上，所有围绕着创伤后应激障碍的心理社会理论都认为，维系这一障碍的一个核心因素是回避那些象征着或类似于创伤事件的痛苦线索（Foa, Steketee, & Rothbaum, 1989; Keane & Barlow, 2002）。也就是说，因为患者持续地回避那些和创伤事件有关的想法、意象、回忆和活动，他们的焦虑和恐惧（即习得的警觉反应）就无法随着时间推移而减轻。创伤后应激障碍的信息加工模型（例如，Ehlers & Clark, 2000; Foa et al., 1989）强调，暴露在极端应激之下可能极大地改变人们看待自己以及世界的方式（例如，"这个世界不安全"，"不可以信任别人"，"我要为所发生的事情负责"）。因此，回避创伤会阻止他们去考察和挑战这些认知，从而继续维持他们适应困难的状态。

辛迪个人经历的许多方面都和整合模型相吻合。尽管辛迪没有报告太多情绪障碍的家族史（若有，则意味着她身上存在生物易感性），但辛迪的父亲因其战争经历而患有创伤后应激障碍。正如前面提到的，当个体暴露在极端的创伤条件下（例如，反复经历暴力性侵，或是长期处于战争环境中），生物易感性对于是否会发展出创伤后应激障碍就不那么重要了。和创伤后应激障碍的性质以及整合模型相一致的是，当辛迪面对提醒她10年前发生的强奸事件的线索时，她的创伤后应激障碍症状加重了，即她在外遇期间开始出现有关强奸的闪回。她对于事件的回避以及社会支持水平很低这两个因素可能在很大程度上导致了辛迪在创伤发生10年之后仍继续体验到情绪困扰。例如，由于她对自己的经历感到难堪，所以她从来都没有就这一事件报警。同时，当辛迪几次尝试着和其他人讨论这一事件时，她所遭遇的反应都是消极的，而这强化了她将这些秘密封存起来的倾向。根据辛迪的报告，很显然，她一直尝试回避去思考自己的负面经历。有关回避的证据包括，每次寻求治疗都仅完成了一次会谈，饮酒和吸食大麻，因强奸她的人是哥哥最好的朋友而疏远自己的哥哥。在初始访谈中，还可观察到辛迪深度回避的迹象，即她仅仅粗略地讲述了发生在自己身上的事情。在创伤后应激障碍整合模型的指导下，治疗的主要焦点是辛迪的回避行为，因为回避行为是维系该障碍的核心因素。

治疗目标和计划

在初始访谈之后，辛迪被分配给一位执业临床心理学家，这位心理学家在设计和开展针对性暴力受害者的认知行为治疗方面具有丰富的经验。具体来说，辛迪的治疗包括认知加工治疗，这是一种用于治疗性暴力受害者身上的创伤后应激障碍的特定症状的办法（Monson, Resick, & Rizvi, 2014; Resick & Calhoun, 2001; Resick & Schnicke, 1993）。和针对创伤后应激障碍的其他认知行为治疗一样，辛迪的治疗中有一个重要组成部分，就是系统地实施围绕有关性暴力事件的记忆和线索的暴露练习。暴露的目标是让病人详细回忆性暴力事件，并对记忆进行加工直到它不再令其痛苦或困扰。这一目标不会随着时间而自然实现，因为患者会努力回避这类叫人难受的材料。和其他治疗性的暴露（例如，让蜘蛛恐惧症患者进行现场蜘蛛暴露）形式不同，安排创伤后应激障碍患者暴露于真实生活中的恐惧线索（例如，车祸、躯体攻击、战争）通常是不现实的。因此，创伤后应激障碍中的治疗性暴露一般都是通过让病人完整地去想象和回忆所有的事件，再加上他们和创伤事件有关的想法和感受（这就是"想象暴露"与"情境"或"现场"暴露之间的对比，后者会使用真实的线索）来完成的。

认知加工治疗和想象暴露有几点区别。因为这种治疗形式主要基于创伤后应激障碍的信息加工模型（见前文），受害者和创伤事件有关的思维和感受乃是治疗的主要焦点。具体来说，单纯的想象暴露并不足以减轻创伤后应激障碍的症状，因为它并不直接处理病人因创伤而发展出来的错误认知。例如，在暴露治疗之后，性暴力受害者可能会继续责备自己，并且感到羞耻、无法信任别人、愤怒等，以至于侵入性的记忆、唤起和回避行为仍会维持下去（Resick & Calhoun, 2001）。因此，认知加工治疗纳入了认知重构成分来处理这些思维模式。

治疗过程和治疗结果

辛迪在第一次治疗会谈时迟到了45分钟。治疗师认为辛迪的迟到具有回避的性质，并且告诉她，回避行为乃是创伤后应激障碍的症状之一。治疗师谈到了回避如何阻止她从强奸事件中康复，以及辛迪需要直面自己的恐惧，这样才能在治疗中去处理它们。辛迪承认她害怕来做治疗，而且说她可以预见到暴风雨（那些痛苦的情绪和记忆）即将来袭。尽管如此，辛迪还是表示对治疗结果心存希望，随后约定了下一次会谈时间。

尽管在下一次会谈时辛迪准时到来，但她承认她刚刚吸食了大麻来让自己的神经放松。因为辛迪曾经过早和"特别在意"她吸食大麻的治疗师结束了治疗，辛迪的治疗师在这次会谈中淡化了这一问题。但是，治疗师仍然把她吸食大麻的行为标定为另一种形式的回避，而且要求辛迪在以后的会谈之前或在家完成作业时不要使用大麻，辛迪同意了。

在这次会谈的议程中，几个重要目标分别是：①描述创伤后应激障碍的症状，让辛迪了解这些症状是如何发展出来的，以及为什么它们没有消失；②展示治疗的概貌和原理，让辛迪理解为什么完成作业和参加会谈非常重要；③建立良好的治疗关系，给辛迪一些时间来谈论强奸或任何其他议题。在这次会谈临近尾声的时候，治疗师对治疗的三个主要目标进行了解说：①回忆和接受强奸事件；②让辛迪能够感受到自己的情绪，并允许它们按照自己的进程发展，从而让记忆可以不和这些强烈的感受绑在一起，而是可以被放在一边；③让辛迪那些被暴力事件破坏和扭曲的信念（例如，与信任和安全有关的信念）能够恢复平衡。在整个会谈中，辛迪一直蜷缩在自己的外套里，但是非常专注，并且同意完成第一次家庭作业。这次作业要求辛迪写下强奸事件对自己的意义，包括它对有关她自己、其他人和世界的信念造成了什么影响，至少写一页纸。除了开启有关的治疗性暴露以外，这个作业的目的还在于收集辛迪如何解读性侵事件的有关信息。这些信息对于治疗的认知重构环节十分有用。

接下来一次会谈的重点是讨论辛迪如何解读自己的创伤事件，并开始帮助她去鉴别和标定与这一经历有关的情绪和想法。辛迪在开始会谈时明显已经带着情绪，而且在会谈期间不时哭泣。在会谈中，治疗师请辛迪朗读她的作业内容。在认知加工治疗中，治疗师总是要求病人读出他们的作业内容，从而帮助他们直面自己的想法、感受以及对材料做出的反应。基于辛迪写下的内容以及她在会谈期间所做的评论，显然辛迪认为，是她自己允许强奸发生的。她还表达了对于社会相当严重的不信任和愤怒，尤其是对政客和那些有钱有势的人。治疗师明白，这种愤怒和不信任源于强奸辛迪的人后来考入军校，现在事业很成功。辛迪觉得家人都不支持她，虽然她自己选择了不告诉家人究竟发生了什么。治疗师并没有直接挑战这些解读，但她告诉辛迪，创伤经历会让人们对自己、他人和世界的看法变得不准确。治疗师也指出，有些解释和反应是在强奸事件发生之后自然会出现的，并不需要改变。例如，治疗师表示，她不会挑战辛迪认为自己的权利被侵犯的观点以及愤怒的感受。相反，她会鼓励辛迪去感受愤怒，这样一来情绪就会按照它自己的进程发展。

在作业方面，治疗师给辛迪提供了自我监控表格来帮助她进一步鉴别她的想法和感受，以及它们之间的密切关联。每次辛迪体验到一种负面的情绪，或是创伤后应激障碍的一个症状（例如，有关强奸的侵入性回忆），她就要把这个情境记录下来，它在何地发生，当时她有何想法，以及她体验到何种感受（例如，羞耻、丧失感）。在下一次治疗中，辛迪将和治疗师一起继续鉴别有关强奸事件的想法和感受。在这次会谈末尾，治疗师介绍了治疗性暴露的环节。具体来说，治疗师要求辛迪详细地记录她创伤最为严重的一次强奸（在辛迪所经历的数次强奸中，她认为第一次创伤最为严重），以此作为家庭作业。治疗师指导辛迪在记录时要尽量多地包含感觉的细节，包括强奸过程中她的想法和感受（研究证据表明，在暴露练习中尽可能多地包含所有线索，暴露治疗才最为有效）。治疗师告诉辛迪，如果她回忆不起来强奸事件中的某个部分，她应该在纸上标示出来，然后继续写她记得的下一部分。此外，治疗师指导辛迪每天都要读出她所写的记录，直到下一次会谈时。治疗师告诉辛迪，这个作业的目的是帮助她重新获得对强奸事件的完整记忆，并让她感受有关这次事件的情绪，以便它们可以按照自然的进程发展下去。治疗师也向辛迪保证，尽管这一周对于她来说可能会过得非常吃力，但她很快就会度过这个治疗中最为艰难的部分。

在下一次会谈一开始，治疗师邀请辛迪读出强奸事件的记录。辛迪安静地读了10页她所写下的记录，大多数时间都在哭。她读到马克和她独自在家，为了在某场比赛中获胜一起练习跳舞。在乐曲结束之后，马克开始亲吻她，抚摸她的乳房。辛迪尝试把他推开，但是他收紧了自己抱着她的手臂，并且低声说他能看出来辛迪喜欢他这么做。他拖拽着辛迪穿过客厅到了她自己的房间，把她按在床上。随后辛迪相当详细地读了她被强奸的过程。最后，马克亲吻了她的脸颊，什么也没说就离开了她的房间。在看到自己肚子上的精液以及大腿内侧的血迹之后，辛迪回忆她在之后的30分钟里缩在莲蓬头下，失控地大哭（在热水用完后她还哭了10分钟）。尽管当时才下午4点半，但辛迪在淋浴之后穿上了睡衣，去她父母的房间，躺在他们的床上。母亲回家之后，她告诉母亲她生病了。辛迪在父母的房间里度过了一个不眠之夜，她脑海里不断地涌出各种想法，从她如何能向她的父母和男友解释所发生的事情，她对于马克的矛盾感受（"过去我为他感到骄傲，但现在我只觉得恶心"），到自己失去贞洁这件事情。辛迪描述了她为什么选择不将此事告诉任何人："我选择不说，这样很多人就不必为此感到痛苦。"她也写下了第二天她与马克相遇的情境。马克说，他想在放学后找她谈谈。辛迪想着他可能会想要道歉，就同意在家里见他。她的计划是先用言辞"撕碎他"，但最终原谅他。"不管怎么说"，她想，"尽管这件事是暴力的，但马克之前都是温柔的人"。辛迪随后写到，他们的会面并没有像她想象的那样发展。尽管马克在一开始说他感到抱歉，但他接着说自己知道她喜欢这样，因为她没有尖叫或抵抗，事后也没有告诉任何人。马克告诉她，她有能力阻止这件事，但是她没有。然后他带辛迪去了她的房间，又一次强奸了她。辛迪写道，她让马克把她放在自己的床上，然后发生了性行为。她觉得一切都无所谓了；如果任何人知道这些事情，她就毁了。她回忆起马克如何威胁她：如果她的父母或她的男友知道会怎么样？辛迪逃不出他的手掌心！辛迪写到，她渐渐觉得自己的家不再安全了。

在读出自己的记录之后，辛迪和治疗师谈论了辛迪有多么愤怒，以及她如何把自己的愤怒转向了社会。辛迪描述了在刚刚过去这一周里，她和丈夫的关系是多么糟糕。他们发生了几次激烈的争吵，而且辛迪对于丈夫不再那么支持自己感到愤怒。治疗师谈到了其他人对于强奸的反应，她告诉辛迪，有些时候人们的强烈情绪会干扰他们支持别人的能力。这次会谈中的一个重要议题是详细记录和谈论有关强奸的细节，辛迪开始意识到，强奸事件发生在自己身上并不是自己的责任。具体来说，她没有告诉任何人有关强奸的事情是为了避免伤害他们，而马克则利用这一点来伤害她，强迫她相信她是因为喜欢这件事情才会对此保持沉默。治疗师告诉辛迪，她在这样一个非常情境下已经做到了自己能做的一切。她赞扬辛迪出色地完成了作业，而且告诉她，坚持治疗非常重要。辛迪则回答说，此刻她比以往任何时候都更坚定。作为作业，治疗师让辛迪再次完整地记录强奸事件，并且补充任何她在第一次记录时可能遗漏的细节。此外，治疗师指导辛迪，除了记录她在强奸发生时的感受和想法，也要把她目前的所有想法或感受补充在括号里。

到了下一次会谈时，辛迪看起来相当开心和活跃。她报告说，她觉得精力充沛，而且在过去一周里完成了大部分家务。她说她和丈夫谈了一次。丈夫道了歉，随后都一直表现得细心、支持且充满爱意。治疗师询问写记录的情况，辛迪回答说，这一次她没有哭，她有些颤抖，但情绪没有那么激动了。在关于暴力事件和后续情况的描述中，新加的内容是她想起来马克曾经询问她哥哥，他是否能够来参加辛迪的婚礼。辛迪回忆自己穿着婚纱和马克跳舞，而其他人都在兴高采烈地注视着新娘子。她记得所有参加婚礼的女孩子都在打听，那个穿着制服的帅气男人到底是谁。因为新郎在接待来宾环节已经醉倒了，辛迪整个晚上都孤单地坐着，感觉又伤心又愤怒，翻来覆去地想为什么马克要来参加自己的婚礼。她写道，在接下来的两年里，她一想到自己的婚礼就有种糟糕的感觉。

在辛迪读出这段记录之后，治疗师帮助她意识到，她不必再对自己的情绪感到害怕了，她已经开始学习如何忍受自己的情绪，哪怕它们非常强烈。辛迪比较多地谈到了她对其他人的反应。她把话题集中在哥哥身上，描述了自己曾觉得哥哥令她失望，因为他没有看穿马克的真面目。治疗师询问辛迪有没有尝试过和哥哥说这件事情。她回答说："那样会像对着一堵墙说话。"另外，她的哥哥仍然和马克是朋友，而且忙于自己的生活。治疗师也处理了辛迪对于社会和成功人士的不信任，因为这些也源于她和马克的经历。治疗师提醒辛迪，马克考上军校可能和强奸无关，也和她是否能够信任其他人无关。实际上，可能有关系的因素是，马克来自一个问题重重的、有虐待行为发生的家庭，当时他或许在发泄暴力。辛迪开始接受，她可能把强奸了她然后又变得成功的人和其他获得了成功的人错误地联系在一起。

在接下来的几次会谈中，辛迪和治疗师更深入地使用认知重构技术来着手处理辛迪问题中的认知成分。具体来说，治疗师帮助辛迪鉴别和挑战了她因强奸事件而发展出来的负面信念。为了帮助辛迪完成这个过程，治疗师给辛迪展示了一张错误思维的清单，其中包括了7种可能和性暴力事件后续有关的认知错误。例如，有一种错误思维模式叫作"过度泛化"，指的是基于单一事件却做出相当宽泛的结论。正如之前提到的那样，辛迪基于对于马克的不信任和愤怒形成了过度泛化的错误认知，把对拥有成功的军旅生涯的马克的不信任和愤怒推广至所有获得了成功或有权力的人。在第六次治疗中，辛迪开始了新的工作，而且每周要工作40个小时以上。尽管新工作和新结识的那些人让辛迪感到兴奋，但她也对自己究竟有多大的改变表示了担心。她告诉治疗师，她想弄明白哪些事情是自己不想改变的。经过一些询问，治疗师得到的印象是，辛迪仍然对于成功意味着什么感到矛盾；换句话说，辛迪害怕如果自己改变得太多，她就会成为那些她一直鄙视的人之一。一如在治疗其他障碍时那样（参见案例2），治疗师帮助辛迪去考察所有可能支持或不支持诸如"成功人士都是不可信的"等观念的证据，从而去挑战这些认知错误。一段时间之后，辛迪告诉治疗师，她注意到自己的看法开始发生改变了。当她看到路上有人开了一辆好车或是在电视上看到一个权威人物时,辛迪就会开始告诉自己:"一个人获得了一些成功并不意味着他们是靠践踏他人的尸体才爬到这个位置上的。或许他们工作很努力。"

强奸也对辛迪有关世界是否安全的信念造成了类似的影响。她相信,这个世界不是一个安全的地方,而且这个信念受到了电视新闻的强化。辛迪说,她几乎从来不看新闻,因为它会反映出这个世界是多么暴力,所有人都是那么坏。治疗师使用错误思维清单来帮助辛迪意识到,这样的看法正是"忽略情境中的重要方面"的例子。具体来说,辛迪开始意识到,自己并没有考虑这样一个事实:"新闻"以及新闻节目中的事件正是因为它们不同寻常、糟糕,或重要,才会被报道。新闻节目主持人不会提到数以百万计的人都不是犯罪受害者,也不会讲这么多人当天都没有从事任何非法行为。

辛迪和哥哥之间疏远的关系也得到了处理。辛迪表示她希望永远都不要告诉哥哥有关强奸的事情,但这不是因为她担心哥哥可能会站在马克那边(马克仍然是哥哥的朋友),而是因为她不想伤害哥哥。治疗师指出,尽管辛迪已经阻止了马克毁掉她的生活,但他仍然干扰着她和哥哥之间的关系。治疗师告诉辛迪,她的哥哥已经足够年长,如果辛迪打算告诉他的话,或许他也能够处理了。治疗师建议辛迪可以这样和哥哥谈起这个话题,她可以说诸如这样的话:"很久以前发生过一些事情,我从来都没有告诉过你,因为我害怕会伤害到你。但是,我能看到,保守这个巨大的秘密对于我们的关系会造成什么样的影响。"讨论过这件事情后,辛迪在下一次会谈中谈到,自己已经给哥哥写了一封信,但她很可能不会寄出。她在治疗师面前读出了那封信。在信中,辛迪表达了她担心哥哥会受伤,以及他可能不相信所发生的事情。她对自己的父亲也有这样的感受,因为他因越战而患有创伤后应激障碍,所以辛迪一直想保护他。尽管如此,辛迪表示,她意识到,哥哥和父亲的反应并非是她的责任,这让她感到松了一口气。在治疗师的指引下,辛迪意识到自己没有给家人机会,让他们能够和自己更亲密,这样一来,她就切断了自己最重要的社会支持来源。

在之后的几次会谈中，辛迪和治疗师讨论了有关自尊的议题。辛迪说，尽管目前这不是一个大问题，但是她曾经对自己有很负面的看法，因为她觉得自己应该为发生在自己身上的事情负责。除了帮助辛迪鉴别和挑战那些降低她自尊的认知外，治疗师还布置了作业，以帮助辛迪更好地看待自己和他人。例如，辛迪要每天练习给予和接受褒奖，以及每天都做一件让自己开心的事情。当她一开始做这些练习时，辛迪发现和别人接触并且表扬别人令她感到尴尬。但是，结果是积极的。有一次，在家庭聚会上，她发现自己通过赞赏一位姻亲让这位刻薄的家人放下了戒备。当丈夫褒奖自己时，辛迪也没有贬低这一赞赏的价值，而是倾听了丈夫的话并且感谢了他。

作为最后一次作业，治疗师邀请辛迪重新记录强奸对自己的意义。在末次会谈一开始，治疗师让辛迪朗读了她写的记录。辛迪读到她和治疗师的合作如何改变了她和她的观念。她谈到自己并不应当为所发生的事情负责任，而且她也没有什么可羞耻的：

> 这件事情的一部分真相是，有一个女孩被强奸了，被虐待和操纵了。我永远不会忘记，但是我也不会让这件事毁掉我。这个女孩幸存了下来，而且做得很好……将我内心最深处那个最黑暗的秘密拖到阳光下来非常困难，但它一直以来都在毒害我。在真诚的帮助下，我把这个隐秘的魔鬼从心里拽了出来，直面他。谢谢你（治疗师）。我一个人无法做到这些。你帮助了我是因为你能进入我的内心。你是第一个获得我信任的人。你帮助我打破了坚冰。

在回顾辛迪的进步时，治疗师读了辛迪在治疗开始时第一次写的记录。当治疗师读出她曾经写到，大多数人都是贪婪的、自以为是的混蛋时，辛迪笑出了声。在结束治疗时，辛迪认可了自己所取得的成功，并且描述了她未来的目标。目标之一是改善自己和哥哥以及和父亲的关系。

这次会谈一周之后，辛迪和另一位临床工作者会面，完成了治疗后的评估。这次评估的结果显示，辛迪已经不再符合创伤后应激障碍、重性抑郁障碍以及大麻使用障碍的诊断标准。她在测量创伤后应激障碍、抑郁和整体功能的问卷上得分都很不错，而且都在正常范围之内。在治疗结束后3个月和6个月进行的评估显示，辛迪的状况仍然很好，在所有问卷测量中的得分都在正常范围内。

在治疗结束2周之后，辛迪给治疗师打来电话，告诉她，她和哥哥讲了关于强奸的事情。和她预料的一样，自己的好朋友强奸了自己的妹妹让哥哥非常难受。辛迪对自己告诉哥哥这事感到高兴，因为他现在能理解为什么她疏远自己了。3个月后，她告诉治疗师，她和哥哥的关系仍然有些紧张，有一部分原因是哥哥催促她去跟马克对质。辛迪不愿意这样，并且坚持说除非自己有自信处理好马克做出的任何反应，否则不会考虑跟他对质。此外，辛迪报告说在其他人际关系中取得了重大的进展。她工作很顺利，而且在工作中结识了几个亲密朋友。她和父亲的关系也在改善。尽管她没有和父亲谈到强奸的事，但是他们会花更多的时间在一起，谈论辛迪的工作和家里的其他事情。

讨 论

关于创伤后应激障碍患病率的最新数据来自第二次全美共病调查，在这项调查中，超过9000名社区居民接受了结构访谈评估。这项研究显示，一般人群中创伤后应激障碍的时点患病率和终身患病率分别为3.5%和6.7%（Kessler, Berglund et al., 2005; Kessler, Chui, Demler, & Walters, 2005）。但是，在那些曾经暴露在极端应激之下的人群中（例如，强奸受害者和退伍军人），创伤后应激障碍的患病率要高得多。在一项研究中（Kilpatrick，Edmunds，& Seymour，1992），13%的受访女性表示她们曾经在强力逼迫下被强奸，而在这些女性中，有39%曾经被强奸不止一次。若包括其他性侵形式，例如强奸未遂，那么这一数据还要高得多（例如，Kilpatrick et al.，1985；Koss，1983）。此外，几项针对女性大学生的调查发现，在约会情境中出现某种形式的性暴力的比例高得惊人（高达77.6%）（例如，Koss，Gidycz，& Wisniewski，1987；Muehlenhard & Linton，1987）。这些研究显示，和辛迪的情况一样，强奸者往往是受害者的熟人或朋友。这一数据之所以重要，是因为研究证据表明，相比陌生人强奸，熟人强奸常常导致更为严重的适应困难。这或许是因为后者会更大程度地破坏受害者关于信任和安全的认识（Resick & Calhoun，2001）。

来自一项全美调查的证据显示（Kilpatrick et al.，1992），有31%的强奸受害者在事件发生后的某个时刻会发展出创伤后应激障碍。一项大型全美调查考察了越战老兵中创伤后应激障碍的患病率（Kulka et al.，1990），结果显示，在曾在越战战区（例如，越南、缅甸或老挝）服役的士兵中，有多达15%的男性和9%的女性退伍军人符合创伤后应激障碍的标准，他们要么是当下就符合，要是在他们被评估后的6个月内符合（即半年患病率）。此外，还有1.1%的男性和7.8%的女性越战老兵符合该研究中有关"部分创伤后应激障碍"的诊断（具有临床上显著的症状，但并不符合创伤后应激障碍的诊断阈值）。Taylor和Koch（1995）发现，曾经经历严重车祸的人当中，有15%~20%会发展出创伤后应激障碍。

就像辛迪那样，创伤后应激障碍的症状常常不是性暴力事件引发的唯一问题。辛迪在治疗之初也符合重性抑郁障碍的诊断，而在强奸受害者中，抑郁症状相当普遍。相比于没有遭遇过强奸的人群中尝试自杀率为2.2%而言，在Kilpatrick等人（1985）的研究中，强奸受害者中有19.2%曾经在事件发生后的某一时刻尝试自杀，而且有44%报告有自杀的念头但没有实施。如果不进行治疗，抑郁症状可能会在创伤事件后持续数年之久（Resick &

Calhoun，2001）。除了抑郁，物质使用问题（例如，Burnam et al.，1988）和性功能障碍（例如，Becker，Skinner，Abel，& Cichon，1986）也是性暴力事件之后常见的后果。在患有创伤后应激障碍的越战老兵中，也存在类似的高共病诊断率（特别是抑郁、物质滥用和其他焦虑障碍）（Kulka et al.，1990）。

因为创伤后应激障碍是一种相对比较新的诊断（它在DSM中首次出现是在1980年），针对这一障碍的心理治疗疗效的坚实证据在最近几年才逐渐发表。正如前文中所讨论的那样，几乎所有这些治疗都会包含一定形式的、针对象征着或类似于创伤事件的线索而进行的治疗性暴露（Monson et al.，2014）。另外一种常用的治疗形式则是认知和应激管理以及应对干预。有一种应激管理干预形式叫作应激接种训练（stress inoculation training），它包括了放松训练、腹式呼吸、角色扮演以及学习能够停止或应对有关创伤事件的侵入性思维的技能。在几项直接对比两种面向强奸受害者的干预方法疗效的大型对照组研究中，Foa、Rothbaum、Riggs和Murdock（1991）发现，在治疗结束当下，基于应对技能的治疗，即应激接种训练要比延迟暴露（对创伤记忆的想象暴露）更为有效。两项治疗都比等待组（waiting list）和支持性治疗更有效。但是，当病人在治疗结束后3个半月再次接受评估时，延迟暴露组比应激接种组效果更好。研究者推测，延迟暴露在长期效果方面具有的优越性可能源于直接暴露技术会导致创伤后应激障碍症状发生持久的改变；而相反，应激接种训练中的技术（例如，应对技能、放松）可能需要长期使用才能维持它们的效果。在针对患有创伤后应激障碍的越战老兵的研究中，延迟的想象暴露比等待组（Keane，Fairbank，Caddell，& Zimering，1989）或由退伍军人管理署所实施的标准化门诊项目（Boudewyns & Hyer，1990；Cooper & Clum，1989）都要更有效。

正如在其他情绪障碍的治疗中经常看到的那样，研究很可能最终会证明，暴露与认知或应对技能治疗的某种结合对于创伤后应激障碍患者是最有效的（Resick & Claboun，2001）。辛迪对于这类治疗——认知加工治疗——的反应相当好（Resick & Schnicke，1993）。有趣的是，这种治疗包含的暴露成分和诸如由Foa等人（1991）所实施的典型的暴露治疗有相当大的不同。在后者中，病人会持续地、反复接触创伤线索；而在认知加工治疗中，病人要仔细记录创伤事件，然后在会谈中读出自己的记录。尽管这种治疗相比其他基于暴露的治疗，涉及的治疗性暴露量较小，但研究结果仍证实了它的有效性（Resick & Schnicke，1993）。例如，在一项包含了171名患有创伤后应激障碍的强奸受害者的研究中（Resick, Nishith, Weaver, Astin, & Feuer, 2002），认知加工治疗组中53%的女性在治疗后不再患有该障碍，相比之下，在最低关注组条件下的女性不再患有该障碍的比例仅为2.2%。像辛迪一样，参加这项研究的病人身上伴发的抑郁和内疚感等，也因为认知加工治疗而出现了显著的改善。长期的跟踪研究表明，对治疗有反应的病人在治疗结束之后的5到10年里仍然维持着她们所获得的改善（Resick et al., 2007）。还有研究表明，这一治疗对与军事事件有关的创伤后应激障碍也有效。例如，有一项研究发现，40%的越战老兵在这一治疗结束后的评估中不再符合创伤后应激障碍的诊断标准（Monson et al., 2007）。

批判性思考

1. 在DSM-5设定创伤后应激障碍诊断标准过程中，人们在措辞方面花费了相当大的努力，从而确保诊断只能适用于那些经历极端应激或创伤（参见本案例中的"DSM-5诊断"一节）后发展出症状（例如，噩梦、侵入性记忆）的个体。诸如性侵或战争这类应激源显然符合"创伤事件"的标准。但是，对于有些应激源来说，则很难做出直截了当的判断（例如，开车碾过了全家人心爱的宠物，或是看到图片新闻中报道一场残酷的战斗、一桩犯罪或谋杀事件）。基于"DSM-5诊断"一节中所列出的诊断标准，你认为何种类型的应激事件能够符合或不符合创伤后应激障碍的诊断？你认为这些诊断标准是否需要进行修订，从而让那些遭受了不那么极端的应激源的个体——若他们也体验到所有症状的话——也能够获得创伤后应激障碍的诊断？如果放宽诊断标准来包含不那么严重的应激源，会造成何种影响（例如，法律上的、医疗保险方面的）？

2. 在针对创伤后应激障碍的认知行为治疗中，对于创伤记忆进行某种形式的反复、持续的暴露（例如，想象暴露、写下详细的创伤记录）被视为治疗的核心部分。你同意吗？抛开直面这些痛苦的和令人极为不适的记忆，你认为创伤后应激障碍可以用其他方法来得到更好的治疗吗？

3. 尽管性侵经历在其他方面表现了出来（例如，物质滥用、行为鲁莽），但直到事件发生10年之后，辛迪才发展出创伤后应激障碍的所有症状。你认为是何种因素导致创伤后应激障碍症状延迟发生？你相信有关躯体或性虐待的记忆能够被完全压抑，很久以后才回想起来吗？为什么？

4. 围绕着创伤后应激障碍患者已有很多研究，但是研究者们常常忽视一个事实：许多曾经暴露在严重创伤之下的人并未发展出该障碍的症状。在你看来，哪些个人特征和社会环境要素能帮助一个人更好地适应极端应激条件？

案例 5

强 迫 症

基本情况

帕特·蒙哥马利由她的精神科医生转介至一家擅长治疗焦虑障碍的心理治疗诊所。在她被转介至这家诊所之前的3年里，帕特曾参加了两项旨在考察针对强迫症的药物疗效研究。在第一个项目中，帕特服用了名为安那芬尼（氯米帕明）的三环类抗抑郁药物；在第二个项目中，帕特服用了另一种类型的抗抑郁药物，百忧解（氟西汀）。尽管两种都是抗抑郁药物，但已有的研究表明这些药物可能对强迫症有效。然而，两种药物都没有对帕特的症状产生效果。考虑到帕特未能从两种治疗强迫症的首选药物中获益，精神科医生建议她尝试心理社会取向的疗法来解决问题。

帕特初次来到诊所时，是一位40岁的白人女性，有两个女儿（20岁和22岁）。帕特报告说，过去6年里，她一直极度害怕受到细菌感染，继而导致她患上一些致命的疾病。因此，她每天会洗好几次手。在初次到访诊所时，帕特声称自己每天洗手超过40次。心理学家注意到，帕特的手非常红，而且指甲周围已经脱皮了。每一次帕特"清洁"她的手时，都会用一块粗布和洗涤剂仔细地刷洗双手。除了洗手之外，帕特还会反复地过度清洁她会接触的其他物品，包括碗碟、衣物、家具和门把手。一般情况下，帕特每天会花费4个小时来清洁双手和其他这些物品。尽管她通常每天都洗一次澡，但是每次洗澡都要用上60~90分钟。洗头的时候，帕特会让泡沫停留在自己的头发上直到她数到100，从而保证她的脑袋和头发已经足够干净，从而免于类似细菌等物质的污染。

帕特也害怕自己会因为食物而感染细菌。此外，她还担心丈夫和孩子们会污染她的食物。因此，帕特总是把自己的食物和家人的食物分开，并且不允许家人接触她的食物（当然她也不会接触家人的食物）。对于一些食物，帕特会将自己那份和家人的那份分开储存。例如，她的冰箱里总会有两盒牛奶：一盒是她的，另一盒是其他人的。吃完饭之后，帕特会在清洗家人的碗碟之前先清洗自己的碗碟。在过度清洗碗碟之后（洗碗通常要花费45分钟），帕特再用大量时间清洗自己的双手。

帕特认为，细菌污染的主要来源是和葬礼、殡葬公司以及尸体有关的。例如，如果帕特恰巧开车路过一家殡葬社，或是送葬的队伍，她就会觉得自己被污染了。因为帕特担心参加了葬礼的人可能会间接接触到尸体，然后又接触到其他一些物品，因此帕特会害怕或回避许多物品。有数十件物品是帕特尤其害怕的，因为她觉得它们可能曾和葬礼有关（例如，衣服、鞋子、门把手、玩具、食物、房间）。帕特认为许多物品被污染了的理由在于，她相信一些物品可能会因为接触到其他已经被污染的物品而被污染。例如，帕特有一个钱包，她担心这个钱包已经被一个来过他们家的朋友给污染了，因为这位朋友曾经误认为帕特的钱包是自己的，把钱包拿起来了一会儿。当帕特后来得知这位朋友最近参加过一次葬礼后，帕特坚持让丈夫把钱包从房子里拿出去。事实上，帕特命令丈夫从窗子里出去，因为这是离开房子的最短路线。丈夫服从了她的命令，把钱包放在了杂物棚里。尽管这已经是4年前的事情，而且钱包里还有200美元现金和她的信用卡，但帕特再也没有靠近过杂物棚或那个钱包。在这位朋友来访之后，帕特就很少拜访其他人了，因为她害怕他们也曾经参加过葬礼。

在帕特开始清洗行为之前，她总会体验到一种强烈的冲动，想要让自己摆脱所有的细菌和污染物。尽管在问题刚出现时，帕特尝试过抵制这种清洗的冲动，但她注意到，现在自己已经很少去抵抗这些冲动了。除了害怕被污染之外，帕特也担心这些惊恐发作会导致自己发疯或"精神失常"，除非她放弃抵抗这些冲动。一旦她开始了自己的清洗仪式，她的惊恐发作通常很快就会减弱。

和一些患有强迫症的个体不同的是（参见本章的讨论环节），在她的整个病程中，帕特能够意识到她的强迫观念和行为是过度且不合理的。尽管帕特有些时候能够以一种客观的态度来看待她被感染的概率是非常低的，但她害怕被污染的极度恐惧会压倒这一认识（本质上很类似于那些害怕并回避坐飞机，但同意现实中坠机的概率是很微小的人）。

病　史

帕特报告说，问题初露端倪是在自己的高中时代（例如，她比自己的同伴看上去更加注意卫生）。但是，直到她首次到访焦虑障碍诊所的6年前，帕特的症状才严重到足以符合强迫症的诊断。帕特无法回忆起6年前有任何因素（例如，应激生活事件，家人的死亡或疾病，参加葬礼）和她的症状加剧有关。帕特也无法回忆起她的任何家人或亲戚有强迫症相关病史。但是，帕特报告她的姐妹和父亲曾患过似乎符合惊恐障碍诊断标准的焦虑问题，并且寻求过治疗。

自从她的问题在6年前加剧以来，帕特说她的生活变得非常艰难。正如前文所述，帕特曾经两次寻求治疗，两次获得药物干预，但都没有成功。直到她初次踏进焦虑诊所之前的两年，帕特一直都在一家州立职业中心从事职业咨询师的工作。尽管这份工作的保障和福利都非常好，但帕特仍然辞去了自己的职位，因为她害怕会接触到曾经参加过葬礼的人（或是曾经与参加过葬礼的人接触的人）。自从那时起，她一直处于失业状态。帕特报告说，家人在这个问题面前都抱着支持她的态度。尽管她的丈夫偶尔会因为她的强迫行为（即清洗行为）以及她无法离开家做某些事情或工作而感到挫败，但通常他都会顺从帕特的清洗仪式（例如，他会把"被污染"的物品拿出去，也允许她为自己单独购买食物）。

在初次到访焦虑诊所时，帕特有一项任务是接受一套结构性临床访谈。访谈的目的是全面评估焦虑和心境障碍，以及其他相关的障碍，例如物质使用和躯体形式障碍。除了确定帕特的强迫症症状的性质之外，这个访谈还发现了其他一些问题。尽管不是帕特主要的忧虑来源，但她也报告自己极为害怕蛇。更重要的是，帕特报告自己持续存在抑郁的困扰，这个问题是在她完成了第一次药物治疗项目，并且注意到自己没有任何好转之后出现的。除了过去几年的绝大部分时间她都感觉心情低落之外，帕特还报告了中等程度的其他症状，包括食欲不佳、睡眠困扰以及对自己通常感到有意思的活动兴趣下降等（这些都是抑郁的症状）。在访谈中，帕特说除了过去几年里存在的症状（例如，食欲差、失眠）之外，她的抑郁目前还伴随精力丧失、疲惫感、内疚感、注意力集中困难，以及略微思考有关生活是否值得过下去的念头。关于最后这项症状，帕特否认有自杀想法或意图。她认为自己的抑郁和她越来越怀疑自己是否能从强迫症中康复并感到绝望有关。

DSM–5 诊断

基于上述信息，帕特的DSM-5诊断如下：

300.30 强迫症，伴良好或一般的自知力（主要诊断）
300.40 持续性抑郁障碍，晚发，伴间歇重性抑郁发作，目前为发作状态，中度
300.29 特定恐怖症，动物型（蛇）

和治疗师所获得的印象一致，帕特在她初次到访焦虑障碍诊所时所报

告的症状相当符合DSM-5对于强迫症的定义（美国精神病学会，2013）。尽管强迫症在DSM之前的版本中被归类为一种焦虑障碍，现在它在DSM-5中被划入强迫及相关障碍（躯体变形障碍则是另一个DSM-5中强迫及其相关障碍的例子，参见案例6）。在DSM-5中，强迫症的核心特征是重复出现的强迫思维或强迫行为，并且它们严重到需要耗费大量时间（即，它们每天占据的时间超过1小时）或者导致了显著的困扰或严重的生活功能损害（即干扰个体的日常生活、职业或学业功能，或者通常的社会活动或社交关系）。

在DSM-5中，强迫思维被界定为同时具有以下两项特征：①个体具有反复且持续的想法、冲动或意象，但个体对这些侵入性的念头感到排斥，它们在大多数个体身上都会引起显著的焦虑或痛苦；②个体尝试忽略或压抑这类想法、冲动或意象，或试图用其他一些想法或行为（例如，通过某种强迫行为）来中和它们。在DSM之前的版本中，强迫思维还具有第三条诊断标准——个体意识到强迫思维是自己头脑的产物。这一条曾被认为是将强迫症与精神病性障碍（例如精神分裂症）区分开来的重要标准；在精神病性障碍中，个体常常认为那些侵入性的、令人困扰的想法或意象是外在的某个来源植入自己头脑中的。但是，这条标准在DSM-5中被一项标注所取代，这项标注能够表明患者在有关强迫思维和行为的信念方面的自知力如何。因此，在DSM-5标准下诊断强迫症时，应同时给出如下有关自知力的标注：①伴良好或一般的自知力（个体能够意识到自己的强迫症信念绝对是错的或很可能是错的，或者它们也许是错的）；②伴较差的自知力（个体认为自己的强迫症信念很可能是对的）；③缺乏自知力/妄想信念（个体完全确信自己的强迫症信念是对的）。和其他DSM-5障碍的标注一样（例如，创伤后应激障碍中的"伴解离症状"标注），这一标注之所以被纳入，是因为它可以传达更多有关强迫症的性质的信息，包括它的治疗预后。事实上，有证据表明，那些自知力差的强迫症病人在暴露和反应阻止治疗中的效果不佳（Foa，Abramowitz，Franklin，& Kozak，1999；Keeley，Storch，Merlo，& Geffken，2008）。虽然在有些人看来，纳入"缺乏自知力/妄想信念"的标注可能会模糊强迫症和精神病性障碍（例如，妄想障碍）之间的界限，但实际上，只有当妄想信念与强迫思维及强迫行为直接相关，而且个体不具有精神分裂症或分裂情感障碍（对于精神病性障碍的讨论请参见案例16）的其他特征时，才会诊断为强迫症。帕特的强迫症被给予了"伴良好或一般的自知力"的标注，因为她能够意识到自己关于污染的恐惧在某种程度上是非理性的。

帕特的强迫思维是最为常见的类型之一：有关污染的思维（例如，从门把手、钱币、厕所等处接触到细菌）。除了对污染的恐惧外，其他强迫思维类型主要包括过度怀疑（例如，不确定自己是否锁好了门或是否关闭了用具设备，担忧诸如个人财务管理这类的任务没有完成或者完成得不准确），害怕自己会在无意中对自己或别人造成伤害（例如，无意中毒害了别人，在开车时无意中撞倒了路人），荒谬的冲动或攻击冲动（例如，在公共场所脱光衣服，有意伤害自己或他人），可怕的或有关性的意象或冲动（例如，有关肢解尸体的意象，有关和自己的父母或某位宗教人物发生性关系的意象），以及荒谬的想法或意象（例如，数字、字母、歌曲、广告歌曲或语句）。从这一组例子以及DSM-5的标准中可以看出，强迫思维可能会以想法、意象、渴望及冲动的形式出现。

在DSM-5中，强迫行为被界定为具有以下特征：①它们是重复的行为或精神活动，个体感到自己为了应对强迫思维或者遵守必须严格执行的规则而被迫从事它们；②重复进行这些行为或精神活动的目的是预防或减轻焦虑或痛苦，或防止某些可怕的事件或状况发生，但这些行为或精神活动与所要中和或预防的事件或状况之间缺乏现实的联系，或者明显是过度的。帕特从事的是最常见的几种强迫行为形式中的一种：强迫清洗和清洁。请注意，DSM-5的标准指出，强迫行为可以是外显行为（例如帕特的清洗和清洁行为），也可以是精神活动。其他常见的外显行为型包括检查（例如，确保房门已经锁好或者用具已经关闭，重新开一遍行车路线以确保自己没有碾压行人，重新检查垃圾桶以确保重要的材料未被丢弃）以及恪守某种规则和程序（例如，保持对称性，比方说如果某个物品被右手碰过了，那么就要用左手再碰一次；在日常活动中遵循特定流程或次序，比方说将衣服按照相同的次序加以摆放）。精神活动型则包括通过计数（例如，特定的字母或数字，周围环境中的物品）以及内心重复某些材料（例如，语句、词语、祷告词）来"中和"自己的强迫思维。

DSM-5中的强迫症诊断标准没有要求个体一定要同时具有强迫思维和强迫行为。例如，有研究提示，约有25%的强迫症患者没有明显的强迫行为（例如，Brown，Moras，Zinbarg，&Barlow，1993）。但是，这些研究是在执行DSM之前的版本时做的。直到DSM的第四版问世时（1994年），诸如内心重复等精神活动才被认为是一种强迫行为。因此，强迫症患者中没有任何形式的强迫行为迹象的比例实际上要小得多（仅为2%，参见Foa & Kozak，1995）。

下文将会详细讨论强迫症的性质和治疗。请注意，除了特定恐怖症外，帕特还获得了持续性抑郁障碍的诊断，这是DSM-5中的一种新分类。这个诊断会在案例9中加以讨论。

使用整合模型进行案例概念化

和本书中讨论的其他障碍一样，强迫症的整合模型是一个素质—应激模型，它同时强调生物和心理两方面因素的重要性（Barlow & Durand，2015）。在这一模型中，素质成分里有一部分是个体对于焦虑的生物易感性。事实上，双生子研究或在家庭成员中考察心理障碍患病率的研究已经提供了一定的证据，表明强迫症可能具有家族遗传性（例如，Billett，Richter，& Kennedy，1998；Black，Noyes，Goldstein，& Blum，1992；Fyer，Lipsitz，Mannuzza，Aronowitz，& Chapman，2005；Hettema，Neale，&

Kendler，2001）。这一因素在帕特身上也有所体现，她虽然没有回忆出有关强迫症的家族史，但是提到了她的一级亲属中存在惊恐障碍的家族史。这一证据表明，帕特可能具有体验到焦虑的生物倾向。

尽管帕特没有记起任何导致其强迫症症状出现或加剧的生活事件，但整合模型仍强调应激在该障碍发病中的重要性。例如，研究已经表明，应激情境不仅可能会激发预料之外的惊恐发作（参见案例2），而且也标志着侵入性的、不愉快的思维和仪式行为（例如，清洗、检查）的频率会增加（Parkinson & Rachman，1981a，1981b）。应激可能引发一些症状，但并不足以制造出真正的强迫症。换句话来说，尽管许多人暴露于应激生活事件后，都会经历侵入性的思维或仪式性的行为，但其中大多数都不会发展出强迫症（Fullana, et al.，2009）。

那么，到底是何种因素决定着这些初级症状最终发展成为强迫症呢？和其他焦虑障碍（例如，惊恐障碍）一样，整合模型显示，对于可能会经历更多症状感到焦虑，或许才是导致强迫症的一个核心因素。具体来说，因生活应激而体验到一些侵入性想法的个体也许会因这类想法有可能变得更多而感到焦虑，因为她/他认为这些想法是危险的，或不可接受的。于是，个体尝试去压制这些想法。然而，压制的效果恰恰相反，只会增大这些想法的频率或强度，这一现象已经得到了研究证据的支持（例如，Najmi, Riemann, & Wegner, 2009）。上述观点和强迫症的认知模型相一致，该模型强调，那些坚信有些想法不可接受或十分危险的个体更容易发展出强迫症（Salkovskis，1985，1989；Shafran, Thordarson, & Rachman，1996；Steketee & Barlow，2002）。

整合模型说明了为何有些人会因经历更多的强迫症症状（诸如侵入性思维）而感到越发焦虑。与强迫症的认知概念化（例如，Salkovskis，1989；Steketee & Barlow，2002）的观点一致，整合模型特别指出，这些个体可能曾经有过一些经历，这些经历教会他们将某些思维视为危险的或不可接受的。这可能意味着一种发展出强迫症的心理素质或者说易感性。例如，在一个虔诚信仰天主教的家庭中长大的人，可能对于有关性和流产的哪些想法是正当的、可以接受的持有十分强硬的信念。因此当这些个体发现自己有这类想法时，可能会产生很大的困扰。对强迫思维的负面认知常常以夸大假说的形式出现，即夸大地认为侵入性思维会造成实际的伤害（例如，想到某些事情就会导致其真的发生），以及夸大地认为自己有责任防止对自己和他人造成伤害（例如，未能防止与某个念头有关的伤害就如同直接造成了伤害那么糟糕）。这些特点在帕特身上都是明显可见的，她将有关污染的念头等同于直接的风险，即感染上某种可以在她和自己家人之间传播的细菌。这种认知易感性的类型叫作思维—行为混淆（Shafran et al.，1996），这是针对强迫症的一项特定风险因素，它指的是一种思维倾向，即认为想到一个令人困扰的事件就会增加其发生的可能性，以及想到一个令人困扰的行为在道德上就等同于实际上执行了这一行为（例如，一个有着强烈宗教信仰的人相信，思考有关堕胎的问题在道德上等同于实施了堕胎）。

在DSM-5中，强迫行为（例如，清洗、检查）以及其他意在中和强迫思维内容的尝试（例如，重复语句、词语或祷告词）都是强迫症的定义特征，而且它们也被认为是维持该障碍长期存在的因素。例如，尽管过度洗手常常令帕特在短时间内感到慰藉（例如，洗手后她的惊恐发作就会消退），但长此以往，它会因为阻止她去证伪自己对风险的预测以及对污染可能造成的伤害的预期，而将她的问题维持下去。病人所处的社会环境也可能有助于强迫症的维持。帕特的家人通常会默许她的强迫行为。例如，她的丈夫服从了她让其把"被污染的"钱包拿出房子的指令，全家人都允许帕特单独进食和使用单独的餐具。

治疗目标和计划

焦虑障碍诊所为帕特提供了一个专门为强迫症开发的治疗项目。整个美国仅有少数几家诊所有资质能提供这一治疗项目,而幸运的是,帕特住在这家诊所附近。这种治疗取向叫作"暴露和反应阻止"(exposure and response prevention),是一种高度结构化的治疗。这种治疗会主动阻止病人的仪式行为(强迫行为),与此同时病人将以一种系统渐进的方式暴露在令其恐惧的思维(强迫思维)和情境(例如,触发污染恐惧的线索,诸如和一个陌生人握手)之下。这种治疗取向安排病人去直面这些恐惧线索(强迫思维、情境),同时阻止他们从事自己的仪式或中和行为,从而直接处理强迫症的核心维持因素(例如,回避令其恐惧的刺激,从事强迫行为来中和强迫思维)。此外,认知重组技术也常作为暴露和反应阻止疗法的一种重要的辅助手段来使用,其目的是处理病人有关侵入性思维或意象是否可以被接受及其重要程度等议题(Franklin & Foa,2014;Salkovskis,1989)。不过,暴露和反应阻止疗法本身对于改变病人围绕着强迫症症状的认知而言也很重要。例如,旨在阻止强迫行为的程序有助于"现实检验",即让患者意识到——在理性层面和情绪层面——无论是否进行仪式,都不会出现有害后果。

最后,就像在情绪障碍治疗中常见的那样,让病人的社交网络加入治疗有益于强迫症干预的最终效果。与帕特的主诉内容一致,患者的家人或朋友对其症状的反应可能有助于维持其障碍。除了帮助病人身边重要的人更好地理解该问题之外,这一做法也能有效消除那些维系着强迫症的行为。

治疗过程和治疗结果

在帕特进行初始评估后不久,她和丈夫就与治疗师进行了第一次治疗会谈。治疗师要求帕特的丈夫参加头几次的治疗会谈,从而增进他对于该障碍的理解,并帮助帕特以最可能起效的方式去运用治疗技术。除了建立良好的治疗关系之外,这次会谈中治疗师最主要的几个目标还包括:①获得更多可能和治疗计划有关的信息;②给病人提供有关强迫症起因的解释,并且向其解释治疗的原理;③界定治疗可能要处理的标靶(症状);④指导病人使用自我监控的方法。在这次会谈中,帕特和治疗师就治疗的主要目标达成一致,即降低她对于和葬礼有关的物品的恐惧,消除她的强迫行为仪式,以及降低她的广泛性焦虑和紧张的水平。事实上,最后一个目标(即高水平的广泛性焦虑)在帕特的初始评估中并未涉及。因此,在这次会谈中,治疗师考虑将渐进式肌肉放松作为一个额外成分纳入治疗当中。除了这一议题外,治疗师认为帕特的问题是一例比较明确的强迫症病例。

在第一次会谈中,治疗师从帕特那里获得了一长串激发恐惧的扳机线索(例如,那些会引起惊恐发作的物品,有关污染的想法以及强迫行为)和仪式。这些信息对于进行暴露和反应阻止练习来说十分重要。治疗师向帕特介绍了强迫症的整合模型,强调了那些长期以来维持了她的困扰的因素(例如,她回避会激发恐惧的扳机线索,她实施清洗和清洁仪式)。帕特拿到了自我监控的表格,以每日记录诸如焦虑、抑郁和愉悦的感受,以及强迫思维和强迫行为等症状的频率和强度。治疗师告诉帕特,她需要在整个治疗期间每天都坚持进行自我监控,因为这些信息对于追踪她对治疗项目的反应而言十分有用。最后,治疗师告诉帕特有关暴露和反应阻止疗法的技术和原理。帕特得知,在治疗的大部分时间里,暴露和反应阻止疗法都会以一种循序渐进的方式进行。例如,在这次会谈中鉴别出来的令她恐惧的物品和情境会按照它们激发焦虑的程度从低到高排列。暴露和反应阻止疗法在最初的暴露中会使用引发恐惧程度较低的物品和情境,或者初期先用想象暴露来处理引发强烈恐惧的扳机线索,随后再在真实的情境下直面这些扳机线索。想象暴露是让病人通过自己的想象(例如,在头脑中想象自己接触某个被污染的物品的画面)来面对令其恐惧的物品和情境。为了开始这一程序,治疗师让帕特在之后的几天里逐渐延长从她产生清洗的冲动到她实际上实施这一仪式之间的时间。

3天后,帕特在第二次治疗会谈中就已经出现了显著的进步。考虑到帕特有很强的动力而且十分服从治疗要求（例如，她在两次会谈之间能够很好地延长自己的清洁仪式的启动时间），她和治疗师一道决定加快暴露和反应阻止疗法的实施进度。帕特的丈夫在会谈中带来了一双自己的鞋子，帕特认为这双鞋子被污染了，因为丈夫在几年前曾经穿着它们去参加了一场葬礼。尽管帕特对于这双鞋子极为恐惧，因为它们和葬礼直接有关，但她仍然要求在第一次暴露和反应阻止疗法练习中使用这双鞋子。在进行了一些讨论之后，他们设计了以下的暴露和反应阻止练习：帕特会使用一点食物去触碰这双鞋子的鞋头，然后将食物吃掉。以吃掉"被污染"的食物作为这次练习的理由在于：这让帕特通常会进行的清洗仪式变得无关紧要了（既然她已经咽下了食物，那么去清洗身体就没什么用处了）。他们选择了椒盐饼干作为练习中要使用的食物，因为在诊所的自动贩售机里就能买到它。在这次会谈（持续了两个半小时）中，帕特吃下了整整一小包和鞋子接触过的椒盐饼干。在吃下最初几块饼干时，帕特报告自己感受到了极高程度的焦虑，但是她并没有出现任何惊恐发作。不过，这种焦虑很快就变成了喜悦，因为帕特为自己有能力做出这一壮举而感到十分惊喜。鉴于在这次会谈中取得了重大的进展，治疗师又指导帕特做了几件他本来认为需要在以后的治疗中才能做的事情：①不再进行任何强迫行为仪式（例如，在接触到一个"被污染"的物品之后不要洗手）；②每天洗澡的时间限制在10分钟内；③每天完成3小时的暴露和反应阻止练习任务。其中2小时要花在用会谈中用过的物品（例如，她丈夫的鞋子）或是难度与之类似的物品（根据帕特的评估，能引发相似的焦虑程度的物品）来完成暴露和反应阻止练习。后1小时的暴露和反应阻止练习则使用想象暴露。这种暴露形式要求帕特在头脑中保持一个画面，在这个画面中，她和自己清单中恐惧等级最高的某个物品接触，或置身于恐惧等级最高的情境之中（例如，触碰尸体）。治疗师指导帕特的丈夫在会谈之间的这段时间里发挥教练的功能，并监控帕特是否服从了治疗中反应阻止部分的要求。例如，帕特的丈夫要确保帕特将自己每天的淋浴时间限制在10分钟以内，还需要帮助她（例如，支持她，并提醒她不从事仪式行为的重要性）在接触了会引发强烈"去污"冲动的物品之后不要实施清洁仪式。

在之后的几次会谈中，帕特和治疗师继续使用暴露和反应阻止疗法，包括接触她的等级清单中最高水平的项目。治疗师帮助帕特的丈夫鉴别出他和其他家庭成员所做的哪些事情有助于维持帕特的强迫症。结果是，丈夫不再允许帕特单独进食和使用单独的餐具。此外，帕特被要求将她的碗碟、衣物和家人的碗碟、衣物一起洗涤（并在做完这些任务之后不去洗手）。和许多强迫症患者不同的是，帕特在围绕着等级清单运用暴露和反应阻止疗法时，大多数情况下都没有体验到什么困难。但是，帕特所面对的最为困难的暴露和反应阻止练习是用食物去接触一直放在杂物棚里的那个钱包，然后吃掉食物。读者可以回忆一下，几年前帕特曾经强迫自己的丈夫将那个钱包拿出房子（为此还特地从窗户离开房子），因为曾经参加过葬礼的一位女性触碰了那个钱包。尽管读者可能会认为，帕特已经完成的其他任务显然更为困难，但涉及这个钱包的暴露和反应阻止练习的确是帕特所经历的最难任务之一。事实上，当这次暴露练习在治疗会谈中完成之后，帕特在进行每天的暴露和反应阻止练习时忽然遇到了一些问题。例如，她在做这些暴露练习时经历了几次惊恐发作。但是，她成功地阻止了自己去清洗身体，而在暴露练习的第二个小时里，她的恐惧通常会减弱。另外，她此时还能够拿到这几年来一直存在钱包里的两百美元，这无疑是一种奖励！对于帕特而言，另一个比较困难的练习是拿着或吃掉和附近一家殡葬公司的名片接触过的食物。

此外，帕特在完成一次更为困难的任务之后还短暂地出现了重新实施强迫行为仪式的状况。在这次任务中，帕特要清洁储藏室的一个橱柜，柜子里放置着过去几年里被"隔离"的几件物品，因此她一直都没打开过。当然，她也要去触碰橱柜里那几件"被污染"的物品。如果说触碰这些物品的难度还不算高的话,帕特在做到一半的时候意识到,她碰到的橱柜里的那些"污渍"实际上是老鼠屎。这一想法令她立即经历了一次惊恐发作,并且暂时性地增加了她不必要的清洗和清洁仪式。但是,尽管有老鼠屎,治疗师仍要求帕特继续完成涉及这个橱柜的暴露和反应阻止练习。在随后的两三天里,帕特的清洗仪式行为就消失了。

治疗的另一次小波折发生在项目中期,帕特的焦虑和抑郁水平在某种程度上增加了。经过一些询问之后,治疗师的结论是帕特的消极情绪和她担心自己没有办法维持已经取得的巨大进展有关。因此,治疗师在接下来的两次治疗中,花费了很大一部分时间应用认知治疗程序。除了帮助帕特鉴别并挑战她那些引发消极情绪的想法之外,治疗师还强调,坚持使用暴露和反应阻止疗法来维持她的进步非常重要。

治疗中的另一个议题与帕特对蛇的恐惧有关。在治疗项目进行到一半时,春天来临了,因此这一议题变得比较突出。在日趋温暖的天气里,帕特好几次在自家后院里遇到了蛇。在初始评估中,帕特的恐惧被认为是一种典型的蛇恐怖症。但是,在讨论她遇到蛇的具体情境时,治疗师注意到这些事件激发了强烈的恐惧和有关污染的强迫思维。事实上,帕特报告说,有两次在遇到蛇之后她实施了清洁仪式。因此,治疗师认为,针对蛇进行暴露可能会与帕特的强迫症治疗有关;她的恐惧并不是一类单纯的特定恐怖症(对蛇患有特定恐怖症的病人往往是因为其他原因而害怕蛇,例如害怕被蛇咬)。

幸运的是(虽然当时帕特并不这么觉得),诊所中恰好养着几条用来治疗蛇恐怖症患者的蛇。为了处理帕特的恐惧,她和治疗师发展出了一套有关蛇的渐进式暴露计划。最初的暴露和反应阻止项目包括触碰和观看以下物品:①一本有关蛇的书;②一条橡皮蛇;③一条被触碰过诊所中的真蛇的治疗师"污染"了的橡皮蛇。当帕特觉得自己能够舒服地完成这些任务后,她再晋级到观看她的治疗师触碰真蛇。而帕特的家庭作业,则是用橡皮蛇和有关蛇的书来完成每天的暴露和反应阻止练习。

在下一次会谈中，帕特报告，尽管她没有再出现和葬礼有关的强迫思维和强迫行为，但她在完成了有关蛇的暴露和反应阻止练习后，有两次从事了清洗行为。因此，这次会谈中有很长一段时间花在了让帕特观看她的治疗师触碰蛇上。而在家庭作业方面，帕特要继续用橡皮蛇和有关蛇的书完成暴露练习。此外，她还要去宠物商店，并长时间观看笼子中的真蛇。

这些练习对帕特很有效。在下一次会谈中，帕特报告她在看到橡皮蛇或是有关蛇的书时已经不怎么焦虑了。但是，她报告说仍然害怕真蛇，并且拒绝了治疗师让她在这次会谈中触碰诊所的真蛇的建议。于是，治疗师要求帕特在自家后院走动，并触碰曾经遇到过蛇的地方。同时，因为帕特否认自己对于有关葬礼的物品依然怀有恐惧，治疗师提议下一次治疗时帕特和他一起拜访一家殡葬公司，帕特同意了。

帕特认为自己已经不再被有关葬礼的物品所困扰，这一点在拜访殡葬公司时得到了证实。在这次拜访期间，帕特没有体验到任何焦虑或去清洗的冲动。鉴于或许是因为这次活动中有治疗师陪同，帕特可能感到比较安全，因此治疗师让帕特在这一周内和她的丈夫一起再次拜访殡葬公司。尽管帕特在强迫症症状方面已经取得了重大改善，但她报告自己仍然体验到中等程度的广泛性焦虑和紧张。因此，她和治疗师决定将渐进式肌肉放松作为治疗中最后一个主要成分。

帕特对放松训练有很好的反应。最初的练习长1小时，在这个过程中，帕特在指导下全身依次绷紧然后放松了16个不同的肌肉群。这套程序的放松效果还通过让帕特想象美好而轻松的情境（例如，躺在阳光明媚且安静的沙滩上）而得到了加强。治疗师将这次会谈中的放松导入录了音，以便帕特在家中跟着录音来练习。在之后的会谈中，治疗师对放松训练进行了修改，让它更为"便携"（即无论帕特身在何处，当她注意到自己的焦虑或紧张感有所增加时都可以使用）。通过将目标肌肉群降低到8个，之后又降低到4个，这个目标得以实现。最后，帕特学会了使用"线索控制下的放松"技术，这是一套十分便捷的程序，可用来获得放松感。尽管在这些会谈中，大部分的注意力都放在了放松训练上，但治疗师仍在指导帕特继续使用暴露和反应阻止练习。

所有的放松训练程序都完成后，帕特和治疗师又以每月一次的频率进行了3次会谈。在最后一次会谈中（总共14次会谈），治疗师认为她基本上已经没有什么症状了。治疗师认为，帕特之所以对于治疗反应良好，如下几个因素至关重要：①帕特症状的性质让设计暴露和反应阻止练习比较简单直接（例如，她的恐惧扳机线索，比方说殡葬公司的名片，是容易界定且容易获得的）；②帕特的强迫行为仪式清晰可见（例如，它们是清洗和清洁这类行为），因此比较容易阻止（如果病人中和强迫思维材料的努力涉及诸如在心里重复语句或计数这类隐匿行为，那么反应阻止就比较困难）。此外，治疗师还认为，帕特具有很高的依从性和很强的动机也有助于她取得良好的治疗效果。尽管如此，治疗师也发现，由于所有的症状几乎都消失了，帕特目前并没有按照建议中能巩固其进展的频率去坚持暴露和反应阻止练习。在结束这次会谈时，治疗师强调了继续练习的重要性，并且告诉帕特，如果以后有任何问题或疑问，都可以联系诊所。

在这次会谈结束的几天之后，另一名临床工作者所进行的独立访谈证实了帕特治疗师的印象，即帕特在强迫症问题上取得了长足的进展。帕特没有再表现出任何有关她曾经最为核心的恐惧——葬礼上的物品或与葬礼有关的材料——的强迫思维或强迫行为症状的迹象。此外，由于帕特对治疗中的放松成分有良好的反应，她也报告了非常低水平的焦虑和紧张感。帕特还提到，她的家庭生活有所改善（例如，家人以前偶尔会因为她的强迫症症状而感到挫败，这种现象现在已经消失了）。事实上，丈夫表现得很支持，并且积极参与到帕特的治疗之中是她取得成功的另一个重要因素。尽管帕特进步很大，而且这些进步都是之前使用抗抑郁药物治疗时未能取得的，但她仍然有一些症状。首先，帕特在生活中遇到真蛇时，仍会体验到一种轻微的被污染的恐惧（她在治疗中始终未能进展到同意触碰真蛇的阶段）。其次，许多在治疗之前已经提到的心境障碍症状（重性抑郁障碍，恶劣心境）仍然存在。尽管这些症状因为她在强迫症问题上所取得的进展已经出现了很大的改善，但帕特的抑郁中有些部分似乎和她的强迫症无关。进行访谈的临床工作者注意到，帕特的一些负面情感和她相信自己没有办法找到工作，或是不配有一份稳定的工作有关。访谈者将帕特转介给了该地区一位擅长针对抑郁的认知行为治疗的临床心理学家。

12个月后，帕特再次来到诊所接受随访访谈。这次访谈的结果提示，相比最初进入强迫症治疗项目时的状况而言，帕特的表现仍然要好得多。但是，她报告在刚刚过去的两个月里，被葬礼有关的物品污染的强迫思维似乎在某种程度上有所增加，而她对于被蛇污染的轻度恐惧则依然如故。访谈者认为，症状的增加显然和帕特没有经常进行暴露和反应阻止练习有关。帕特承认，她知道自己必须做哪些事情来处理最近症状加剧的状况，可尽管如此，她表示仍然很难推动自己去开始暴露和反应阻止练习。因此，访谈者安排帕特和另一位治疗师做两到三次"强化"会谈来重新确立暴露练习的行为。这一策略非常成功地解决了症状部分复发的问题，并且重建了她完成暴露和反应阻止练习的规律。但是，直到此时，帕特的部分抑郁症状仍然存在（帕特并没有按照转介接受抑郁治疗），而且她也没有开始外出找工作。

讨 论

一项针对心理障碍的大型流行病学研究表明，强迫症的12个月和终身患病率分别为1%和1.6%（Kessler，Berglund，et al.，2005；Kessler，Chiu，Demler，& Walters，2005）。然而，这一估算结果指的是在个体一生中的某些时候符合强迫症诊断标准的人的比例。其他的证据提示，许多体验到强迫症症状的人虽未符合DSM对该障碍的诊断界定，但仍伴随某种程度的困扰或对生活功能的影响。例如，一项研究发现，在未患心理障碍的年轻人当中，有16%报告在之前的一年中体验到了强迫思维或强迫行为；这一研究的参与者中有许多人表示，症状虽未达到DSM-Ⅲ的强迫症诊断阈值，但也给他们带来了显著的干扰或痛苦（Fullanna et al.，2009）。正如前文所说，这些不属于临床人群的个体身上的强迫症症状（例如，侵入性想法、计数）往往是由某种生活应激引发的（Parkinson & Rachman，1981a，1981b）。

在患有强迫症的成年人中，女性比例略高。来自患者群体的研究和流行病学样本的证据都表明，约有55%~60%的强迫症患者是女性（Karno & Golding，1991；Rasmussen & Eisen，1992）。该障碍的平均发病年龄从青春期早期至20多岁（例如，Brown，Campbell，Lehman，Grisham，& Mancill，2001；Kessler，Berglund，et al.，2005）。不过，男性患者的发病年龄高峰（即13~15岁）比女性患者略早（20~24岁，Rasmussen & Eisen，1990）。如果不进行治疗，大多数强迫症患者会体验到一个慢性的"时好时坏"的病程，而症状的加重常常和生活应激事件有关（例如，Steketee & Barlow，2002）。

就像帕特一样，强迫症患者通常在当下或过去有心境障碍问题，例如重性抑郁障碍或是持续性抑郁障碍（Brown，Campbell，et al.，2001）。事实上，有些研究者认为，强迫症和心境障碍之间的高共病率，以及有关强迫症患者对抗抑郁药物产生反应的证据，都指向了一种可能性：强迫症并不是一种焦虑障碍，而是心境障碍的一种变体（例如，Insel，Zahn，& Murphy，1985）。强迫症和抑郁之间的关联对治疗来说或许很重要。尽管目前的证据方向尚不明确，但回顾现有治疗结果的研究文献后得出的结论是，抑郁，尤其是严重的抑郁，能够相对稳定地预测病人对认知行为治疗反应较差（Keeley et al.，2008）。

有趣的是，一些研究已经发现，在强迫症和诸如抽动秽语综合征这类抽动障碍之间的关联，后者既包括运动抽动（头部或肢体的非自主运动），也包括言语抽动（非自主地发出诸如嗒嗒声、呼噜声、尖叫声、哼鼻声或咳嗽声）。对抽动秽语综合征患者所做的研究提示，其中有36%~52%符合强迫症的诊断（Leckman & Chittenden，1990；Pauls，1992；Pauls，Towbin，Leckman，Zahner，& Cohen，1986）。大约10%~40%患有强迫症的儿童和青少年也在人生中的某一时刻患有抽动障碍（Leckman et al.，2010）。根据DSM-5，若个体当前或过往患有抽动障碍，则可以在诊断强迫症时给出"抽动相关"的标注。

在接受认知行为治疗项目之前，帕特曾经服用过两种强迫症治疗研究中最常用的药物（即氯米帕明和氟西汀）。尽管帕特对这些药物完全没有反应，但疗效研究的结果表明这些药物对于某些病人可能是有效的（参见Steketee & Barlow，2002，以及Pigott & Seay，1998所做的综述文章）。最有效的药物似乎是五羟色胺重吸收抑制剂（例如氟西汀）（Ackerman & Greenland，2002）。不过，平均治疗效果相当有限，而且一旦不服用药物就容易出现复发（例如，Dougherty，Rauch，& Jenkike，2012；Lydiard，Brawman-Mintzer，& Ballenger，1996；Pato，Zohar-Kadouch，Zohar，& Murphy，1998）。对于强迫症非常严重的病人而言，若各种常规治疗都没有效果，则神经手术（例如，手术切除大脑的扣带回皮层）以及深层颅刺激也算是另一种医疗干预（McLaughlin & Gerenberg，2012；Jenike et al.，1991）。

尽管对于有些病人而言，药物可能是有效的，但认知行为治疗似乎是强迫症的首选治疗方式。证据表明，大多数接受了暴露和反应阻止疗法的病人在项目结束时都表现出了显著的改善，而且和药物治疗的长期效果不同的是，其中大部分人都能够长期维持这种改善（Franklin & Foa，2014；Rosa-Alcazar，Sanchez-Meca，Gomez-Conseca，& Marin-Martinez，2008）。然而，尽管暴露和反应阻止疗法在降低强迫症症状方面有效，但也有相当一部分病人对治疗反应不佳，或不能维持他们的改善，或完全拒绝这种干预形式。因此，研究者继续尝试发展出更有效的治疗，并努力鉴别出那些能够预测治疗结果的因素。一则文献综述得出的结论是，较严重的症状强度、症状的某种亚型（与囤积、性/宗教有关的症状）、抑郁共病、人格障碍共病、家庭功能紊乱以及不牢固的治疗关系等因素，都能够稳定预测较差的强迫症认知行为治疗反应（Keeley et al., 2008）。早前的一项研究综述提示，没有表现出外显的强迫行为的患者对于治疗的反应较差（Christensen, Hadzi-Pavlovic, Andrews, & Mattick, 1987）。这一结果或许和临床工作者无法鉴别和处理强迫性的精神活动有关（Salkovskis & Westbrook, 1989），但这个问题可能会因为在最近的DSM版本中承认了强迫行为的精神形式而逐渐得到解决。

最近，研究者开始考察那些将药物与暴露和反应阻止疗法合并使用的治疗的有效性，从而看一看合并治疗是否比单一治疗更有效。在第一个这类的大型研究中，Foa等人（2005）在122名成年强迫症患者中比较了暴露和反应阻止疗法、米帕明（一种五羟色胺重吸收抑制剂）以及两者合并治疗的相对效果。短期结果表明，这三种治疗形式都比安慰剂组更有效。此外，暴露和反应阻止疗法的短期效果与合并治疗（暴露和反应阻止疗法加上米帕明）没有差异，而两者都比单一使用米帕明更有效。长期的疗效仍在研究之中。不过，初步结果提示，当不再使用药物时，仅服用药物组的复发率是很高的。

批判性思考

1. 研究提示，在某些个体身上，成长于严格而虔诚的宗教环境是导致强迫症的因素之一。基于本案例"使用整合模型进行案例概念化"一节中给出的信息，这是为什么呢？在你看来，还有哪些社会和发展因素可能导致强迫症？
2. 正如前文所指出的，个体可以在没有诸如重复洗手或洗澡、反复检查门锁和设备等这类外显的强迫行为的情况下符合 DSM-5 的强迫症诊断。你认为，若使用诊所给帕特提供的干预方法来治疗这类病例，是否会比较困难？若是，你认为还有哪些干预方法可能有助于这类病例的治疗？

3. 如何区分强迫观念和案例 1 "广泛性焦虑障碍" 中所描述的过度担心？
4. 强迫观念和强迫行为有哪些不同类型？这种多样性是否提示我们，不同形式的强迫观念和强迫行为可能在起病模式上存在差异（即，它们是因为不同的原因而出现的）？不同类型的强迫观念和强迫行为是否需要不同的治疗取向？例如，针对有清洁仪式的患者，你所给予的治疗方法会不同于有明显的囤积仪式行为的人吗？这些干预会有何种不同？

案例 6

躯体变形障碍

基本情况

蒂娜·莫布里是一位33岁的白人单身女性，过去几年来都在一家咨询公司做管理咨询顾问。她自己联系了一家门诊治疗机构，因为"我的皮肤状况一团糟……我没有办法停止搔抓我的皮肤！"在她首次来访时，蒂娜告诉她的治疗师，她每天会搔抓自己脸上的皮肤7~10次，以挤出粉刺改善形象，或是缓解压力。但是，蒂娜也表示有些时候她"纯粹出于习惯"搔抓自己的皮肤。她主要在自己脸上挤出粉刺、清除印记、挤出黑头和撕掉干皮，但有时候也会搔抓胸口、肩膀和背部的皮肤。最常见的情况是，蒂娜会用指甲去挤、抓和挖她眼中的瑕疵。不过，有时候她也会用其他的方法，例如用镊子和针。平均每次搔抓皮肤的时间约持续30分钟。因此，加起来蒂娜每天会花费3~5小时来搔抓自己的皮肤。

蒂娜也抱怨自己睡眠困难，并对"自己会失去控制"感到非常担忧，压力很大。其他这些症状源于对各方面的担忧，包括在工作中做口头报告，害怕会一直孤独一人，以及担忧自己可能永远都无法控制自己搔抓皮肤的问题。作为工作内容的一部分，蒂娜经常需要在公司内部或者为她的客户做口头报告。在她首次到访治疗机构的前一周里，蒂娜的上司要求她在即将举办的商业会议中做一次主题演讲。她因为这个要求而感到"不堪重负、悲伤和焦虑"，随后就开始了几次时间更长的皮肤搔抓。结果是，蒂娜在这周余下的时间里向公司请了病假，整天待在家里避免任何社交活动，也避免其他人注意到她脸上因为搔抓所留下的痕迹。这次事件让蒂娜越发担忧她的症状会影响自己的职业生涯和社交关系，因此她最终前来寻求帮助。

初始评估清晰地表明，蒂娜对工作表现的担忧源于她害怕如果自己的外表有任何的瑕疵，那么她就会被嘲笑或排斥。蒂娜每天要花几个小时来审视自己的皮肤，并且任何她注意到了的红点、疤痕、小包或干皮都会让她担忧很久。尽管朋友和家人都尽力宽慰她，但蒂娜仍然认为自己的皮肤有严重缺陷，十分丑陋。虽然她的皮肤是正常的（除了她搔抓皮肤所带来的影响外），但蒂娜还是努力用化妆品、头发和衣服来掩盖她眼中的皮肤缺陷。她常常会用照镜子和用手一点一点触摸脸和身体来检查自己的外表。一旦在检查中发现某处皮肤不完美的迹象，蒂娜就会心事重重，十分痛苦，而这往往会促使她搔抓皮肤。在搔抓结束之后，蒂娜会觉得痛苦有所缓解。但是，这一缓解是短暂的，紧随其后是尴尬、内疚和更为焦虑的感受。此外，她一再搔抓皮肤也造成了一些身体上的后果，包括脸部皮肤发炎、流血和小伤疤等。

病　史

蒂娜成长于一个中产阶级家庭，除了父母，家里还有两个姐姐。她报告，在自己的成长过程中有两个直系亲属因为心理障碍而接受过治疗。具体来说，她的大姐曾经因为神经性贪食症（参见案例11）而接受治疗，而她的父亲在不同时期因为强迫症（参见案例5）和重性抑郁障碍（参见案例9）接受过治疗。此外，蒂娜回忆起父亲过度担忧自己的体重，总是反复"节食减肥又反弹"。家里的许多活动都是围绕着锻炼和有关体形、体重的讨论进行的。

蒂娜称自己在整个童年时期和青春期早期都是一个"小胖妞"。她说自己在家里和学校里都会因为体重而被取笑，这导致她十分担忧自己的体形和体重，尤其是她的胃部。因为被嘲笑的关系，蒂娜从15岁开始锻炼和监控热量摄入，这让她的体重成功下降。蒂娜因为体重下降而获得了家人的许多表扬和积极关注。尽管她继续锻炼并监控热量摄入，但蒂娜说自己已经不再那么担心自己的体重和体形了。不过，此时她开始关注她外表的其他方面。具体来说，蒂娜开始注意到自己脸上的红斑和瑕疵，并且为此忧心忡忡。蒂娜把自己的这些担忧告诉了家人，而且也常常询问他们的意见，确保自己的脸看上去没问题。家人和好友不断告诉蒂娜她的脸看上去没有问题，但是任何保证都无法降低她的不适感。蒂娜因为自己知觉到的脸部瑕疵和印记而感到如此痛苦，以至于她开始用指甲和镊子来搔抓自己的皮肤，以期能够改善自己的容貌并防止新的瑕疵出现。

蒂娜的父母带她到商店购买能修饰和掩盖她眼中的瑕疵的产品（例如，化妆品、局部洗剂和乳液），试图这样来帮助蒂娜。他们还在蒂娜16岁的时候带她去看了皮肤科医生。医生注意到，她的担忧对于其皮肤的实际状况而言是过度的（几年后蒂娜从另一位皮肤科医生那里获得了同样的反馈）。上述所有这些努力都告失败，而蒂娜的症状变得更严重了。除了脸，蒂娜也开始搔抓胸部、肩膀和背部的皮肤。在高中阶段余下的时间里，蒂娜每天在上课之前要花费1小时在镜子面前检查、搔抓和遮盖她找到的皮肤瑕疵。而在睡觉前，她常常会花上近2小时从事这些行为。因为这些检查和搔抓皮肤的仪式，以及她害怕同学会因为她那"令人恶心的皮肤"而嘲笑或排斥她，蒂娜常常会迟到甚至旷课。她变得越来越社交退缩，感到羞耻、自我厌恶和抑郁。

鉴于这些症状在蒂娜15岁时首次出现，所以她经历了一个相当漫长的病程。蒂娜高中毕业之后和她的二姐一起搬去了另一个城市，蒂娜在那里上了大学，随后开始了她目前的工作。在这段时间里，蒂娜说她对于外表的担忧让她无法参加社交活动。蒂娜对于活跃的社交生活和约会都饶有兴趣，但是她常常会拒绝她的姐姐、朋友和同事的邀约，因此大部分时间都是一个人度过的。有时在周末，蒂娜会成天闭门不出，以免遇到任何可能会引发她对自己外表焦虑的人。偶尔和姐姐或朋友外出时，蒂娜也发现自己很难找到乐趣。例如，当蒂娜待在餐馆或俱乐部里时，她常常会离席去洗手间照镜子检查皮肤。此外，因为她总是执着于拿自己的皮肤和别人的皮肤做比较，并且担忧对方会怎么看她的皮肤，所以蒂娜也很难投入地与人交谈。尽管蒂娜是一名老练的乐手，但这些症状让她无法上台表演，因为她害怕别人会因皮肤问题对她做出负面评价。蒂娜报告，她曾有过两段恋爱关系（一次在大学里，一次在她二十五六岁的时候），而后一段恋爱之所以结束，有一部分原因在于她抗拒参与社交或离开家。

首次来到这家医疗机构时，蒂娜最为担忧的是她的症状对工作的影响。由于那些和外表有关的仪式行为，蒂娜常常在工作或会议中迟到。她对于自己外表的强迫思维让她在各种工作场合都难以集中注意力和投入地完成任务。蒂娜越来越频繁地请病假或临时取消会议，因为她认为"自己的皮肤看上去很糟糕"。她也拒绝任何升职的机会，因为升职可能意味着要做更多的口头报告。总之，蒂娜现在意识到，和自己外表有关的先占观念、仪式行为和回避行为让她无法达成在事业、音乐爱好、友谊和恋爱方面有所进展的目标。

此外，蒂娜报告她"一直是个爱担忧的人"。她回忆自己曾经是一个焦虑的小孩和少女，总是担心自己的未来和家人，总是对自己的外表、人际关系以及生活中各个领域（例如，学业、体育运动）的成功有着过高的期待。这些担忧一直持续到她成年。除了关切自己的外表，蒂娜目前也整日担忧自己的职业成就、未来、人际关系和家人。蒂娜表示，她一直对于自己可能永远都无法控制自己的担忧而感到绝望和焦虑。

DSM-5 诊断

基于上述信息,蒂娜的DSM-5诊断如下:

300.7 躯体变形障碍,伴较差的自知力(主要诊断)
300.02 广泛性焦虑障碍

蒂娜的临床表现相当符合DSM-5(美国精神病学会,2013)对于躯体变形障碍的界定。在DSM-5中,躯体变形障碍的核心特征如下:①具有先占观念,即感知到一个或多个外貌方面的缺陷,但在他人看来均属轻微或观察不到的;②在此障碍病程中的某段时间,个体出现了重复行为(例如,照镜子、皮肤搔抓)、寻求肯定的举动或者精神活动(例如,比较自己和他人的外貌)以回应自己对外貌的关切;③这种先占观念引起了具有临床意义的痛苦,或损害了社交、职业或其他重要的功能领域;④符合进食障碍诊断标准的个体对身体脂肪或体重的关切并不能更好地解释这种先占观念。另外,治疗师给予了广泛性焦虑障碍(参见案例1)作为额外诊断,以用来标记蒂娜在多个与外貌无关的领域体验到的过度的、无法控制的担忧。

许多年来,躯体变形障碍被划分为一种躯体形式障碍,因为它的核心特征是有关躯体的先占观念。但是,和强迫症(参见案例5)的情形一样,躯体变形障碍现今在DSM-5中被划入一个新的大类:强迫及其相关障碍。创造出这一新的分类,是因为其名下的障碍(例如,强迫症、躯体变形障碍)具备一系列共同的临床特征(例如,重复行为),并且研究也发现它们拥有相似的风险因素、病程和治疗反应。但是,躯体变形障碍必须和另外几种障碍区别开来,这些障碍或在强迫及其相关障碍的分类之内,或在这一分类之外,而构成这些障碍的症状是类似的。

例如，躯体变形障碍患者对于他们的外表有强迫性的先占观念，这些观念几乎总会伴随诸如频繁检查自己眼中的瑕疵（例如，照镜子）、过度打理外表（例如，过度梳头、拔头发、仪式性地使用化妆品、搔抓皮肤）、过度运动（例如，用举重来改善身体对称性、手臂或腿部纤细等自己眼中的缺陷）之类的仪式行为。表面看来，这些强迫思维和强迫行为的特征似乎和强迫症的诊断定义一致（参见案例5），但是只有当个体的强迫思维或强迫行为并不仅限于围绕外表时才可以给出强迫症的诊断。

除了强迫症外，躯体变形障碍的特征还和在强迫及其相关障碍分类中的其他障碍有重叠。例子之一是拔毛障碍，其核心特征是反复出现的拔除毛发行为，并导致了可见的毛发损失。有些躯体变形障碍患者也会持续从事拔毛行为，但其目的只是修正自己感知到的某种瑕疵（例如，个体认为自己脸部毛发过多）。而在拔毛障碍中，患者去除毛发并不是因为关注自己的外表。患有拔毛障碍的个体在拔除自己的毛发之前（或是在抵抗这种行为时）会体验到一种越来越强的紧张感，而拔毛能缓解这种紧张感。类似的，若个体进行过度的皮肤搔抓行为更多地是出于一种习惯，或者，像在拔毛障碍中那样，是为了解除越来越强烈的紧张感，那么更恰当的诊断可能就是DSM-5中的抓痕障碍。但是，如果个体像蒂娜一样，搔抓皮肤是为了修正自己感知到的某些身体瑕疵，那么给予其躯体变形障碍的诊断就更为恰当。

躯体变形障碍也应该同社交焦虑障碍加以区分（参见案例3）。后者的核心特征是对一个或多个社交或表演情境感到显著而持续的恐惧。在这些情境中，个体会暴露在不熟悉的人面前，或可能被他人审视。这一特征在蒂娜身上也很明显，例如，她在做口头报告时会体验到相当强的痛苦，想要回避，因为她害怕自己会由于外表上的瑕疵而遭到他人的嘲笑或拒绝。事实上，社交焦虑障碍患者也可能担心自己外表上的缺陷会带来尴尬。但是，和躯体变形障碍不同，这种关切在社交焦虑障碍患者身上并不是最主要的、持续存在、令人困扰、耗费时间且造成功能损害的因素。

有些躯体变形障碍患者会用过度运动或节食来修正他们外表上的所谓"缺陷"，因此我们也必须慎重考虑该诊断和进食障碍（神经性贪食症及神经性厌食症，分别参见案例11和案例12）诊断之间的重叠。若个体对于外表的强烈先占观念仅局限于关注肥胖或超重问题（就像在神经性厌食症中那样），那么就不应该给予躯体变形障碍的诊断。

就像案例5（强迫症）那样，DSM-5对于躯体变形障碍的诊断也可以附加以下三种标注之一：①伴良好或一般的自知力（个体能够意识到他们具有的躯体变形信念绝对是错的或很可能是错的，或者它们也许是错的）；②伴较差的自知力（个体认为自己的躯体变形信念很可能是对的）；③缺乏自知力/妄想信念（个体完全确信自己的躯体变形信念是对的）。蒂娜的躯体变形障碍被给予了"伴较差的自知力"的标注，因为尽管她的信念还没有达到妄想的程度，但是她几乎没有意识到自己对外表的关切是非理性的。不过，有些躯体变形障碍病例非常严重，以至于有关外表的先占观念具有了妄想的性质（对妄想的描述和例子参见案例16）。在DSM之前的版本中，若符合这一条件，那么除了躯体变形障碍外也可以给予妄想障碍（躯体型）的诊断。但在DSM-5中，这已经不再可行。当躯体变形信念达到妄想的强度时，应该对躯体变形障碍的诊断附加"缺乏自知力/妄想信念"的标注，而不应该再给予妄想障碍的额外诊断。

除了临床访谈外，蒂娜在治疗开始之前还接受了《耶鲁—布朗强迫症量表躯体变形障碍修订版》(Body Dysmorphic Disorder modification of the Yale-Brown Obsessive Compulsive Scale，简称BDD-YBOCS)(Phillips, Hollander, Rasmussen, & Aronowitz, 1997)的评估。BDD-YBOCS测量的是与外表相关的想法和行为的严重程度（占用的时间、带来的干扰、痛苦程度、抗拒程度和控制程度）。BDD-YBOCS也会测量自知力的水平和回避行为的水平。蒂娜第一次来访时，她在BDD-YBOCS上得了30分，而该量表总分为48分，这说明她具有中重度的躯体变形障碍。在BDD-YBOCS的评估中，蒂娜报告自己有关皮肤的想法带来的痛苦"严重且极为困扰"。在治疗结束时,治疗师又用BDD-YBOCS评估了蒂娜的治疗反应。

使用整合模型进行案例概念化

　　研究者认为躯体变形障碍的病理原因包含着多重因素,但这一障碍的特定风险因素尚未得到充分的理解(Feusner, Yaryura-Tobias, & Sazena, 2008; Phillips, 2005; Veale, 2004)。和大多数障碍一样,基因因素很可能在躯体变形障碍的起病中扮演了重要角色,但是目前还缺乏基因/家族谱系方面的证据。一项研究发现,躯体变形障碍患者中约有8%有一位亲属在其一生中获得过躯体变形障碍的诊断,这个比例比一般人群中的患病率高4~8倍(Bienvenu et al., 2000)。想要理解躯体变形障碍的病因和心理病理学机制,还有一种办法是仔细评估经常与躯体变形障碍共病的障碍,例如强迫症。除了前面提到的两者的相似之处以外(例如,躯体变形障碍中持续存在的有关外表的侵入性想法和强迫症中的强迫思维类似,躯体变形障碍中诸如照镜子和皮肤搔抓这类仪式行为也和强迫症中的强迫行为类似),两者的起病年龄和病程大致相同,针对两者的心理治疗和药物治疗也非常相近。众多重叠之处让研究者不禁想到:躯体变形障碍是否是强迫症的一种变式?值得注意的是,躯体变形障碍可能和强迫症拥有共同的基因风险因素。一项家庭研究发现,7%的躯体变形障碍患者有一位一级亲属患有强迫症(Philips, Gunderson, Mallya, McElroy, & Carter, 1998)。另一项家庭研究发现,在强迫症患者的一级亲属中,躯体变形障碍的终生患病率是无障碍对照组的6倍(Bienvenu et al., 2000)。躯体变形障碍的行为和分子生物学特点还有待未来的研究。来自一项基因相关研究的初步数据发现,躯体变形障碍以及躯体变形障碍和强迫症的共病情况都与γ-氨基丁酸基因(gamma-aminobutyric acid gene, GABAA-γ2)存在相关,但仅患有强迫症的情形则和这一基因无关（Richter et al., 2004）。

此外，一项脑成像研究发现，躯体变形障碍患者和强迫症患者表现出了相似的脑功能异常（Rauch et al., 2003）。另一项脑成像研究考察了12名躯体变形障碍患者和12名健康对照组个体对面孔的视觉信息加工情况（Feusner, Townsend, Bystritsky, & Bookheimer, 2006）。研究提示，和对照组个体不同的是，患有躯体变形障碍的个体倾向于关注具体的面部特征上令人难受的细节，而忽视较大的完整面孔的总体情况。这一发现和一项神经心理学研究结果一致，后者发现躯体变形障碍患者和正常对照组在言语和非言语的学习和记忆上都存在差异（Deckersbach et al., 2000）。在研究用到的各种任务中，躯体变形障碍患者都使用了聚焦策略，即把注意力集中在言语信息和视觉信息中孤立的细节上，而不去回想整体的特性。研究者一般认为，这种组织策略意味着个体的额叶纹状体和前额叶区域可能存在功能异常（这些区域负责调节执行功能），而这种异常也存在于强迫症患者和神经性厌食症患者身上（Savage et al., 2000; Sherman et al., 2006）。

针对认知加工的研究也显示，躯体变形障碍患者倾向于将模糊的社交情境错误地解释为具有威胁的情境（Buhlmann et al., 2002），并且会将与自己有关的面部表情错误地解释为鄙夷和愤怒的表情（Buhlmann, Etcoff, & Wilhelm, 2006; Buhlmann & Wilhelm, 2004）。此外，这类研究也提示躯体变形障碍与难以正确识别他人面部表情有关（Buhlmann, McNally, Etcoff, Tuschen-Caffier, & Wilhelm, 2004）。这些认知方面的偏差可能和其他风险因素联合在一起导致了躯体变形障碍的出现。

研究者还提出了一系列环境风险因素，包括儿童期忽视、父母关爱程度低以及儿童期虐待和嘲笑。例如，有观点认为，个体知觉到被嘲笑可能导致其对自己的体像不满意。和这一观点一致，有一项研究发现，躯体变形障碍患者相比健康的对照组个体，报告了更多在外表和能力方面被嘲笑的经历（Buhlmann, Cook, Fama, & Wilhelm, 2007）。此外，人格特征可能也在躯体变形障碍中起到了作用（Phillips，2005）。这些人格特征包括神经质、完美主义以及审美敏感性（aesthetic sensitivity）（Veale，2009），这个特质会导致个体对富有吸引力的人出现较强烈的情绪反应，以及倾向于在自己的身份认同中把外表因素看得格外重要。但是，由于目前的研究证据十分稀少，这些风险因素在很大程度上仍然只是猜想。研究者还不清楚为何某些个体会发展出具有临床意义的有关外表的先占观念，因此躯体变形障碍心理学模型目前的重点在于其维持或恶化因素（例如，Neziroglu, Khemlani-Patel, & Veale，2008）。这些模型的核心是，躯体变形障碍患者会从事各种仪式行为和回避行为（例如，隔绝社交、照镜子、搔抓皮肤，用衣服或化妆品遮盖所谓的瑕疵）来缓解有关外表的困扰，但从长期看这些行为是有害的，例如，它们强化了个体认为自己的外表存在严重缺陷的信念。而这些概念和强迫症中的维持因素（参见案例5）也具有惊人的相似性。

值得注意的是，蒂娜具有好几项躯体变形障碍的风险因素。例如，和初步的家庭研究结果一致，蒂娜的一级亲属（她的大姐和父亲）有强迫症、神经性贪食症及抑郁病史。而蒂娜发展出对外表的关切，似乎也与其童年的环境因素有关。蒂娜在一个过分重视外表的家庭中长大，其父过度关注体重，不断减肥又反弹，再加上她大姐的进食障碍，都部分证明了这一点。此外，蒂娜还报告自己在童年时因为超重而被嘲笑，而当她通过节食和运动降低体重之后，她得到了家人和朋友的褒奖。这些环境经历可能和其他一些诸如有完美主义倾向的心理变量联合在一起，导致了蒂娜对于自己外表的先占观念。

和神经心理学研究以及脑成像研究的结果一致，蒂娜表现出了选择性地关注自己外表中细微的不完美（例如，她脸上的斑点）的倾向，而不是看到整个画面。她认为细微的缺陷（例如，一个斑点）极为重要，给予它们有重大意义和灾难化的解释（"这个斑点会毁掉我的整场报告""我的皮肤必须完美无瑕别人才能接受我""如果别人觉得我没有吸引力，他们就不会喜欢我")。这些认知偏差会引发消极的情绪（例如，羞耻感、抑郁、焦虑、无望、内疚）并进一步增加蒂娜选择性地关注所谓外表缺陷的倾向。当蒂娜试图改善自己的外表或是减轻负面情绪时，她就会从事自我挫败的仪式行为（例如，搔抓皮肤、照镜子、掩饰、寻求肯定、和他人比较），并且回避那些会激发她痛苦的情境（例如，社交活动、口头报告、目光接触）。这些行为提供了短期的慰藉，所以它们对于蒂娜是一种强化。然而，这些行为具有消极的后果，即加重皮肤上的缺陷（例如，导致面部发红或肿胀），并且让她无法发展友谊、取得职业上的进步、谈恋爱。同时，这些行为还有助于维持蒂娜的躯体变形信念。例如，当蒂娜在一次工作报告前用化妆品遮盖了一个斑点，她就会得出这样的结论："因为我提前用化妆品仔细地遮盖了斑点，我才能够完成报告。"但实际上，蒂娜并不清楚脸上有一个斑点是否会影响她的工作，因为她从来都没有尝试过在皮肤有一个可见的斑点的情况下做过报告。

治疗目标和计划

蒂娜和治疗师为她的躯体变形障碍治疗确立了以下目标：①减少和担忧外表有关的仪式和回避行为（例如，停止搔抓皮肤和照镜子，每周和家人及朋友外出至少一次）；②减轻和担忧外表有关的痛苦；③增加价值驱动的兴趣爱好和社交活动（例如，在他人面前演奏吉他）；④提升整体功能水平和生活质量（例如，解决工作表现方面的问题，比方说请病假、拒绝做口头报告等）。这些目标将通过一套针对躯体变形障碍所设计的认知行为治疗方案来完成。治疗中认知成分的重点在于鉴别和挑战与躯体变形障碍有关的各种思维谬误（例如，将外表上的小瑕疵视为一场灾难）。在这个治疗中，行为成分主要有两个：①暴露与反应阻止，其目的是减少有关外表的仪式行为和回避行为，并减轻和这些自我挫败行为有关的困扰；②习惯逆转训练，即植入新的行为来和那些本质上已经成为习惯的仪式行为（例如皮肤搔抓，蒂娜搔抓皮肤的频率如此之高，以至于有时候她只是"出于习惯"就去搔抓皮肤）竞争或对其造成干扰。除了减少适应不良的应对行为外，蒂娜治疗中的行为模块还将增加她的适应性行为（例如，多参加兴趣爱好活动和社交活动）。躯体变形障碍的认知、行为和情绪方面也会通过镜像重训练（mirror retraining）程序来加以处理。镜像重训练是指在对患者有关外表的认知、回避和困扰进行干预时，让其待在一面全身镜前，暴露在自己的影像下。治疗中的最后一个成分将会回顾和巩固所学技能，并讨论未来如何使用这些策略，从而避免躯体变形障碍症状复发，为蒂娜做好结束治疗的准备。

治疗过程和治疗结果

蒂娜一共接受了22次认知行为治疗。头几次治疗会谈的重点放在心理教育上（即治疗师让蒂娜了解更多有关躯体变形障碍病因和维系因素的知识），增强治疗动机，以及从蒂娜那里获得更多有关其躯体变形障碍的信息。经过这些会谈，蒂娜获得了更多有关躯体变形障碍、客观外表和主观体像差异、躯体变形障碍的认知行为模型的信息。这个模型给蒂娜提供了一个框架，帮助她理解自己的躯体变形障碍是如何产生的，以及如何才能有效地治疗它。在治疗师的帮助下，蒂娜鉴别出了自己躯体变形症状中认知和行为方面的维持因素。例如，蒂娜总是假设其他人只会关注她的面容，并据此给她负面的评价。这个假设让蒂娜感到十分焦虑、羞耻和悲伤。一个最近的例子是，蒂娜回忆说，某天晚上她的姐姐没有回她电话，她得出的结论是"这是因为她前一天看到了我的脸是那么糟糕，她对我感到生气和恶心"。为了减轻或回避这些信念所造成的痛苦，蒂娜拒绝了朋友外出的邀请，在工作中请病假，或是用各种仪式行为来修正、隐藏、检查自己的外表（例如，皮肤搔抓、遮盖、照镜子）。治疗师解释了仪式行为和回避行为如何强化和维持了躯体变形障碍的症状。蒂娜意识到，尽管这些行为会带来一些短暂的慰藉，但它们潜在的长期后果很严重（例如，对其社交关系和职业有负面影响）。她承认有关外表的困扰有可能自行减退，以及即便她不实施仪式或回避行为，这些令她恐惧的情境或许也是可以应付的。

蒂娜治疗中的一个核心方面是认知重构，即鉴别和修正适应不良的有关外表的想法。蒂娜学习了躯体变形障碍患者中各种常见的认知错误。治疗师要求她监控和记录自己的自我挫败思维，以更好地鉴别它们，并且最终通过认知重构技术去纠正它们。例如，当蒂娜想到"姐姐没给我回电话一定是因为我昨天的样子很难看而生我的气"时，她要在自我监控表格中记下这一想法，并且标注出它的思维错误类型（在这个例子中是个人化）。除了个人化，蒂娜还学会了鉴别其他的思维错误，例如非黑即白思维（"有任何斑点都意味着我这个人一塌糊涂"）、读心术（"我知道吧台旁边的那个男人在想，我的朋友比我要漂亮得多"）、预测未来/灾难化（"如果我带着脸上的印记做报告，那么报告就会变成一场灾难，我再也不会收到对方的邀请"）以及情绪化推理（"我知道我的脸很可怕，因为我感觉它很恶心"）。

起初，蒂娜不情愿做自我监控来记录她的躯体变形思维和行为。她害怕把这些信息写下来会让她更想去搔抓皮肤。治疗师为蒂娜回顾了自我监控的原理。在做了第一周的记录后，蒂娜报告的确更多地觉察到了自己的症状，但是她也注意到，有时因为做了记录，自己反而不那么容易去搔抓皮肤了。随着时间的推移，蒂娜学会了通过寻找支持或反对自己想法的证据，或是询问是否能用另一种方式解释当前情境，来挑战自己自我挫败的认知。因此，蒂娜对她自我挫败的思维产生了更多平衡且合理的反应。例如，在面对有关姐姐没回电话的负面想法时，蒂娜想到了合理的替代思维，例如，"她可能今晚没空回电"或"相比因为我的皮肤而感到生气或厌恶，更有可能的是，她因为面临一项即将截止的重要工作而心情不佳。"

蒂娜治疗中的认知成分最终指向了她更深层的核心信念。这些信念中有一些是从蒂娜的自我监控记录中浮现出来的，另一些则是治疗师通过让蒂娜思考自己的想法所具有的最糟糕的后果鉴别出来的。蒂娜鉴别出两项核心信念："我不讨人喜欢"以及"我无能"。社交和工作情境常常会激发她的这些信念。鉴别出这些核心信念之后，治疗师立刻着手帮助蒂娜发展出一些比较健康的信念。蒂娜使用重构技能来检查这些核心信念的准确性和效用。例如，治疗师让蒂娜想象一下，如果她的孩子来到她面前，说"我今天没有办法去上学，因为我长了一个粉刺，所有人都会注意到它的"，她可能会给孩子什么建议。蒂娜的自我价值感几乎全都建立在她的外表上。而由于她认为自己的外表有缺陷，所以她的整个自我形象和自尊都很糟糕。"自尊饼图"技术可以帮助蒂娜确定其他可能参与界定其自身特质和价值的因素。治疗师让蒂娜画一张"饼"，然后把它切分成不同的"块"，以代表她用来界定自己的那些特征，或是其他人用来形容或评价她的那些特征。在治疗师的帮助下，蒂娜为她的自我价值饼图划出了许多不基于外表的饼块（例如，忠诚的妹妹、富有同情心的朋友、热情的音乐家）。蒂娜将这个自尊饼图誊到一张索引卡上，放在自己的钱包里，这样她就能够在治疗余下的时间里定期回顾它。

　　暴露和反应阻止技术则用来处理蒂娜的回避行为和仪式行为。根据蒂娜提供的信息，治疗师为蒂娜制作了一张等级清单，从而逐渐加大她在焦虑情境中的暴露程度，并终止她的仪式行为。这张清单也包括了那些能反映出蒂娜的治疗目标的项目（例如，加深和拓展友谊、改善工作绩效、重新确立她在音乐上的兴趣和活动）。蒂娜彻底回避的那些情境和地点（例如，在观众面前做音乐表演）位于清单的顶端。这些情境暴露练习从挑战程度较低的任务开始，例如，尽管对自己的外表感到丢脸，但仍然和姐姐见面，而且不去照镜子。蒂娜以由易到难的方式逐级完成任务（例如，和朋友在酒吧见面，而且不做遮掩，也不照镜子。）在作业方面，治疗师给蒂娜例行布置诸如无论她对自己的脸有何种想法，都每周和朋友外出两次，以及在明亮的工作餐厅吃午饭，同时努力做到主动和他人对话并且维持和他人的视线接触等任务。蒂娜很容易将注意力聚焦在自己身上，因此治疗师鼓励她调动所有的感官通道，将注意力聚焦在外部刺激上。例如，当她在公司的餐厅里吃午饭时，蒂娜要学会留意诸如她同事的声音、食物的味道以及闲聊的话题等，而不是想着自己脸上的印记。治疗师通常会以行为实验的方式来设定暴露和反应阻止任务，这能够帮助蒂娜检测她的躯体变形信念和预期（例如，正式地比较在情境中实际发生的事情和蒂娜预期会发生的事情）。

习惯逆转策略则用于帮助蒂娜学会减轻和管理她的皮肤搔抓的冲动。例如，蒂娜发现，将粉刺针和镊子放在一个能封口的容器里可以让自己难以拿到它们。类似的，还可以通过关掉浴室的灯并关上浴室门，以及在手上涂抹乳液来延迟搔抓皮肤的行为。这些策略让蒂娜有额外的时间来重新考虑她搔抓皮肤的决定。此外，蒂娜还学会了利用竞争性反应来摆脱自己的冲动，例如捏挤压力球或者拍手。随着治疗不断进展，蒂娜大大减少了她的仪式行为。蒂娜和治疗师致力于用健康的方式来填补那些曾经由仪式行为占据的时间，例如让她去参加各种兴趣活动（例如，听音乐会、演奏吉他）和社交活动（例如，和朋友外出）。这些健康活动同时也可以作为额外的情境暴露练习，帮助蒂娜改善她的整体生活质量。

作为另一种认知重构和暴露的方法，镜像重训练法能够帮助蒂娜用一种客观的、非评判的措辞，来观察和描述她的整个外貌，而不是只选择性地关注自己感知到的缺陷。蒂娜要站在离一面全身镜约1米远的地方，然后使用中性的、非评判的语言从头到脚描述自己身体的每一个部分。治疗师提醒蒂娜，她可能会在这个练习过程中体验到消极的想法和感受，但是她不要给自己贴上任何消极的标签，也不要做出任何安全行为（例如，回避去看、描述和摸自己的脸）。蒂娜学会了使用一些技术来帮助自己接受自己的外表，而非尝试去压抑或改变它们。最初，想到要完成这一任务，蒂娜就感到极为恐惧，而且确信这个任务只会让自己感觉更糟糕。治疗师和她讨论了这个办法和蒂娜通常照镜子的方式有何不同（例如，离镜子约1米远、使用非评判性的语言、阻止仪式行为）。在前几次练习中，这个任务引发了蒂娜严重的焦虑，治疗师不得不温和地要求蒂娜回到她跳过的某些身体部分，或者给予负面评价的某些身体部分。不过，在坚持每天练习镜像重训练一周之后，蒂娜能够越来越熟练地用中性的词语来描述自己，实际上，她能够把自己的外貌描述为"还不错"了。蒂娜表示，站在离镜子1米远的地方，她甚至压根没法注意到一些她曾经认为"可怕的"印记，而且在此之前，她从来没注意到过自己拥有"美丽的微笑"。镜像重训练程序促使蒂娜在仅仅关注自己的脸和皮肤多年后，重新把自己作为一个完整的人来看待。

蒂娜的最后两次治疗会谈拉长到在一个月里完成，并把重点放在复发预防策略上。在会谈中蒂娜和治疗师回顾了治疗的进展，以及最有用的治疗技术。事实上，蒂娜感到认知重构是治疗中最为有用的部分。她说，学习鉴别和挑战认知错误是一次"突破"，因为它就像是将她"如强力魔术贴一般"的对外表的关注"给撕开了"。蒂娜和治疗师讨论了可能和症状复发有关的因素，然后共同发展出了一个应对计划来管理她的症状（例如，回顾思维记录、进行暴露练习、使用习惯逆转技术）。在这最后一个月的治疗中，蒂娜练习了"自我治疗会谈"，即回顾自己一周的进展并给自己布置新的作业。治疗师鼓励她在正式治疗结束之后继续这种自我治疗会谈。

在治疗结束时，蒂娜报告自己有关外表的关注和困扰显著减少了。例如，蒂娜在BDD-YBOCS量表上的得分在治疗前为30分，在治疗后降低到了8分。在治疗之前，她报告有关自己面孔的想法所引发的痛苦"严重且极为困扰"，而现在的报告是"没有任何困扰"。蒂娜注意到，她的躯体变形信念有时候仍然存在，但是她已经知道如何去运用她的治疗技能、她的支持网络（例如，朋友、姐姐）和其他的活动来管理它们。在治疗结束时，蒂娜已经能够持续地准时上班，而且正在努力获得晋升。她开始约会，并且定期和新男友及朋友们待在一起。此外，蒂娜还在一个小型表演场合（咖啡店）演奏了吉他，在那里，她与有着相似音乐兴趣的人一起交流。

讨 论

正如之前提到的，躯体变形障碍的核心特征是个体对感知到的外表瑕疵具有先占观念，而且引发了临床上显著的痛苦和生活困扰。尽管身体的任何部分都可能成为病人关注的焦点，但这一先占观念通常会涉及脸部和头部，例如，头发稀少、痤疮、皱纹、伤疤、血丝、脸色苍白或发红、肿胀、面部不对称或不成比例、面部毛发过多等。其他常见的先占观念则关注鼻子、眼睛、眼睑、眉毛、耳朵、嘴巴、嘴唇、牙齿、下颌、颧骨、脸颊或头部等部位的形状、大小或其他方面。这些先占观念常常同时涉及几个身体部位（Phillips，2005；Phillips，McElroy，Keck，Pope，& Hudson，1993）。在这一障碍的病程中，患者所关注的身体部位可能会维持不变，也可能会随着时间而改变。平均而言，这种先占观念每天会出现3~8小时，而且个体感到难以抗拒和控制（Phillips，2005）。几乎所有的躯体变形障碍患者都会从事耗时长久的强迫行为或安全行为，包括检查、掩藏、改善知觉到的缺陷，或者为此寻求肯定。最常见的行为包括照镜子、搔抓皮肤、掩藏知觉到的缺陷（例如，用帽子或化妆品来遮盖）、修饰（例如，过度梳头或者去除毛发）、将自己与他人做比较、节食和过度运动等。但这些行为通常不仅无法减轻患者的困扰，而且常常会让情况更加恶化。关于知觉到的缺陷，患者的自知力一般都较差；事实上，高达27%~39%的患者存在妄想信念（即他们完全确信自己对缺陷的观点是正确的，没有丝毫歪曲，而且他们也无法被说服；Phillips，2004，2005）。此外，和想象中的缺陷有关的牵连观念也很常见。例如，躯体变形障碍患者常常认为，其他人都会特别注意自己眼中的那些缺陷，或许会谈论或嘲笑它。

有关一般人群中的躯体变形障碍患病率的大型研究已经开始发表。一项在德国进行的基于一般人口的研究发现（N=2552），躯体变形障碍患病率约为

1.7%（Rief，Buhlmann，Wilhelm，Borkenhagen，& Brahler，2006）。在美国进行的一项全国性患病率调查中（N=2048），躯体变形障碍在参与者中占比2.4%（Koran，Abujaoude，Large，& Serpe，2008）。德国和美国的调查都显示，躯体变形障碍的患病率在女性中略高于男性（在Rief等人2006年的调查中，女性患病率为1.9%，男性为1.4%；在Koran等人2008年的调查中，女性患病率为2.5%，男性为2.2%）。在心理健康和医疗机构中，躯体变形障碍的患病率似乎要高得多。研究发现，医学美容机构中有5%~15%的病人患有躯体变形障碍（Ishigooka et al.，1998；Sarwer，Wadden，Pertschuk，& Whitaker，1998）；在皮肤科的病人中，躯体变形障碍的患病率高达12%（Phillips，Dufresne，Wilkel，& Vittorio，2000）。

在一份一般精神科住院病人的样本中，有13%被诊断为躯体变形障碍（Grant，Kim，& Crow，2001）。但是，躯体变形障碍在心理健康机构中通常会被漏诊，因为病人往往出于羞耻和尴尬而隐藏自己的症状（Grant et al.，2001；Phillips，2005）。此外，躯体变形障碍的患者较少把自己的症状视为一种心理障碍，而是认为自己的外表确实有缺陷。因此，他们更愿意求助于其他类型的医疗服务工作者，例如整容外科医生和皮肤科医生，而不是去心理健康机构咨询。事实上，研究已经发现，躯体变形障碍患者往往在该障碍起病10~15年后才会被心理健康专业人士正式诊断为躯体变形障碍（Phillips，2005；Veale，Boocock et al.，1996）。

躯体变形障碍通常始于青春期，但是也可能起病于童年期。前瞻和回溯研究提示，若不加以治疗，这个障碍通常会长期持续，尽管症状的严重程度可能时好时坏（Phillips，Menard，Fay，& Weisberg，2005；Phillips，Pagano，Menard，& Stout，2006）。这种障碍和较低的经济收入、较低的与伴侣同居比例（例如，大多数躯体变形障碍患者从未结婚），以及较高的失业率有关（Phillips，Menard，Fay，& Pagano，2005；Rief et al.，2006）。由于躯体变形障碍症状具有耗费时间和让人分心的性质，加上患者总是回避社交互动，因此学业或职业功能上的损害十分常见。就像蒂娜那样，躯体变形障碍患者容易出现社交隔绝（例如，很少有朋友，避免约会及其他社会接触），有时还会因为对外表的焦虑和害怕被他人拒绝而闭门不出（Phillips，2005；Phillips，Menard，Fay，& Pagano，2005）。

躯体变形障碍也和许多并发症和共病状况有关。例如，躯体变形障碍患者身上常常出现共病诊断，其中最常见的是重性抑郁障碍、社交焦虑障碍、强迫症以及物质使用障碍（Phillips & Diaz，1997；Phillips，Menard，Fay，& Weisberg，2005）。自杀意愿和自杀尝试在躯体变形障碍患者中也很常见。大约80%的躯体变形障碍患者报告有过自杀意愿，24%~25%的患者曾经尝试过自杀（Phillips，Coles，et al.，2005；Phillips & Diaz，1997；Veale，Boocock et al.，1996）。此外，研究已经发现，有1/3的躯体变形障碍患者会因为他们的症状而对财物或他人产生攻击性或暴力行为（例如，Perugi et al.，1997；Phillips，2005）。这些行为可能源于个体因其知觉中的缺陷而感到愤怒，或是源于相信其他人由于自己的外貌而看轻或嘲笑自己。事实上，因为对整容的效果感到强烈不满，外科医生和皮肤科医生常常成为躯体变形障碍患者的暴力攻击对象（包括谋杀）（Cotterill，1996；Phillips，2005）。正如之前指出的那样，大部分躯体变形障碍患者都会寻求整容治疗，其中最为常见的是向皮肤科医生和外科医生求诊。但是，大多数患者都不会对这类治疗感到满意。例如，这类患者做完整容手术后，常常会因为知觉到同一个缺陷或某个新的缺陷，要求再次手术。有些病人甚至会自己动手术。Phillips（2005）就介绍过这样一个病例。病人用剃须刀片割开自己的鼻子，试图用一根鸡软骨来替代鼻软骨，以期获得理想的鼻子形状。但通常来说，躯体变形障碍患者的修正行为不会这么夸张，例如，他们会强迫性地搔抓皮肤，或强迫性地晒黑皮肤来解决自己知觉中的皮肤缺陷。尽管如此，但在有些案例中，这类行为过于严重，会带来相当大的皮肤损伤和罹患癌症的风险（Phillips，2005）。

虽然目前还缺乏大型的疗效研究，但认知行为治疗和五羟色胺重吸收抑制剂类型的抗抑郁药物如今被认为是对躯体变形障碍最有效的治疗手段（Phillips，2009；Phillips，Didie，Feusner，& Wilhelm，2008）。目前有几项认知行为治疗的随机对照组研究已发表（例如，Rosen，Reiter，& Orosan，1995；Veale，Gournay，et al.，1996）。尽管这些研究所使用的样本量都较小，但可以看到，分配至认知行为治疗组的病人比那些分配至未接受治疗的等待组的病人有显著的改善。在五羟色胺重吸收抑制剂的疗效研究中，有一项使用氟西汀与安慰剂组进行对照（Phillips，Albertini，& Rasmussen，2002），还有一项对照组和双盲组的交叉研究比较了氯米帕明和一种非五羟色胺重吸收抑制剂的抗抑郁药物（地昔帕明）（Hollander et al.，1999）。这些研究，以及另外几项对其他药物（例如，氟伏沙明、西酞普兰和艾司西酞普兰）的临床评价研究都发现，53%~73%的躯体变形障碍患者对五羟色胺重吸收抑制剂药物有反应（Phillips，2005）。但是，这些干预的长期效果还有待进一步的研究。不过，初步证据表明，认知行为治疗相比单纯的药物治疗似乎能够带来更长期的持续改善（Buhlmann，Reese，Renaud，& Wilhelm，2008）。例如，临床经验提示，许多躯体变形障碍患者会在停止服用五羟色胺重吸收抑制剂药物之后出现症状复发。这说明，他们需要接受更全面的治疗或合并治疗（例如，认知行为治疗加五羟色胺重吸收抑制剂）。由于躯体变形障碍的病理和风险因素方面的研究数据较少，设计和评估用于该障碍的预防性干预项目方面的工作尚未展开。

批判性思考

1. 本案例讨论了躯体变形障碍的诊断鉴别。鉴于躯体变形障碍和其他许多障碍存在特征重叠，你认为它最好是被归为强迫障碍、躯体形式障碍、焦虑障碍、精神病性障碍还是冲动控制障碍呢？为什么？就焦虑及其相关障碍而言,你认为躯体变形障碍与强迫症更为类似,还是与社交焦虑障碍更为类似?为什么?

2. 目前,躯体变形障碍认知行为治疗中的主要成分包括自我监控、认知重构、暴露和反应阻止、行为实验(用于评估令患者害怕的预期)、习惯逆转训练以及镜像重训练技术。你认为哪一个治疗成分最为重要?为什么?

3. 目前为止,还没有强有力的证据表明躯体变形障碍在患病率和临床表现上存在显著的性别差异。可能的原因是什么呢?在你看来,躯体变形障碍的哪些临床表现(例如,对外表的担忧,用来缓解有关外表的不适的各种行为,自杀和攻击等特征)最有可能出现性别差异?为什么?

4. 正如上文所说,躯体变形障碍经常未能被心理健康专业人员诊断出来,因为病人常常出于尴尬、羞耻或没有意识到问题是心理疾病造成的而未报告自己的症状。鉴于有这些潜在的壁垒,你认为在医疗健康服务或其他环境下,筛查和鉴别躯体变形障碍病例的最佳方式(例如,询问的问题类型,需要寻觅的警示迹象)是什么?

案例 7

成年人的躯体虐待（家庭暴力）

基本情况

在女友的坚持下，斯格特·亨利拨通了家庭暴力治疗诊所的预约电话，想和一位治疗师进行会谈。此时，建筑工人斯格特是一位32岁的白人男性，有两个孩子（7岁的女儿和5岁的儿子）。当时他正在处理艰难的离婚官司，最终他失去了两个孩子的抚养权，而他的前妻获得了两个孩子的抚养权。斯格特甚至没能获得探视权，因为除了其他问题外，他在举行离婚听证会时不在本地，而且曾经违反过一项针对他的人身保护令。斯格特目前与女友同居，而他们两人的关系也陷入僵局。具体来说，斯格特反复在言语和躯体上攻击女友。女友威胁说，如果斯格特不因这些问题去寻求帮助的话，她就要离开他。

斯格特第一次来到诊所时，承认自己无法控制生气和暴怒。他报告说，自己会"失控"，并且在言语和身体上虐待女友。他会踢她或抓她，每周好几次，而且每个月还会有一两次严重殴打她的情况。斯格特说，在自己暴力发作的时候，他感觉就好像"失去意识了"。他解释道，他觉得自己非常冲动——即他不会把正在发生的事情考虑清楚，而会直接行动起来。他报告，当事件过去后，自己会感觉非常糟糕。但是，斯格特也说，攻击性对他来说十分有益——当他产生攻击性的时候，他总能获得他想要的东西。斯格特还报告，自己无法将爱和消极的感受分开来，他觉得任何曾经给予过他爱的人（例如，他的父母）都会以某种方式伤害他（例如，他报告曾受到父母的言语和躯体虐待）。因此，他害怕如果不伴随消极行为的话，他就无法给予或接受爱。

此外，斯格特描述了抑郁的感受。他称自己早上无法起床，感觉只有"糟糕的事情"才会发生在他身上。离婚和无法探视孩子等应激事件也加剧了他的抑郁。

病　史

在斯格特的整个童年中，他的父母都在酗酒。尽管他说自己不太记得童年的生活，但他能生动地回忆起父母打他的情境。他也记得因为没有在学校里帮自己的兄弟而挨父母的打，哪怕帮自己的兄弟就意味着要在学校里打架。斯格特相信，父母更喜欢他的兄弟姐妹而不是他自己。此外，斯格特的母亲常常威胁要离开家，而且她离家出走至少3次。斯格特清楚地记得，有一次是在圣诞前夜，母亲喝醉了，斥骂了斯格特和他的兄弟，而且威胁要离家出走。当他在圣诞节那天醒来的时候，母亲已经不在了。

斯格特很难预测父母何时会惩罚他，也无法理解为什么要惩罚他。他记得在这类责打之后，有时父母会道歉，并且承诺再也不会发生这类事情。斯格特的母亲离家出走又回来之后，常常解释说自己离开家是因为她爱斯格特，而她不在斯格特身边也是为了他好。斯格特相信，因为这些经历——父母的抛弃或缠夹着道歉和示爱的打骂——他学会了将爱和伤害的感受等同起来。因为母亲在童年时抛弃斯格特，所以即便在他成年之后，他也害怕那些关心他的人会离开他，尤其是他的前妻和新女友。当前妻和新女友威胁要离开他时，斯格特常常会失控，而这通常会导致躯体虐待。

斯格特第一次表现出躯体和言语上的家庭暴力时，他25岁。当时，斯格特是一名勤奋的蓝领工人，和他的第一任妻子结婚两年。他没有太多的积蓄，因此会工作很长时间。他为了供养妻子以及即将出生的孩子（当时他的妻子怀着他们的第一个孩子）而常常离家工作，希望能够给予家人体面的生活。但他不在家这件事让他怀孕的妻子很是烦恼。斯格特自己也因为常常不能待在家里而感到痛苦，而且他因为妻子就此事对他发火渐渐产生怨恨。根据他的说法，他和妻子所有的交流，无论是在电话里还是面对面，都充斥着可怕的尖叫声。相应地，这类交流最终会以斯格特升级到用躯体暴力和离家来威胁妻子作为结束。

除了长时间工作和婚姻矛盾外，斯格特也回忆起了那时发生的其他慢性应激事件。一个应激源是斯格特和自己的父母及兄弟姐妹之间疏远的关系。随着妻子怀孕，斯格特希望能够和自己的新家庭建立新生活。但他每一次为了新生活做出尝试，除了经常发生婚姻不睦之外，其结果都只是让斯格特又想起自己童年时体验到的那些应激，他的挫败感因此变得越来越重。第二个应激源前面提到过，斯格特没有任何积蓄，因此必须长时间工作，而且经常远离家庭，这样才能挣到足够多的钱来供养妻子和即将出世的孩子。长时间工作除了给他的婚姻生活制造嫌隙外，对于他的身体也造成了极大的压力，导致他的背部和膝盖出现问题。有些时候，斯格特会疼得无法走路。而由于工作时间太长，斯格特开始服用非处方药来帮助自己保持清醒。回过头来看，斯格特相信这些药品影响了他的人格，让他对于许多事情都变得更加敏感。

在妻子怀着第一个孩子的那段时间，斯格特和妻子经常吵架。到了怀孕后期，这对夫妇发生了一次特别严重的争吵，妻子拿出一把厨房刀指向斯格特。尽管斯格特后来意识到，妻子之所以拿刀指着他是因为她感到自己处于危险之中，但当时斯格特认为妻子的攻击行为冒犯了他，所以一拳打在她的脸上，导致妻子眼部淤青。这是斯格特第一次在躯体上对妻子表现出攻击性。他立刻就因为自己打了妻子而感到十分难受，尤其是她还怀着孕。斯格特也对这件事情是如何发生的感到不明白。他记得自己感到十分挫败，然后头脑一片空白；他意识中的下一件事就是妻子已经被自己打了。尽管斯格特感到悔恨，并且请求妻子原谅，但他注意到自己的行为带来了一些"积极"的后果。他发现，因为他的躯体攻击行为，妻子不再冲他吼了，而且主动走开，让他一个人待着。按照他的说法，她"显然意识到了她让我多么心烦"。斯格特称，他觉得自己永远无法让别人明白自己的意思，甚至只是努力让别人明白也会让他感到不舒服。在打了妻子之后，斯格特认为她终于"明白了"或理解了他想要表达的意思——他的意见终于表达出来了。因此，尽管斯格特感到自己控制不了攻击行为（在行动当时他"断片"了），但他觉得自己的攻击性带来了一些积极的后果。不过，虽然他从中发现了一些好处，但他仍向妻子和他自己发誓，绝不再动手打她。

妻子临近生产时，斯格特感到压力更大了。他觉得无论他多么努力工作，钱总是不够花，妻子也总是不满意。他也越发渴望和自己的父母及兄弟姐妹之间有亲密的关系，但他越是试图接近他们，双方的关系似乎就变得越糟糕。与此同时，他的一个有药物成瘾问题的哥哥每况愈下（即，越发频繁地服用效力更强的药品）。斯格特相信，妻子对他的工作时长和他们婚姻关系的抱怨比以往任何时候都更多了。她常常威胁要离开斯格特，而且永远不会让他见到即将出生的孩子。斯格特非常渴望通过拥有新的家庭展开新的人生，因此完全无法忍受任何可能和孩子分离的想法。他相信妻子知道这是他的弱点，因此她才总是用这件事威胁他。结果是，斯格特越来越频繁地断片，而这总是导致他用拳头打、用脚踢妻子，或扇妻子的耳光。尽管斯格特每次都觉得后悔，而且一再保证不会再做这样的事，但这些攻击行为仍然变得更频繁了。

在第一个孩子（女儿）刚出生之后的一段时间里，斯格特没有出现躯体攻击行为。但是，大约一年后，斯格特变得越来越愤怒，因为他的妻子仍然不去工作。他几乎不和妻子说话，仿佛把所有的事情都憋在心里。斯格特开始用言语和躯体虐待来作为表达自己的唯一途径。斯格特的大多数躯体虐待都是由妻子持续的言语攻击以及偶尔的躯体攻击触发的。她经常提起斯格特在孕期打她的事，并且威胁说如果他继续目前的躯体虐待的话，她就会离开他。

随着时间的推移，斯格特的躯体攻击行为成了家常便饭，同时他越来越少用言语表达自己的感受和渴望。他在工作中的压力很大（他仍然工作很长时间，并且常常不在家），而家里的气氛则更为紧张。在女儿大约两岁时，斯格特和妻子生了一个儿子。此时他们夫妇之间几乎不说话了。斯格特给家人很好的经济支持，但从来不花时间在家中陪伴他们。斯格特感觉妻子似乎出轨了，但是他找不到证据。他开始搜寻妻子出轨的证据，而每当他发现新的蛛丝马迹，他就更加频繁地威胁她。但是，他越是变得具有攻击性，妻子的反击就越多。按照斯格特的说法，即便在他努力控制自己的暴力行为时（他成功地控制了一小段时间），妻子也会激怒他。斯格特相信，妻子正在寻找一种"把他赶出家门"的方式，这样她就可以跟他离婚，让他一无所有。斯格特记得妻子告诉他的家人，他曾经把她从楼梯上推下去，但事实上他没有做过这件事。

在争吵和躯体暴力行为又持续了几个月之后，斯格特的妻子提出了离婚。斯格特搬出了自己的家，和朋友住在一起。在接下来的几周里，斯格特和妻子没什么接触。当妻子外出工作时，他去看望了孩子们。他深爱自己的孩子，他发誓说孩子和他们的母亲从来都没那么亲近过。大约一个月后，斯格特回到家中去拿一些东西时被捕了。按照斯格特的说法，妻子背着他"以不公平的方式"拿到了对他的行动限制令，这导致了他在自己的孩子面前因为回家而被捕了。更糟糕的是，妻子的新男友，那个斯格特曾经怀疑是妻子的外遇对象的男人，已经搬进了他的家中居住。

斯格特在看守所里待了一阵子，然后搬进了一间很小的公寓，不再工作，也很少和任何人联系。他陷入了重性抑郁。几周之后，他开始和一个他在网上认识的女性联系。又过了几周，斯格特搬到了另一个州和她同居，对自己的离婚官司不闻不问。这一冲动的决定给斯格特带来了灾难性的后果，由于他缺席，法庭将两个孩子的监护权全部判给了他的前妻，甚至没给他探视权。

斯格特第一次来到家庭暴力治疗诊所时，已经对他的现任伴侣表现出了一种与对待前妻时类似的言语和躯体攻击模式。斯格特的新女友自己患有几种心理障碍，这在很大程度上导致他俩的关系极为混乱。斯格特把他现在的攻击行为归咎于当前经历的一系列应激源。例如，斯格特的一个哥哥最近因为心脏病发作而过世，斯格特认为这是由于哥哥滥用药物造成的。斯格特仍然渴望和自己的父母以及其他的兄弟姐妹亲密一些，但是不知道如何才能实现。他的社会支持十分稀少。

此外，斯格特的工作安排仍然相当繁重，他要在晚上和周末工作，常常连续几天在路上奔波。他收入微薄，而且大部分钱都要给自己的前妻用于支付孩子的赡养费。斯格特也因为自己没有得到孩子的监护权而感到极为困扰。虽说前妻在法律上没有义务让斯格特去看孩子，但是她常常允许他在周末和孩子们在一起。不过，斯格特因为周末要上班，通常无法在这个时间去看孩子。

斯格特还相信，前妻的新伴侣对他的孩子有暴力行为，因此，他为自己无法保护孩子而感到非常无助。在斯格特第一次和诊所联系时，儿童保护署（Child Protective Services）已经接到了11份报告，都是斯格特和前妻相互举报对方的产物。最近的一次报告是由他的前妻针对他的，罪名是他具有忽视行为。这次事件涉及斯格特在孩子面前打他的新女友。儿童保护署称该案件没有确凿证据，尽管斯格特承认做出了这一暴力行为。

根据家庭暴力治疗诊所实施的结构化诊断访谈，斯格特具有社交焦虑障碍，双相Ⅱ型障碍以及边缘型人格障碍（相关障碍的详细论述可参见案例3、案例10和案例15）。和他具有的边缘型人格障碍诊断相符，斯格特十分冲动，而且在做出反应之前很少仔细思考自己的决定。他一直稳定地对其他人的行为进行一种自动化解释：别人都在试图伤害他。换句话说，斯格特常常预设他人的行为（尤其是他前妻的行为）出自负面意图。于是，他常常处于戒备之中，几乎总是认为别人的行为意在伤害他。因此，他一般都会以一种防御性的、攻击性的方式去回应他人的行为。

斯格特也符合双相Ⅱ型障碍中轻躁狂的标准，他有时候会周期性地陷入某种状态，在此状态下他对自己感觉非常好。他会喋喋不休地说自己是如何聪明，如何强大，自己总是正确的，没有什么能够伤害他。在这些阶段，斯格特表现得极为冲动，从不考虑自己行为的后果。当被问及为什么他认为自己的行为不会带来糟糕的后果时，斯格特会回答："因为我是斯格特，不会有什么事情发生在我身上！"但是，这种态度常常会导致冲动的行为，包括躯体暴力行为，因此频频导致斯格特事后感到抑郁、悔恨，或带来其他消极后果（例如，儿童保护署会接到举报）。就像上文提到的那样，斯格特初次来到诊所时，正处于该障碍的抑郁阶段，表现出了抑郁心境、丧失对他经常从事的活动的兴趣、失眠、无价值感和易激惹的症状。

斯格特也提到了许多由于缺乏决断力而带来的麻烦。他觉得他不知道如何表达自己的需求，也不知道如何对他人表明自己的看法。因此，他会一直等待，直到自己变得极度愤怒，然后以具有强烈攻击性的方式去获得自己想要的东西，或者用攻击性和他的身板去恫吓别人，从而表明他的观点。由于斯格特常常会因这些行为获得强化（例如，别人常常会在他展现攻击性之后满足他的愿望），他就越来越容易采取这种行为方式。斯格特说，如果不使用自己的攻击行为，他就没法获得想要的东西。他相信，无法得到自己想要的东西，会让他陷入抑郁之中。就像双相Ⅱ型障碍的诊断所体现的那样，这种情况常常在他身上发生。

DSM-5 诊断

基于上述信息,斯格特的DSM-5诊断如下:

995.81 对配偶或伴侣的暴力,躯体方面,已确认(主要诊断)
V61.10 与配偶或亲密伴侣关系不睦
296.89 双相Ⅱ型障碍,抑郁,轻度
301.83 边缘型人格障碍

如上所述,斯格特获得了两个诊断,对配偶或伴侣的暴力(躯体方面)以及与配偶或亲密伴侣关系不睦,以指明促使其求助的主要困难。这些诊断在DSM-5中属于"其他可能成为临床关注焦点的状况"部分。在这一部分,其他问题的例子包括学业或教育问题、儿童躯体虐待、儿童性虐待、成人或儿童/青少年的反社会行为、生活阶段问题。这一部分中列出的问题并非心理障碍,但是,当这些问题的特征应当引起临床关注时,DSM-5可以给出相应诊断,以免对其他心理障碍的诊断、病程、预后或治疗造成影响(美国精神病学会,2013)。

这些诊断方面的考量显然适用于斯格特的主诉。他的各种共病症状,以及他的边缘型人格障碍,都对他的家庭暴力行为造成了重大影响。不过,他的躯体和言语暴力十分明显,即便不考虑心理障碍,它们也需要临床上的关注。由于边缘型人格障碍的特性以及缺乏决断力促成了斯格特的家庭暴力行为,因此它们也应该成为治疗的标靶。接下来,我们就对此进行讨论。

案例概念化和治疗计划

因为斯格特经常严重地殴打女友，所以治疗的首要目标是在确定其他治疗目标和计划之前先停止这种行为。在家庭暴力治疗诊所所使用的典型治疗干预中，最初的三四次会谈主要是评估和制订治疗计划。但对于斯格特，在第二次会谈时就开始了针对攻击行为的治疗。治疗师这时对斯格特做了一些评估，但直到斯格特的暴力行为得到控制之前都没有再对其实施进一步的评估。针对斯格特家庭暴力行为的案例概念化如下：斯格特常常将他人的行为解释为怀有负面意图。这样的结果是，他立刻就会产生防御性反应，并且做出可能会伤害自己和他人的行为。这些行为几乎全都是躯体和言语方面的攻击行为。因此，在第一时间启动对斯格特躯体攻击行为的控制措施之后，治疗的重点就落在了控制他的"热思维"（即对他人举动的错误解释）以及控制他的冲动行为上。具体来说，这一阶段的治疗教会了斯格特：①通过思考和将他人的行为重新解读为具有中性的或积极的动机（认知重构），控制自己对他人行为的负面解释；②控制自己的冲动行为，仔细思考行为的后果。

斯格特的治疗也包括了决断力训练。当问题行为得到控制之后，斯格特还需要一种行为来替代他的冲动和攻击行为。因此，决断力训练将用于教会斯格特如何有效且恰当地处理日常事件和应激情境。

当斯格特开始咨询的时候，他的女友也在家庭暴力治疗诊所和另一位治疗师进行会谈（这家诊所同时治疗家庭暴力的施暴者和受害者）。因此，斯格特的治疗师从斯格特和他的女友处获得了书面的知情同意，以便与其女友的治疗师合作讨论他们的个案，并了解有关斯格特攻击行为的评估信息和最新的情况。这有益于治疗师在整个治疗期间，获得更多有关斯格特攻击行为的促成和维持因素，以及他的进步的信息。

治疗过程和治疗结果

正如上文所说，在对其他方面展开工作之前，最重要的是首先让斯格特爆发的攻击性得到控制。为了达成这一目标，斯格特的治疗师采用了一个针对家庭愤怒控制的认知行为治疗模型（Vivian & Heyman，1996）。斯格特首先学习了"时间暂停"技术。理解和遵守时间暂停的程序规则对伴侣双方来说都是十分重要的。因为治疗师并没有和斯格特的女友一起工作，而后者是斯格特的主要攻击对象，因此治疗师请斯格特将这一技术解释给自己的女友听。同时，斯格特的治疗师也请其女友的治疗师帮助她回顾这个程序。时间暂停技术包含6个步骤：①监控自己的愤怒；②要求时间暂停；③让伴侣认可暂停的要求；④双方分开；⑤冷静下来，平复情绪；⑥稍后再回去完成之前的讨论（Neidig & Friedman，1984）。换句话来说，斯格特要学着去监控自己的情绪，去觉察自己在和女友互动期间何时会变得愤怒。治疗师指导他，他需要在此时——在自己的情绪升级到攻击性爆发之前——向女友请求暂停。女友同意了暂停的请求之后，这对伴侣就要相互分开（去不同的房间），让他们的情绪能够冷静下来。斯格特还学习了其他技术，好让自己的愤怒在这段冷静期内逐渐消失（即认知重构技术）。冷静期结束后，伴侣双方将会重新继续他们在暂停之前的讨论。

在这一治疗阶段，斯格特的治疗师也十分重视确保他能在变得有攻击性之前觉察到自己的情绪（例如，时间暂停技术中的监控成分）。斯格特说，在治疗之前，自己的行为是从平静突然变成暴怒的。治疗师向斯格特解释，愤怒不是一个开关，而是逐步发展出来的。治疗师让斯格特关注自己在攻击性爆发之前的生理反应（例如，感觉燥热、咬牙切齿）以及令他愤怒的想法。这对于斯格特而言相当困难，但是，经过几次会谈之后，他能够觉察到在完全平静和彻底暴怒之间存在渐进的差别。下一步，斯格特和治疗师把重点放在了那些促使他转入愤怒和躯体攻击轨道的扳机事件上。治疗师发现，总是会导致攻击行为的主要扳机点是女友不看斯格特。在治疗师刺破这一点后，斯格特承认，他会把女友的这种行为解释为她认为自己比他好，而且不在乎他想说什么。内心的这些想法和解释令他如此恼火，以至于每次都会让他产生攻击性。因此，治疗的核心在于控制这些想法，即停止那些导致躯体攻击行为的热思维。当斯格特觉察到自己的热思维时，他就会使用暂停技术。

在治疗的初始阶段，斯格特常常提出非常夸张的看法。治疗师肯定，斯格特在治疗室内外的行为是类似的，因此她非常小心地运用自己的反应来让斯格特有机会获得一些矫正性的体验。例如，有一天晚间，斯格特在暴怒的状态下前来做治疗。这是第四次治疗，尽管斯格特已经开始使用那些技术来控制他的攻击行为，但他还不是很自如。当斯格特开始解释自己愤怒的原因时，他开始在治疗室的小房间里来回踱步，并且不时击打墙壁。治疗师全然平静地坐在那里，请他也坐下。斯格特瞪着她，从牙缝里挤出一句话："为什么，是我吓到你了吗？"治疗师马上回应他说："不——你把我头转晕了。"斯格特发现这句话很幽默，当时的紧张气氛一下子就解除了。治疗师后来得知，尽管斯格特一般都会摆出一副十分吓人的架势，但是当别人承认自己害怕他时，他往往会觉得受了伤害，而这会导致他做出更具攻击性的反应。当斯格特看到治疗师并没有被自己的行为吓到或影响到时，他立刻就平静下来，之后也很少再以这种状态出现在诊室里。也正是从这次事件中，斯格特的治疗师认识到幽默在紧张的治疗会谈中的作用，她在之后和斯格特的会谈中也多次运用了幽默。

大约2个月之后，斯格特仍然会体验到一些"热思维"，但是已经能够控制它们了，一般都能在它们出现的时候采取"时间暂停"来解决。在他的躯体攻击行为得到控制之后，治疗就聚焦在他对于他人行为的消极解释，以及他自己的冲动反应和行为之上。

斯格特一直都对人缺乏信任，并且相信他人的动机是负面的。若其他人对他所做的行为没能带有明显的积极色彩（有些行为甚至具备了明显的积极色彩），斯格特就会解释为"那个人在试图伤害我，或是想要戳我的痛处"之类的。此外，斯格特还非常冲动。和他对别人行为的负面解释一致，斯格特一般都会在还未仔细思考当下处境时就做出行动。例如，若他之前能花几分钟的时间思考一下前妻的行为，斯格特可能就会意识到，她的目的是让他更多地看望孩子，而不是想去伤害他。这个例子说明了斯格特如何对他人的行为做出自动化的负面解释，以至于常常采取冲动的、消极的反应。换句话说，斯格特相信自己处于一个负面情境中，并据此做出反应，但他的消极反应往往会造成一个实际上起初并不存在的负面情境。

为了控制自己对他人行为的负面解释，斯格特学着遵循以下步骤来行动：①关注一个具体的情境；②找出自己在这个情境中的最终目标；③确定自己的目标是否达成。如果目标没有达成，斯格特就会在治疗师的引导之下检视自己在那个情境下的想法和行为——具体来说，即斯格特对他人行为的认知解释，以及这些想法如何导致自己做出了消极的行为。例如，斯格特认定前妻总是在"耍手段"，而且她的目标就是要"毁掉"他。因此，无论她对自己做出什么举动，斯格特都会立刻产生她在"戳自己痛处"的印象，并自动做出防御性的反应。因为他在这些情境中很少能够达成目标，因此治疗师让斯格特把注意力放在自己的行为如何阻碍他实现目标上。

当斯格特终于承认自己的行为可能在某种程度上阻碍自己顺利达成目标后，治疗的焦点就成了如何改变他在这些情境中的行为。这一阶段的目标是帮助斯格特学会停下来，思考他的女友或前妻（或任何人）的行为，然后针对这个行为想出一个积极的或至少是中性的解释。因此，治疗师在这个阶段很大程度上依赖于认知治疗技术（Beck，1976；Clark & Beck，2009）（对这类技术的详细讨论可参见案例2和案例9）。

如前所述，斯格特通过运用时间暂停等技术，在8到10次治疗后控制住了自己的攻击行为。但是，控制斯格特的负面想法和随之而来的不恰当的、冲动的行为（例如，攻击性的言辞、说出极为不合时宜的话、辞职）则是一个困难得多的任务。在针对这一目标进行了约15次会谈之后，治疗师明显发现，尽管斯格特在会谈中能够很好地做到"三思而后行"，但是在和女友、前妻以及其他人（例如，他的上司、父母、法庭的工作人员）互动时，他却很难做到这一点。治疗师探索了斯格特的行为中为何会出现这样的分歧，并且很快就发现，斯格特会把治疗师的行为自动解释为对他的关心。无论治疗师做了什么，斯格特对它的解释都是积极的，因此能够在治疗会谈中表现合宜。

　　意识到这一点对于斯格特而言并不容易。治疗师不断地询问他，治疗师身上有什么不一样的地方，使得他能够仔细思考自己的行为并且做出恰当的决定。在一次会谈中，在治疗师的持续探询之下，斯格特蜷缩在自己的椅子里，把夹克盖在自己身上，很小声地说："因为你在乎我。"这对于斯格特而言是一次非凡的突破。前文已经提到过，斯格特将关心和爱与潜在的伤害动机联系在一起。承认治疗师关心他，只考虑他的最佳利益，这对斯格特来说是一项非常重要的矫正性体验。斯格特终于能够将关心的行为和积极的动机配对在一起。这次会谈之后，斯格特渐渐能够在女友、前妻和上司的行为中看到积极的，或者至少是中性的意图。他也更容易停下来，重新思考他人的动机，并且常常更正自己最初的消极想法。他变得不那么容易以防御的姿态做出反应，因而也就避免了让某些情境变得消极。此外，斯格特"三思而后行"的新方法巩固了他躯体攻击行为减少的趋势，并且让他的言语攻击也有所减少。

　　斯格特和治疗师之间牢固的治疗同盟关系对治疗的其他几个方面也产生了重要影响。例如，在接受治疗几个月后，斯格特在一次会谈中贬低犹太人。斯格特说，犹太人认为自己比其他人优越，而且他们的所作所为都是为了证明这一点。不过斯格特没有意识到，他的治疗师就是犹太人，而且因为他的话而感到很生气。但是，治疗师决定把这些话先放在一边，或许在之后的会谈中可以再来处理。在下一次会谈中，斯格特贬低了一个和他不同种族的人，而对方是他的好朋友。治疗师问斯格特，如果对方听到他那么说的话，可能有什么感觉？斯格特解释说他的朋友不会在乎，因为他们总是这样"开玩笑"。当治疗师问及，若他无意中说的话伤害到别人，他会有什么感觉时，斯科特回答说他不在乎。治疗师接着问斯格特，如果他无意中说的话伤害了她，他会有什么感觉？斯格特突然变得非常安静，然后说："如果我伤害到你的话，那就好比把我剁了一样——我永远都不会想要那么做。"治疗师借此机会向斯格特解释，他需要仔细考虑他做出的每句评价，尤其是那些有关种族、宗教和文化的评价，因为他可能无意中会伤害到某些"像我一样的人"。自此，斯格特再也没有说过贬低别人的话。他说，有几次他差点就把一些贬损别人的话说出口了，但他记起了会谈中想到自己可能无意中伤害了治疗师时自己的感受。

治疗的下一个阶段处理的是斯格特在社交互动以及决断力方面的困难。斯格特解释说，他一直都难以表达自己。例如，斯格特小时候，父母在家里会冲他吼，无论他当时说些什么或做些什么。因此，他很少说话，而且只有到了自己非常难过或非常愤怒的时候才会开口。这种模式延续到了成年后，而且斯格特的表达中不合时宜的程度会不断升级。斯格特解释说，一想到要用恰当的方式，而不是攻击行为去表达自己，他就会感觉到胃部不适，脸也开始发烫。这是因为他满脑子都想着一件事：只要其他人说些反驳的话，他就不知道自己该说什么了。斯格特相信，如果一个人表现出攻击性的话，那么其他人就不会反驳他。而如果能够确保对方不会反驳他，那么他的问题就解决了。

为了处理这些议题，斯格特进行了决断力训练。这项干预中的一个重要方面是针对需要采取决断行为的情境进行预演（Goldfried & Davison, 1994）。首先，斯格特学习了在讨论一个需要他表现出决断力的话题时，如何把注意力集中在任务上并且保持放松。通过在会谈中进行角色扮演（例如，治疗师负责扮演斯格特的前妻、女友或上司等角色），斯格特练习在那些真实发生过的情境中，如何不再表达出攻击性，而是表现出有决断力的行为，而且他也针对未来可能遇到的困难情境进行了练习。

在本书作者写下这个案例的时候，斯格特已经在家庭暴力治疗诊所接受了60次个人治疗。他的治疗仍然在持续进行，目前已经进展到次级障碍（例如，双相Ⅱ型障碍，边缘型人格障碍）和决断行为上。针对促使他前来治疗的主要问题，即躯体和言语攻击，斯格特的反应相当不错。斯格特已经一年没有对女友表现出攻击行为了，而且在他的日常人际交往中也没有再表现出攻击行为。此外，他已经将自己控制愤怒的技能应用至其他领域，包括和前妻的交往以及在工作中和上司的交往。他在控制自己的冲动思维和行为上也越来越成功，而且经常会因此而受到强化。因为斯格特能够控制自己的愤怒，他成功地重建了和家人的关系。此外，因为他能够在前妻面前控制自己的愤怒，她也更愿意看到他和孩子们待在一起。前妻允许斯格特每周都和孩子们见面，这对斯格特而言是一项很重要的强化。

尽管当斯格特相信别人在试图伤害他时，也不再表现出攻击行为，但他仍然会偶尔体验到强烈的恼怒。如果他非常愤怒的话，他就难以重新解释他人的行为，并且立刻就会假设对方想要伤害他。在过去，若有了这样的想法，斯格特会立刻找到那个人"给予回击"。尽管他已经不再那么做了，但他有时候仍然会体验到愤怒和相关的症状，例如失眠和糟糕的进食习惯。这些症状常常由斯格特生活中持续存在的应激源引发，其中包括争夺孩子的抚养权（斯格特仍然认为，自己的孩子没有得到良好的照顾）、经济上的困难、其双亲糟糕的健康状况以及一位兄弟的药物滥用问题（在斯格特的治疗开始之前，他已经因为同样的原因失去了一个哥哥）。

讨 论

关于亲密伴侣暴力行为的发生率、性质、预测因素、预防手段以及治疗措施，我们还需要大量的研究。尽管缺乏具体的估计值，但婚姻暴力（配偶虐待）本身的发生率被认为已经达到了流行病的水平。例如，在20世纪70年代和80年代所进行的全美调查中，12%~16%的家庭报告在过去一年中至少出现过一次伴侣一方针对另一方的暴力行为（Straus & Gelles，1986；Straus，Gelles，& Steinmetz，1980）。近期的证据则提示，大约41%的女性在其一生中可能是某种形式的亲密伴侣暴力行为的受害者（Breiding，Black，& Ryan，2008；Thompson et al.，2006）。亲密伴侣暴力行为的发生率似乎在婚姻的不同阶段有所不同。例如，一项由O'Leary等人（1989）所进行的研究中，272对社区样本中的夫妻在结婚前（婚前1个月）、婚后18个月以及婚后30个月时接受了纵向跟踪调查。结果显示，在婚前（女性44%，男性31%）和婚后18个月（女性36%，男性27%）时，被伴侣施以躯体暴力的女性较多。不过，在婚后30个月时，婚内攻击行为在男女之间已经没有显著差异（女性32%，男性25%）。这些攻击行为中，大多数是推、抓或挤撞。

若将各种形式的亲密伴侣暴力行为全都考虑在内的话，两性之间似乎鲜有差异（参见O'Leary et al.，1989；Straus et al.，1980）。不过，研究显示，男性更有可能实施更为严重的、可能导致躯体伤害的攻击（Berk，Berk，Loseke，& Rauma，1983；Breiding et al.，1980），但文化因素似乎会影响这一发现（见后文）。此外，有些研究者相信，在许多案例中，女性的攻击性事实上是一种自我保护行为（Browne，1987；Walker，1989）。有研究（Straus & Gelles，1990；Tjaden & Thennes，2000）显示，每100名女性中，超过3人在之前的一年中曾经受到过其男性伴侣的严重攻击（即拳打、脚踢、窒息、殴打，或者被持刀、持枪威胁或伤害）。据估计，美国每年约有2000名女性的直接死亡原因是配偶虐待（Strube，1988），而约有一半针对成年女性的谋杀是由她们的伴侣实施的（Browne，1993；Browne & Williams，1989）。当然，配偶攻击行为还有可能给受害者带来其他许多严重后果，例如创伤后应激障碍（参见案例4）和各种情绪问题（例如，抑郁、物质滥用），身体的毁损或残疾，以及流产（Browne，1993；Carden，1994；Testa & Leonard，2001）。婚姻暴力行为还会造成另一种严重的后果：极大地提高虐待行为波及家庭中的孩子，让孩子们也成为受害者的风险（Ross，1996）。童年期暴露在家庭暴力之下和成年期的暴力行为有很强的关联（例如，Beasley & Stoltenberg，1992；Hastings & Hamberger，1988；Thompson et al.，2006）。对该领域的文献进行回顾后，Feldman（1997）得出结论，"家庭暴力研究中最为稳定的发现或许是，有家庭暴力行为的男性相比没有家庭暴力行为的男性更有可能曾经是虐待的受害者，或者曾经在童年期目睹过父母间的暴力行为"（p.308）。

有研究考察了家庭暴力的人口学预测因素，结果提示，配偶攻击行为更有可能发生在比较年轻的伴侣中（O'Leary et al.，1989；Straus et al.，1980；Thompson et al.，2006）。O'Leary等人（1989）对配偶攻击发生率的估算结果，比Strasu等人（1980）的要高3~4倍，而前者将这一差异主要归结于他们的研究样本更为年轻。研究显示，所有形式的躯体攻击行为都会随着年龄的增长而减少（例如，Arias, Samios, & O'Leary，1987；Straus et al.，1980）。虽然亲密伴侣暴力行为在各个社会经济阶层中都会发生（Hornung, McCullough, & Sugimoto，1981），但有些发现提示，家庭暴力和失业、低收入、低教育水平以及社会支持资源较少有关（例如，Magdol et al.，1997；Margolin & Burman，1993；Straus et al.，1980；Thompson et al.，2006）。

亲密伴侣暴力行为的预测因素有许多（参见 Bell & Naugle，2008；

Holtzworth-Munroe & Stuart，1994）。然而，有关婚姻不睦和婚姻暴力之间的联系的证据在某种程度上并不一致。例如，一项研究考察了存在虐待行为的夫妻的特征，结果发现，婚姻不睦是和配偶攻击行为相关性最强的因素（Rosenbaum & O'Leary，1981）；然而，之后的一项研究发现，在婚姻困扰和首次使用躯体暴力行为之间并无相关（Murphy & O'Leary，1989）。在上文中讨论过的O'Leary等人（1989）的研究提示，婚前的攻击行为能够很好地预测婚姻中的后续攻击行为（但研究者尚未弄清导致婚前攻击行为发生的因素）。此外，研究发现，心理层面的攻击性能够预测之后的躯体攻击行为（Cascardi，O'Leary，Lawrence，&Schlee，1995；Margolin，John，& Gleberman，1988；Murphy & O'Leary，1989；O'Leary，Malone，& Tyree，1994）。心理攻击性的常见表现包括：有意刁难或侮辱伴侣，以及试图主导或控制对方的行为。

尽管学术界多次尝试把亲密伴侣暴力行为和与其共病的DSM-5诊断（例如，反社会人格障碍、酒精或物质使用障碍）联系在一起（例如，Conner & Ackerley，1994；O'Leary，1988；Van Hasselt，Morrison，& Bellack，1985），但许多研究者相信，更有可能预测配偶攻击行为的是施虐者身上已有的一些特质或情绪特征，以及施虐者人际风格中的某些方面。和虐待妻子行为联系在一起的常见情绪特征和特质包括：敌意和愤怒、高权力需求和高控制需求、抑郁、低自尊和决断力缺乏（例如，Carden，1994；Dutton & Strachan，1987；Flournoy & Wilson，1988；Hastings & Hamberger，1988；Maiuro，Cahn，Vitaliano，Wagner，& Zegreee，1988；综述可参见Dutton，1995，以及Feldman，1997）。目前发现，男性身上和配偶虐待行为有关的人际行为包括：缺乏针对配偶的沟通技能，难以表达情感和形成信任关系，以及用一种贬损、敌意且非建设性的方式处理冲突性的婚内讨论（例如，Dutton，1995；Duton & Strachan，1987；Holtzworth-Munroe & Anglin，1991；Holtzworth-Munroe & Hutchinson，1993；Holtzowrth-Munroe

& Meehan，2004；Margolin et al.，1988；Rosenbaum & O'Leary，1991）。

有一些初步的证据提示，文化因素在考察家庭暴力的原因和预测因素方面也很重要。尽管有几项研究并没有发现显著的性别差异，但研究显示在某些文化中，女性会比男性更多地施加躯体暴力。例如，在一项对新西兰年轻人的伴侣暴力情况进行的社区研究中，女性实施躯体攻击行为的比例是37%，男性则为25%；女性和男性实施严重的躯体暴力行为的比例分别是19%和6%（Magdol et al.，1997）。总体来说，研究没有发现不同种族和民族的家庭暴力发生率存在区别。例如，在对1970户家庭进行的全美酒精和家庭暴力调查中，Kantor、Jasinski和Aldarondo（1994）发现，当控制了对暴力的赞同程度、年龄和经济应激源之后，3个主要的西班牙裔美国人群体和一个盎格鲁裔美国人群体在对妻子的攻击比例上并未显示出差异。但是，这些研究者也发现了一些证据，表明在这些少数族裔中的亚群体里，存在容忍或接受攻击妻子行为的普遍规范。这类规范被认为是虐待妻子的高风险因素。

在对该样本进行的一项后续研究中，Jasinski、Asdigian和Kantor（1997）发现，在工作压力、酗酒和婚姻暴力行为之间的关系上存在种族和民族差异。尽管之前的研究确认了工作压力和酗酒与攻击妻子的风险增高有关，但研究者没有考虑到这样的关系可能因民族不同而不同（盎格鲁裔美国人与西班牙裔美国人）。研究提示，盎格鲁裔和西班牙裔的丈夫会体验到不同类型的工作压力，而且会以不同的方式去应对压力源。对于西班牙裔丈夫来说，工作压力源与酗酒和暴力行为增加有关。与之相反的是，对于盎格鲁裔丈夫来说，工作压力源只和饮酒增加有关，但和婚姻暴力行为无关。

在发展预防和治疗家庭暴力的干预手段方面，人们已经做了大量的工作（例如，Caeser & Hamberger，1989；Faulkner, Stoltenberg, Cogen, Nolder, & Shooter，1992；Halford & Markman，1997；O'Leary，Heyman, & Jongsma，1989）。但是，对于这些治疗的短期和长期有效性还需要进行对照研究。针对

配偶虐待的典型的认知行为治疗包含的元素和斯格特治疗中的元素是一致的。具体来说，这些元素包括：①愤怒管理（包括时间暂停技术）；②沟通和社交技能训练；③认知重构；④压力管理和问题解决训练（即，处理和减轻那些可能产生愤怒和挫败感，以至于引起攻击行为的那些生活应激）；⑤决断力训练以及新行为的示范或角色扮演训练。正如在斯格特的案例描述中所呈现的那样，上述每一个元素对于成功治疗他的躯体暴力行为而言都很重要。

批判性思考

1. 人们曾经认为男性比女性更有可能成为家庭暴力的施暴者，但有些研究显示并非如此。当将各种形式的攻击行为都计算在内的时候，男女实施家庭暴力的比例大致相当；在某些文化中，有迹象表明女性实施攻击行为的比例更高。你认为哪些因素造成了这个结果？哪些变量能够最有效地预测家庭暴力行为？这些风险因素在男女之间有差别吗？为什么？

2. 尽管遭受了无数次来自伴侣的严重攻击，有些躯体虐待的受害女性仍然留在家中。你认为，哪些因素最有可能影响了这些女性，让她们和施虐者生活在同一屋檐下？你认为，在初次发生伴侣虐待之后，受害者最好的反应是什么？若受害者是男性而非女性的话，你会有不同的答案吗？为什么？

3. 大多数因家庭暴力接受治疗的人也患有其他的心理障碍（例如，斯格特被诊断为患有双相Ⅱ型情感障碍以及边缘型人格障碍）。这些共病障碍如何会让家庭暴力的治疗变得更为复杂？你认为，某些障碍和家庭暴力行为之间有因果关系吗？如果是，那是哪些障碍？你认为治疗家庭暴力的思路在考虑共病障碍的情况下，是否应该有所修改？如何修改？

4. 你认为伴侣的人格特征、行为或心理障碍会增加施暴者采取暴力行为的可能性或频率吗？若是，受害伴侣的哪些特征可能与家庭暴力的频率有关？你认为受害者应该总是参与到对家庭暴力施暴者的治疗中吗？在何种情况下，受害者应该参与到治疗之中，在何种情况下不应该（或是，任何时候都不应该参与）？为什么？

案例 8

分离性身份障碍

基本情况

温蒂·豪第一次作为一名门诊病人和一位临床心理学家见面时，是一个离婚且无业的35岁白人女性，有两个孩子（20岁的儿子和15岁的女儿）。数年来，温蒂曾经几次住进精神病院接受治疗。在住院期间，温蒂的症状曾经获得了各式各样的诊断，包括抑郁、物质使用障碍、精神分裂症、边缘型人格障碍等，而温蒂也已经接受了多种类型的心理治疗和药物治疗。她曾经服用过抗抑郁药物、抗精神病药物、抗焦虑药物、锂剂、抗惊厥药物和Beta阻断剂药物；在她第一次和这位临床心理学家会面时，医生已经把上述所有药物给温蒂开了个遍。但这些干预均无任何效果，温蒂的症状仍然日趋严重。医院方面认为，由于温蒂表现出强烈的自杀冲动，而且实施了某些非常严重的自伤行为，所以他们不能让温蒂出院。事实上，在和临床心理学家开始门诊咨询的时候，温蒂已经在医院中接受了2个月的一对一看护，而医院建议她转入一个长期住院项目。

临床心理学家接到了温蒂保险公司的项目经理打来的电话，对方正在寻找一位熟悉分离性障碍的门诊治疗师。保险公司认为，鉴于温蒂经常住进精神病医院和综合性医院（综合性医院处理她实施自伤行为导致的身体损害）以及糟糕的预后，她是一个令保险公司"损失严重的个案"。医院的治疗团队已经断定温蒂的疾病进程只会越来越糟糕，应当以慢性残疾个案的标准来处理她的情况，并且应该让她接受抗精神病药物治疗（这类药物用于治疗精神病性症状,其中以精神分裂症为典型),从而让她保持足够的镇静,以此降低她自伤的可能性。项目经理向临床心理学家表示,保险公司愿意"尝试任何事情,只要能让温蒂不住院"。

病　史

温蒂的心理困扰显然和她异常动荡的童年有关。温蒂小时候和自己具有暴力倾向且会虐待她的母亲居住在一座小城的闹市区;她的父亲在温蒂母亲怀着她的时候就离开了家。贫穷贯穿了温蒂的整个童年,全家人一直租住在廉价公寓里。在温蒂童年大部分的时间里,她的母亲都没有工作,并且通过让温蒂做雏妓赚钱来维持自己酗酒和吸食海洛因的开支。打从温蒂记事开始,她就一直遭受着躯体虐待和性虐待。事实上,有医院记录表明,温蒂未满两岁时就因为一次严重的躯体虐待而住院。温蒂的母亲有极为严重的施虐倾向,而且以极端暴力的方式定期虐待她。例如,温蒂的母亲会在没有任何缘由的情况下,烫伤或割伤她身体的不同部位,会给她灌肠(有时会使用非常烫或冰凉的水),会将东西塞进温蒂的阴道和肛门里,而且还会在其他人对温蒂实施躯体虐待或性虐待的时候在一旁观看。她的母亲也会虐待温蒂的兄弟姐妹(温蒂有两个兄弟和两个姐妹),并且常常让他们在一旁观看彼此被虐待的情形。有时候,她的母亲还会强迫其中一个孩子对另一个孩子实施躯体虐待或性虐待。温蒂的外祖父也曾对她进行躯体虐待和性虐待,她母亲的许多男朋友则更是如此。

这些虐待事件频繁发生而且都很严重。温蒂多次因为这些事件而被送至急诊室,有时温蒂还会因为内伤住院治疗。温蒂15岁的时候,母亲的一个男朋友对她实施了极为残暴的强奸。她因为严重受伤而住院,并且不得不接受一次整容手术来重塑面部。这次强奸也导致她怀孕,并在之后生下了第一个孩子(儿子)。她所遭受的这次强奸被记录在案;而母亲的这个男友之后又强奸了另外5名女性,最终因此坐牢。学校、医院和司法系统将温蒂描述的全部虐待事件一一记录在案。温蒂作为受害者的历史一直持续到了其成年早期:有记录表明温蒂曾经3次遭遇强奸,曾被一位医生性侵,甚至她自己的家还曾被一些寻找住所的毒品贩子非法侵占。

温蒂说,为了照顾自己的两个孩子,她曾经尝试把童年的虐待记忆阻拦在自己的意识之外。她说自己成年后一直在努力地"把这些事情抛在脑后"。但是,虐待的后遗症仍然攥住了她的人生。例如,母亲的虐待让卫生间的功能变得令人毛骨悚然,温蒂已经记不起来自己最后一次正常上厕所是在什么时候了。由于她非常害怕马桶,所以她总是尽可能地推迟去卫生间的时间,然后用灌肠来让自己尽快排空。这样一来,温蒂觉得自己没有办法远离自己的家,因为她需要私密的空间来给自己灌肠。而过度灌肠已经导致温蒂的肠道永久性受损。

在她反复入住精神病院之前(即在温蒂首次与临床心理学家见面之前的那一年),温蒂在某种程度上还能勉强应付生活。尽管温蒂因为自己儿子出生以及在家中所遭受的严重虐待而在十年级的时候辍学,但她通过参加州立考试拿到了高中同等学力的文凭。17岁那年,她为了离开母亲的家而结婚,这次婚姻维持了一年。在20岁的时候,温蒂因为和一名已婚男人之间的一段短暂的关系而生下了第二个孩子(女儿)。尽管温蒂曾经做过许多不同的工作(例如,餐厅服务员、酒吧服务员、售货员、秘书),但在住院之前,她已经连续5年稳定地做着一份电话接线员的工作了。

然而,在之前的那一年里,有两个重大事件似乎触发了温蒂的崩溃。首先,因为长期使用设计不合理的电话设备工作,温蒂得知,她的两支手臂都发展出了腕管综合征。电话公司想把此事作为工伤残疾处理,为温蒂提供矫正性手术,然后再培训她从事其他岗位的工作。但温蒂没有服从这一计划,很大程度上是因为她害怕自己会在被麻醉的情况下被医生猥亵(就像多年前发生在她身上的那样)。因此,对于未来不确定的经济状况以及可能要做两次痛苦的手术，温蒂感到十分害怕。

其次，在此期间，温蒂的儿子因酒驾发生了一次交通事故，因此要去参加一个酒精使用治疗项目。这个项目需要了解家庭在物质使用、精神疾病以及医疗历史方面的信息。尤其是，这个项目在调查温蒂的儿子是否患上了双相情感障碍（参见案例10），因此要了解他是否有该障碍的家族史。温蒂从来没有联系过儿子的父亲，对方因强奸另外5名女性而在监狱服刑20年。然而，为了能够得到必要的病史信息，温蒂去监狱询问了他。温蒂的确得到了必要的信息，但是，这次探视召回了15岁那年对方对她实施暴力强奸的记忆。从前被阻拦在头脑之外的感受和记忆的洪流，吞没了温蒂。

温蒂本已因为工作和手术的问题而备感脆弱，此时这一事件的发生对她而言太过沉重。再一次见到儿子的父亲打开了泄洪的闸门，而她无法阻止过去自己遭受虐待的记忆涌入脑海。和典型的严重创伤后应激障碍患者一样（参见案例4），她开始出现令人痛苦的闪回，童年时遭受虐待的画面几乎不间断地冲进她的脑海。在一次闪回中，创伤事件极为生动地再现——包括视觉图像、声音和躯体感觉各个方面——以至于温蒂感到虐待在她身上重新发生了一遍。她经常做有关虐待经历的噩梦。作为一名绘画爱好者，温蒂开始把自己所有的艺术创作都集中在创伤素材上（详情见后文）。她出现了过度的惊跳反射（例如，突然听到某个噪声，比方气球破了，会让她非常难受），而且在出现这类反应之后，她很难恢复平静。她在记忆和注意方面也出现了很大的困难。温蒂还出现了严重的睡眠问题，而且完全无法在床上睡觉（她遭受的性虐待大多发生在床上），身边有人（包括她的孩子）的时候也无法入睡。因此，温蒂常常睡在地板上或是橱柜里。

作为一名基督徒，温蒂的灵性层面也出现了严重的破坏，她怀疑上帝是否真的存在。这是因为，温蒂的母亲表面上表现得非常虔诚，但对温蒂实施虐待时却总是以自己的宗教信仰为借口："我需要用清洗液给你灌肠，好把你洗干净。因为你是一个肮脏又恶毒的罪人"。另外，温蒂16岁的时候曾经生下一个"死胎"。母亲对温蒂说，因为这个孩子没有接受洗礼，所以这个孩子永远无法进入天堂。从此以后，温蒂内心对上帝和宗教的看法一直存在冲突，而且总是因为这个孩子感到愧疚和焦虑。

在温蒂探监之后大约一个月，她的症状已十分严重，令她痛苦不堪，最终她实施了一次非常严重的自杀尝试。其结果是，温蒂第一次住进了精神病院，时间为2周。

就像她童年时曾经做过的那样，温蒂十分努力地让自己和这些记忆拉开距离，好让自己平静下来。为了把这些记忆从脑海中驱逐出去，温蒂采取的一种方法是用割、烫来伤害自己。她浑身遍布着用重物击打自己所留下的淤青，在她的手臂、腿部和胸部有许多伤疤，以及割伤和烫伤留下的痕迹。此外，温蒂脚上有一处开放的创口，15年来，她从未让这个创口痊愈过。在一次住院期间，这个伤口发生感染（它曾经多次感染），医护人员尝试治疗这一伤口却屡屡受挫，因为温蒂不停地拆掉纱布，再次打开伤口。后来，医护人员得知温蒂的这个伤口曾被治疗过许多次（有时还接受了手术和缝合），但温蒂总是把线拆开，让伤口无法愈合。多年以来，温蒂一直感到疼痛，而且出现了行走困难。但此时医护人员还不知道，温蒂在住院期间也会时不时割伤自己的阴道，并因为失血而出现贫血——当时医护人员无法理解温蒂为什么会出现如此严重的贫血。

此外，温蒂长期依靠自己的催眠能力来让自己在心理上远离那些痛苦的记忆及情绪。具体来说，在童年时代，温蒂学会了让自己从正在遭受的虐待之中解离。一开始，这个策略能够帮助温蒂在心理上让自己同创伤分隔开，从而应对当下的虐待。但是，温蒂的解离（在DSM-5中，"解离"这个术语指的是个体在意识、记忆、身份认同、情绪、知觉、身体表征、运动控制或行为方面发生断裂）变得太普遍了——她从童年时起，至今已经发展出了超过20个不同的人格。温蒂常常发现自己处于一种恍惚状态中，要么重新经历了被虐待的体验，要么距离被虐待的体验十分遥远，以至于她觉得不真实或自己不是人（在DSM-5中，这两种症状分别叫作现实解体和人格解体）。由于让自己和创伤线索拉开距离，温蒂出现了严重的失忆问题：她常常会"失去"大段时间（一次达数小时之多），无法回忆起自己在这段时间里做过什么事情，或去过什么地方。即便有关虐待事件的非常微小的线索或提示都会触发一次解离，即温蒂此时会转换为不同的人格；而当她重新回到自己通常的状态，则无法回忆起刚才那段时间里到底发生了什么。

温蒂的每一个人格都有自己独特的行为模式（例如，语言、姿态、行为举止），以及相应的年龄、性别和外表。每个人格都存储着独特的信息、记忆和感受。尤其令人惊奇的是，温蒂的每一个人格都具有不同的生理反应或不同的躯体能力，例如，不同的药物反应，不同的过敏类型或过敏反应，甚至是不同的视力（即不同的人格需要带不同度数的眼镜）。基于和温蒂的初始访谈，临床心理学家认为，当她经历重大的虐待事件时，经常通过"筑墙"的方式来将承受虐待的那部分自我屏蔽在外，自我的其余部分则不知道发生了什么，以此来应对创伤。通过用这样的方式把事情分隔开，温蒂的自我中有一些部分知晓在家中所发生的折磨和虐待以及它们给她带来的感受，而另一方面，她自我中的其他一些部分仍然能够应对诸如上学（工作）这样的事情。但是，当某些部分反复被召唤来处理其他的虐待情境时，他们便渐渐开始有了自己的人生。例如，温蒂身上有一个人格总是出现在外祖父要她给自己口交时，这个人格因此变得没有味觉，吞咽反射也十分轻微。而另一个人格则要应对温蒂被母亲烫伤的情境，因此变得对躯体疼痛不敏感，并有极强的忍耐力。还有一个人格表现得像没有嘴一样，它源于每次温蒂大叫的时候，母亲都会烫伤她。

和大多数分离性身份障碍患者一样，温蒂具有许多儿童人格。这些人格一般是温蒂童年经历虐待事件时所屏蔽的那些部分，因此他们的时间流逝也停止了。这些人格对自己年龄的知觉停滞在发生虐待的时刻，并且他们往往相信现在还是那一年，而他们仍然生活在同一个地方、上同一所学校，等等。这些人格的声音、姿态、绘画、书写以及词汇都和他们所处的年龄相符。每个人格都有自己的功能，而且每个人格中的许多特征都与其功能相适应。负责处理被折磨体验的人格都是麻木的（与自伤行为发作时所出现的人格类似，例如他们会将脚上伤口的缝合线拆开）；被迫服从她母亲要求的人格则内化了那些规则，表现得就像个小暴君；有些人格存储着折磨与虐待所留下的痛苦，因此他们看上去就像患有自闭症（例如，社交疏离，对他人没有反应）；而那些处理学业或工作事物的人格则相当有魅力，能够和别人建立良好的关系。事实上，温蒂在高度结构化和稳定一致的环境中通常都能正常行使功能（在这样的环境中，人格转换也较少发生），而且在她的大多数工作中都做得不错。但是，即便很好地完成了一天的工作，温蒂回到家里也常常会躲进橱柜，直到天亮，因为她觉得以往的创伤经历即将再次发生在自己身上。

这些人格大部分彼此孤立，许多人格都不知道其他人格的存在，而且有些人格对虐待事件一无所知。有一个名叫"苏珊"的人格，其功能是处理和男人的性关系，因为温蒂的母亲把她当作雏妓卖给这些男人来换取钱财。所以，苏珊很快就明白了，如果她主动发起性行为，并且找到一种方法去体验性感受，那么这些事件里的痛苦就要少得多。因此，苏珊相信，自己是喜欢性的，而且她会积极和那些母亲带来的男人发生性关系。这种应对风格在温蒂还是个孩子的时候很有用，可以作为一种处理这一动荡环境的方法。但是，当温蒂彻底离开她母亲的家之后，"苏珊"并不知道事情已经发生变化了，因为她和其他的人格之间彼此隔绝。许多年过去，苏珊仍然在寻找男人作为性伴侣。（温蒂报告说，自己在正常状态下已经很多年都没有性行为了。但她面临离开电话公司的糟糕局面后，偶尔会卖淫以挣得一点自己和孩子们的生活费。）如果性行为变得暴力或具有虐待的性质，苏珊就会"离开"，而另一个人格则会来处理这一情境。因此，苏珊对暴力也并不知晓，而且会很自在地把几周前虐待过她的同一个男人带回家。

另一个儿童期人格被知觉为男性。温蒂在目睹有些男人选择了对她及另一个女孩实施暴力性行为,而她的兄弟们则毫发无伤之后,发展出了这一人格。温蒂觉得,如果她是一个男孩,那么她就安全了。结果,一个"男孩"人格出现在虐待事件的间隔期,温蒂由此感到了安全。当成为这个小男孩时,温蒂觉得自己不再脆弱,而且能够把注意力放在其他事情上。

因为温蒂的人格各不相同而且彼此隔离,他们的突然出现常常给她带来严重的人际困境。别人总觉得温蒂奇怪、善变且诡异。他们常常目睹温蒂转换人格,却无法理解眼前的一切,所以十分困惑,不知道温蒂的偏好、记忆、态度和整体举止为何会以如此戏剧化且不可预测的方式发生改变。因为这样的行为,温蒂失去了许多人际关系,而且正如之前所提到的,她还常常被不怀好意的人占去便宜。

最初,温蒂很努力地试着把她所有的解离症状不当一回事,否认它们的存在。这样做的原因之一是,若承认这些问题便意味着她将觉察到那些令人无法忍受的虐待经历。因为大多数的解离症状自童年时起就已经存在了,所以温蒂在某种程度上已经对它们习以为常,而且相信别人的生活也和她一样。例如,在后来的治疗中,温蒂十分惊讶地发现,并不是每个人都会"失去"大段的时间,记不起自己去过哪里或做过什么。温蒂身上有一个人格经常在公共场合被激发出来,一般都是由提醒她受虐经历的线索触发的(例如,和一群人观看一部包含强奸场景的电影)。此时,这个相应的人格会出现,对于所处的时间和地点感到迷惑(因为这个人格是多年前在一个受虐环境中形成的),而且会做出让周围人不解的行为(例如,开始用一种孩子气的方式讲话,然后逃出房子,躲在门廊里)。若这发生在温蒂独自一人的时候,她会"忘记"自己刚才失去了一段时间;若这发生在他人在场的情况下,温蒂会无法意识到这段经历,而且对周围人的反应感到困惑。如果周围人迫使她面对刚才发生的事情,温蒂通常会尝试"假装",假装她是在故意开玩笑,或者会试着为自己的行为寻找其他借口。但是,当别人不允许她忘记这些行为时，温蒂会变得非常难过和惊恐。

尽管温蒂的解离症状（例如，恍惚状态）、多重人格和自伤行为可以被视为一种她让自己远离痛苦的记忆和感受的有效方式，但温蒂越来越自我憎恶，并且责备自己采取这类保护行为。在接受治疗之前，温蒂并没有把她的保护行为和创伤经历联系起来，因此她把这些行为视为自己发疯的迹象（目睹这些行为的人常常有这种看法）。例如，当温蒂开始体验到某次虐待事件中的各种痛苦感受时，她常常会在解离状态下割伤或烫伤自己来让这种记忆消失。尽管她在当下会感到好一些，但随后却会斥责自己割伤或烫伤自己的行为是如此"变态"。她并不理解以前自己需要这样做，才能避免被痛苦的记忆完全压垮。

DSM-5 诊断

基于上述信息，温蒂的DSM-5诊断如下：

300.14 分离性身份障碍（主要诊断）
309.81 创伤后应激障碍
296.33 重性抑郁障碍，重复发作，严重
301.83 边缘型人格障碍（临时诊断）
腕管综合征，因滥用泻药而导致的肠损伤

在开始她的门诊治疗之前，温蒂已经显示出了DSM-5中分离性身份障碍的所有症状（美国精神病学会，2013）。在DSM-5中，分离性身份障碍被界定为具有以下的特征：①存在以两个或更多截然不同的人格状态为特征的身份瓦解，涉及到明显的自我感中断，并且伴随着情感、行为、意识、记忆、感知、认知和/或感觉运动功能的改变；②回忆日常事件、重要个人信息和/

或创伤事件时，反复出现空隙，并且与普通的遗忘不同；③这些症状引起了有临床意义的痛苦，或导致了社交、职业或其他重要功能方面的损害；④这一紊乱情形不能归因于某种物质的生理效应（例如，酒精中毒后发生断片）或其他躯体疾病（例如，癫痫的复杂部分性发作）。在DSM-5中，分离性身份障碍属于分离性障碍这一大类，这类障碍的特征是感知觉发生改变，或有一种与自己、周围世界、记忆过程相脱离的感受。分离性障碍中最为极端的障碍就是分离性身份障碍，它表明了，解离症状可以如此广泛以至于个体形成全新的身份认同。DSM-5分离性障碍中的另外两个主要类型是分离性遗忘（个体身上广泛存在无法回忆起重要个人信息的现象，通常这些信息本质上具有创伤性或应激性）和人格解体/现实解体障碍（持续存在或反复出现不真实感或脱离感，即脱离自己的头脑、自我、身体或周围环境的体验）。在DSM之前的版本中，分离性漫游被作为一个独立的分离性障碍诊断类别。分离性漫游的特征是突然的、无法预料的远离家或工作去游荡，并且无法回忆自己的过去，同时对于个人身份感到迷惑，或者创设了一个新身份。在DSM-5中，分离性漫游不再是一个独立的诊断类别，而是分离性身份障碍和分离性遗忘的一个伴发特征。

接下来，我们将会详细讨论分离性身份障碍（在DSM之前的版本中叫作"多重人格障碍"）的性质和治疗。创伤后应激障碍、重性抑郁障碍以及边缘型人格障碍则参见案例4、案例9和案例15。不过，请注意，温蒂的边缘型人格障碍被标注为"临时诊断"。这一标注适用于存在某个障碍的特征但尚不确定是否符合该障碍正式诊断标准的情形。在温蒂的案例中，临床心理学家曾希望能够记录边缘型人格障碍的特征性症状（例如，自伤、不稳定的自我意象或自我感），但是也意识到其中许多特征或许源自她身上的其他诊断（或者说用其他诊断能够更好地解释）。

温蒂目前的躯体疾病（腕管综合征，因滥用泻药而造成的肠道永久性受损）也列在她的心理诊断之后。尽管DSM之前版本中所采用的五轴诊断系统目前在DSM-5中已经弃用了，但是过去曾记录在轴Ⅲ中的那些与临床表现有关的医学问题仍应和临床诊断一并列出。

使用整合模型进行案例概念化

尽管我们还没有弄清分离性身份障碍的起因（参见Barlow & Durand, 2015），但该领域研究已经揭示出该障碍患者的个人史和特征方面存在令人惊讶的相似性。虽然DSM-5中分离性身份障碍的正式定义并未列出此类信息，但研究显示，几乎每一个该障碍的患者都曾暴露在极端的创伤事件之下，尤其是躯体虐待或性虐待形式的创伤（Gleaves，1996；Ross，1997）。温蒂显然也是如此，她在整个儿童期和青春期都遭受着严重的躯体虐待和性虐待。在分离性身份障碍患者的个人史中，创伤到底有多普遍呢？在一项包括了100名分离性身份障碍患者的调查中，有97%经历过严重的创伤，通常是性虐待或躯体虐待（Putnman, Gufoff, Silberman, Barban, & Post, 1986）。在该样本中，68%的患者有过乱伦史。在另一个总结了97例分离性身份障碍个案的研究中，95%的病人报告了躯体虐待或性虐待经历（Ross et al., 1990）。在许多病例中，这种虐待的严重程度都令人发指：有些患者报告自己曾经被活埋；另一些报告自己曾经被烧伤（例如，用烧红的熨斗或火柴）或割伤（例如，用刀片或玻璃）。事实上，研究者已经发现，有些分离性身份障碍患者的童年环境充斥着撒旦崇拜以及作为撒旦崇拜一部分的施虐仪式（Sakheim & Devine, 1992）。

这些观察使得研究者相信，分离性身份障碍源于一种自然倾向，即个体想要从严重虐待导致的持久痛苦和折磨中逃脱或"解离"（Kluft, 1991）。这种在心理层面上让自己"远离"痛苦或应激的事件或记忆的倾向是十分自然的，每个人都在某种程度上具有这一特征。例如，在其他情况下正常的人，在经历异常巨大的应激的过程中，也会努力以某种方式从情绪或躯体痛苦中逃脱或解离出来，这样的现象十分常见（Spiegel & Cardena，1991）。Noyes和Kletti（1997）调查了100名曾经经历过各种生命威胁（例如，严重事故）的人，发现其中大多数都体验到某种类型的解离，例如不真实感（即现实解体）、情绪或躯体痛苦的钝化，甚至是一种"灵魂出窍"的感觉（即人格解体）。不过，另一些研究也指出，病理性的解离和这些"正常的"解离反应属于截然不同的类型（Waller & Ross，1997）。

上述特征在温蒂身上非常明显，她在心理上把自己与那些负责应对严重虐待的部分隔绝开。正如之前所指出的，这使得温蒂身上有些部分知晓虐待并承担相应感受，同时让她身上其余的部分能够处理正常的生活（例如，上学或上班）。但是，由于这些部分反复被召唤来处理虐待情境，他们渐渐发展出了自己的人生。所以，这些人格彼此孤立，许多人格都不知道其他人格的存在，而且有些人格对虐待一无所知。

显然，并非每一个暴露于极端应激或虐待之下的个体都会发展出多重人格障碍或其他解离症状（例如，失忆）。因此，问题的关键在于，那些暴露于创伤事件后更容易出现解离症状的个体到底具有何种特征。尽管研究证据尚不充分，但许多研究者认为，那些较容易被催眠的人（或者说"受暗示性较强"的人）能够把解离用作一种生存技能，去应对极端创伤（Putnman，1991）。催眠恍惚状态和解离状态十分类似（Carlson & Putnam，1989）。在催眠恍惚状态中，个体更容易完全处于贯注状态，或聚焦于周围世界的某一个方面（并且变得非常容易接受催眠师的暗示）。此外，在自我催眠现象中，个体似乎能够让自己脱离周围大部分的世界，并对自己进行"暗示"，例如，自己的手不会有任何疼痛的感觉。据此，分离性身份障碍的发展可能和个体运用自我催眠来将自我的某些部分从严重的虐待或创伤中解离的能力有关。这样一来，个体的身份认同就瓦解成多重解离的身份认同。就像之前提到的那样，温蒂的临床心理学家认为她有很高的催眠易感性，并且感觉到，她学会了依赖这种能力让自己在心理上远离那些痛苦的记忆和情绪。

治疗目标和计划

分离性身份障碍的治疗需要病人小心翼翼地逐步拆掉筑在不同人格之间的墙。心理学家一般把这些人格称为"分身"(alters);在英文中,这个词是"他人"(others)的词根。这个拆墙的过程包括:①意识到不同分身的存在并且逐步认识不同的分身;②理解每个分身曾经具有的功能;③学习新的应对技能并获得更多支持,从而逐渐意识到自己能够承受创伤记忆;④直面并重历早年的创伤以理解最初筑墙的需要,同时对有关创伤记忆的强烈负面感受和想法进行加工;⑤逐渐理解创伤如何影响了应对方式,并且理解此时此刻和过去在哪些层面有所不同,从而允许自己去运用新的、更具适应性的(即非解离的)应对策略。

你可能会注意到,治疗分离性身份障碍的第四步和创伤后应激障碍的治疗策略十分类似(参见案例4)。具体来说,治疗师必须协助病人逐步视觉化和重新体验他们的创伤经历。在治疗分离性身份障碍和创伤后应激障碍的过程中,目标都是修通和减少有关创伤记忆的负面情绪和想法。不过,和创伤后应激障碍的治疗有所不同的是,在分离性身份障碍的治疗中,还有几项目标是揭示每一个因创伤而形成的人格分身,并理解这些分身所具有的功能。最终,在这些信息显露出来、个体掌握了新的应对技能之后,分身之间的墙就变得通透了,使得病人能够将自己身上这些不同的部分整合为一个人格。

治疗过程和治疗结果

治疗初期的关键是和患者建立起足够安全且信任的治疗关系。显然,对于温蒂而言,这样的关系是她同意去探索她童年恐怖记忆的必要条件。与这类病人建立起牢固的治疗关系往往相当困难,因为他们基于自己和家人或照顾者之间的消极经历，极为不信任他人。然而，在温蒂治疗初期发生了一件事情，足以向温蒂证明，治疗师真的关心她。这一事件发生几个月后，温蒂报告说，这件事是治疗中的转折点，让她能够更投入到治疗过程当中。正如前文所提到的，温蒂开始和心理学家进行门诊治疗时，她已经因为工伤而失业。在治疗最初的几个月里，温蒂的残障补助还没有开始发放，但她的房租却已经到期了，房东对她明说，再不付房租就会把她赶出去。可是温蒂连为自己和孩子购买食物的钱都没有，她也没有愿意借钱给她的家人或朋友。此时，治疗师借给温蒂500美元，让她不至于流落街头，还能买一些日用品。温蒂被治疗师的友善和信任"震撼"了，因为她从来都没有真正体验过来自他人的关爱。鉴于大多数的心理健康工作者都不会赞同借钱给病人，因为这可能会在治疗关系中制造冲突和混乱，所以这一行为尤其值得我们注意。然而，在这个案例中，这笔借款对温蒂来说意味着第一次有人信任她，真诚地想要帮助她，而没有附加任何利益索求。总而言之，这段治疗关系是温蒂治疗中最重要的因素：治疗师必须由衷地关怀她，并且向她传递自己相信她有能力好转的信息（同时表现出真诚的尊重和对她令人惊叹的生存技能的欣赏）。此外，治疗师还需要具备一种意愿：在温蒂直面和修通自身记忆和情绪的过程中，当某些非常恐怖和令人挫败的时刻到来时，他仍然愿意坚持下去。

在借款事件发生之前，温蒂治疗中一直存在一个问题：她很可能会伤害自己。她长期抱有自杀的念头，并且治疗第一年中的大多数时间里，她都在自伤的边缘徘徊。不过，随着温蒂逐渐用心投入到治疗之中并且开始理解症状背后的原因，这些症状便逐渐减少了。温蒂治疗中的一个重点是理解症状和早年事件之间的关系（症状保护她少受那些创伤事件的侵害）。首先，治疗师引导温蒂看到，那些症状或行为具有重要的功能，并非毫无意义或出自疯狂。一旦她理解了这些行为的功能，治疗师就帮助她逐步意识到，她目前的处境已经不同于过往这些行为产生的时候。最后，治疗师帮助温蒂用更为恰当和富于适应性的应对方法去替代这些行为。

例如，这套程序被用来处理温蒂脚上15年来都无法愈合的伤口。小时候，温蒂曾经受过很多次外伤，因此在医院做了缝合。但是，一旦她从医院回到家中，她的母亲就会用缝合的伤口作为施虐的机会。母亲会因为有人帮助了温蒂而暴怒，并且告诉她不要相信来自任何人的这类帮助。为了教会温蒂"帮助只会带来更多的痛苦"，母亲会把线拆开，同时往伤口上倒酒。于是，一见到被缝合的伤口，温蒂就十分恐惧，因为她知道未来有什么样的事情在等着自己。因此，她发展出了一个人格，这个人格会拆开缝合线，从而避免母亲对此施虐。在这个例子中，温蒂理解自己症状后，发现没有人再会像母亲那样对待她了。温蒂意识到，她现在是一个成年人，可以保护自己不再受这类攻击，也就是说，让缝合线留在那里实际上是安全的。

为了推动这一进展，她身上的其他部分需要认识这个拆线的分身。温蒂一开始把他（这个分身人格是一个男性）看成一个可怕的施虐者，是她想要消除的一部分。但是，当理解了这个角色后，温蒂就能够更为准确地看待他，把他看成一个保护者，而非一个恶徒，而且最终接纳他真正的功能，即保护她不受施虐攻击。一旦这个分身更多地知晓了当下的状况，同时她身上其余的部分也更多地知晓了过往经历中的这一面，温蒂就能够保留脚上伤口的缝合线，并且最终让伤口愈合。当然，实现这一改变也意味着要去处理由于回忆起母亲的残忍行为而唤醒的大量感受。

这套治疗程序还有一个例子。治疗师逐渐明白，温蒂定期烫伤和割伤自己是为了帮助自己进入恍惚状态（自我催眠）。当温蒂感觉到痛苦的回忆侵入脑海时，她就会伤害自己，而一旦进入恍惚状态，她就能够运用自己的催眠能力将这些感受推开，保持平静安宁。理解了这一过程，帮助温蒂发展和使用另一种应对方式就相对容易了。这一应对策略涉及治疗性地运用催眠。当痛苦的感受开始侵入，温蒂学会通过意象引导（guided imagery）引发恍惚状态来运用自我催眠。这种技术和自伤同样能够激发意识状态的转换，但是又能避免温蒂去伤害自己的身体。除了教会温蒂在记忆侵入时用催眠安抚自己以外，在会谈中，治疗师也会大量依赖催眠来促进温蒂分身之间的沟通。治疗中的这一部分非常重要，因为这会帮助温蒂将自己的这些部分整合为一个人格。

在治疗的过程中，温蒂渐渐能够回忆和整合童年时的恐怖经历。因此，她就不再那么需要在她的不同人格之间筑起僵化的墙。温蒂在这个治疗阶段的画作则体现了这一过程。前文已经提到，温蒂一直都是绘画爱好者；事实上，她一直暗自期望有朝一日能成为一名商业画手。治疗师认为，温蒂的画作以及围绕画作而展开的治疗工作是她的治疗中最了不起的部分。在治疗之初，温蒂会定期画哭泣的婴儿（图8.1）。这些画是二维的（即没有三维透视和立体感），通常表现的都是温蒂所说的"她内心无言的婴儿"。这是一个被屏蔽在温蒂意识之外的分身，但是温蒂感觉到它非常"坏"和"邪恶"——是她想要摧毁的那部分自我。多次和治疗师讨论之后，有一天温蒂带来了一幅关于这个婴儿的画。婴儿的眼中不再充满混乱，但在这幅画中，混乱环绕着婴儿（图8.2）。治疗师感觉到，这是她治疗中的一个转折点。当天晚上，温蒂回到家，自己被强奸和幼年时被母亲殴打的记忆如洪水一般涌来。那天夜里，温蒂又画了一幅令人毛骨悚然的画，记录被虐待的经历（图8.3）。这在她的治疗中是一个极为重要的事件，因为她改变了对自己和自己症状的理解，从"我是个疯子，有这些糟糕的自我部分和诡异的症状"转变为"我是一个正常人，过去遭受了可怕的虐待，因此发展出了极端的应对机制也在情理之中"。一开始，她的"婴儿"部分终于能够睡着，变得平静，但她其余的部分由于知晓了创伤，仍然经受着痛苦折磨。但是，随着温蒂逐渐修通自己有关虐待的感受，她继续执笔创作有关"婴儿"的画，显示出那个"婴儿"向着健康的方向发展（图8.4）。这个婴儿能够体验到不同的感受和需求，并且渐渐长大，与温蒂其余的人格部分相融（图8.5）。

治疗的另一项成就是处理温蒂灵性层面的损伤。之前提到过，温蒂16

案例8 分离性身份障碍 ◁ 169

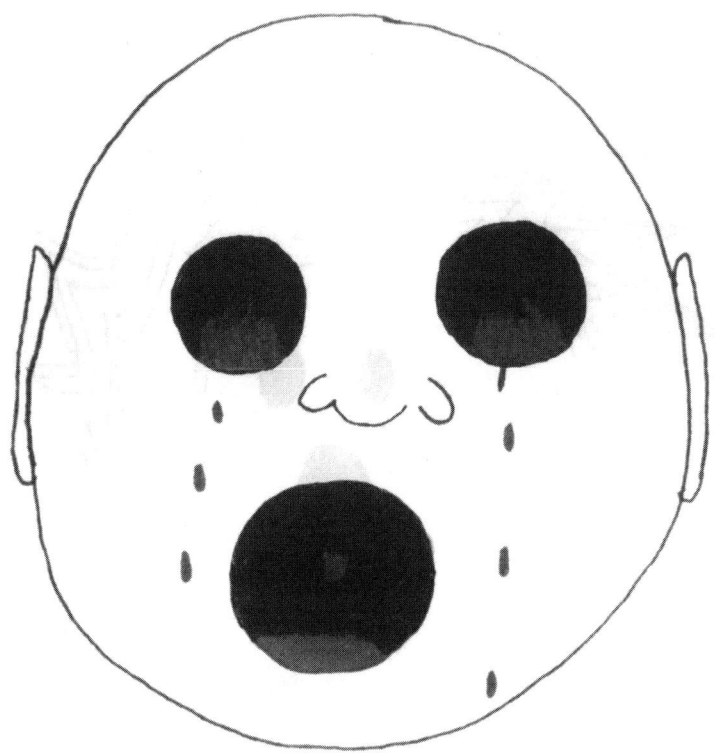

图8.1

图8.2

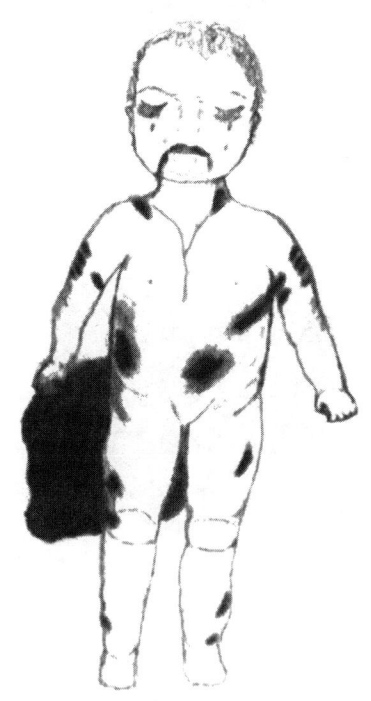

图8.3

图8.4

图8.5

岁时，母亲告知她胎死腹中的孩子因未能受洗而永远上不了天堂之后，作为基督徒的温蒂在对上帝和宗教的看法上一直冲突不断，并因此体验到相当严重的内疚和焦虑。在治疗过程中，一位牧师被邀请来参加了几次会谈，讨论这一议题。最终，牧师提出给死去的婴儿实施叫作"灵魂洗礼"的仪式，这样一来孩子就能够去往天堂了。这个仪式给温蒂带来了很大的慰藉。

在本书作者写就这个案例的时候，温蒂仍在定期和临床心理学家会面。至今，她已经做了4年的治疗（会谈超过400次）。以前温蒂每周要进行2次治疗会谈，最近她已经将会谈频率降低为每月2次。鉴于她取得了显著进步，目前这些治疗对她来说更多地起到支持性的作用。尤其值得一提的是，人格之间的墙渐渐变得更易流动，温蒂现在已经能感觉到，所有的感受、行为和特质都是属于她自己的。在这个过程中，她没有丢失任何人格（即每个人格的能力和记忆都毫无损伤）；而是从这些碎片之中，浮现出了一个完整得多的人，并且能够运用许多曾经丢掉的优势和能力。温蒂极大地降低了自己使用解离作为保护性手段的频率，"失去"时间及其他类似症状仅偶尔出现——当一个新的记忆出现时——而且也不会持续很久。有些时候，温蒂脑海中仍然会出现各类记忆的新的闪回片段，但是她忍受它们的程度已经大大提高，并且她能够迅速有效地去处理这些体验。此外，她仍会表现出过激的惊跳反应，这也是许多已经成功完成治疗的创伤幸存者所具有的一个特点。尽管如此，温蒂的解离症状已经不再干扰她的生活，治疗师也认为，她的症状不再符合DSM-5的诊断标准。令人惊叹的是，温蒂不再服用任何精神疾病类药物，不再抑郁或焦虑，也不再有精神病症状发作的体验。她的自伤行为完全消失了，包括不再烫伤或割伤自己，不再往自己身体里塞东西，也不再给自己灌肠。

治疗的结果是，温蒂的人际关系有了极大的改善。她建立起了真诚且彼此支持的友谊，并且学会了用更为健康的方式去对待自己的孩子（例如，不再那么依赖孩子的支持，和孩子更好地确立边界）。她让自己从好几段具有虐待性质的关系中脱身，并且在她所有的社交互动中都变得更有决断力、更为直接。温蒂在性方面仍然有问题，主要是害怕涉及性的关系，也还没有在关系中进行这方面的尝试。不过，最近她开始允许自己接近男性，而且人生中第一次享受着被追求的感觉。

治疗的焦点之一是帮助温蒂在商业艺术领域获得学位。现在，温蒂不仅获得了这一学位，而且也找到了相应的工作，开始有了比较好的收入。经济上的稳定对于她而言是一种全新的体验，并且有证据表明这是她疗愈过程中的一个重要方面。她得以购买自己的公寓，这份安定是她从未想到过的。

目前，温蒂正在写一本书，用自己的艺术创作来诠释疗愈的过程，从而为其他童年期虐待的幸存者提供有益的指引。她想向其他"没有希望的病例"伸出援手，向他们展现：疗愈的过程尽管艰难，但是也能成功度过。温蒂也在直接帮助其他人，例如为有躯体残疾的人提供志愿服务。她说，她是幸运的，因为有人关心和帮助她，而她希望自己也能够把这些帮助回报给那些需要它的人。此外，温蒂正在帮助抚养她的孙女，一个可爱的小女孩。她深爱自己的孙女，并为她感到骄傲。尽管温蒂抚养了自己的两个孩子，但是她一直都和自己的感受离得很远，因此她常常觉得他们并不真的是自己的孩子。可现在，孙女对温蒂而言十分真实，而其他人观看温蒂和孙女的互动时，也会感到舒心惬意。

讨 论

之前曾提到过，DSM-5对于分离性身份障碍的诊断标准之一是，此类困扰并非由某种物质（例如酒精中毒后出现断片）或某种躯体疾病造成（例如，癫痫的复杂部分性发作）。设定这一标准的一部分原因在于，有迹象表明，患有某些神经性障碍的人，尤其是癫痫患者，经常会体验到解离症状（例如，Bowman & Coons，2000；Cardena, Lewis-Fernandez, Bear,

Pakianathan, & Spiegel, 1996)。例如, Devinsky、Feldman、Burrowes和Bromfield (1989) 报告, 大约有6%的颞叶癫痫患者会报告"灵魂出窍"的经历 (在DSM-5中叫作"人格解体")。在另一项针对颞叶癫痫患者的研究中, 约50%的人表现出某种解离症状, 包括发展出分身人格 (Schenk & Bear, 1981)。

这类发现说明, 解离症状可能源于异常的脑电活动。尽管还需要更多的研究, 但现有的科学知识提示我们, 已确诊癫痫并出现解离症状的患者与分离性身份障碍患者之间存在重大差异。例如, 癫痫患者通常报告说, 他们的解离症状是成年后才开始出现的, 并且和创伤事件无关。而就像前文所说的那样, 几乎所有分离性身份障碍的患者都会报告有关创伤 (通常是躯体虐待或性虐待) 的暴露历史, 并且能记起在经历创伤不久之后, 就出现了解离症状。

如果你已经读完了本书的案例4 (创伤后应激障碍), 那么你或许能想到, 分离性身份障碍和创伤后应激障碍的起源十分相似。具体来说, 这两种障碍都体现了对严重创伤的强烈情绪反应——不过, 暴露在创伤事件之下并不是分离性身份障碍的诊断标准。此外, 在创伤后应激障碍中也经常出现解离症状 (例如, 解离性的闪回、无法回忆起创伤事件的重要方面、人格解体/现实解体)。基于这一重合, 许多研究者的结论是, 分离性身份障碍可以是创伤后应激障碍的一种极端亚型, 它更强调解离过程而非焦虑症状 (解离和焦虑在分离性身份障碍和创伤后应激障碍中都会出现)。不过, 鉴于分离性身份障碍的研究极为有限, 这一观察仍只是一个需要在未来研究中进一步论证 (或驳斥) 的猜想。

分离性身份障碍的患病率尚不清楚, 尽管目前有研究者认为它要比我们之前估计的更为普遍 (Johnson, Cohen, Kasen, & Brook, 2006; Kluft, 1993; Ross, 1997)。那些考察了分离性身份障碍患者的研究已经发现, 女性和男性患者的比例是9:1。分离性身份障碍一般从童年期开始出现, 若不加以治疗，这一状况并不会自己缓解（Putnman et al., 1986），但是"转换"（改变人格状态）的频率可能随着年龄增长而降低（Sakheim & Devine, 1992）。和温蒂的情形一样，几项关于分离性身份障碍患者的研究都提示，随着时间进展而出现不同的人格是个体为了对不同的生活事件做出反应。分离性身份障碍很少单独出现而不同时伴随其他临床诊断。和温蒂的案例一致，比起其他障碍，抑郁、创伤后应激障碍和边缘型人格障碍在分离性身份障碍患者的额外诊断中更为常见（Johnson et al., 2006；Ross et al., 1990）。

和分离性身份障碍的其他方面（例如，患病率、病程、病因）一样，鲜有研究探讨该障碍的发展或对其治疗方法进行评估。不过，有几个案例研究报告，在长程治疗中成功整合了不同人格（例如，Brand, Classen, McNary, & Zaveri, 2009；Brand et al., 2009；Putnam, 1989；Ross, 1996）。然而遗憾的是，仅有的一些证据提示，大多数病人的预后是糟糕的。例如，Coons（1986）发现，在20名接受治疗的患者中，仅有5人治疗成功（成功的标准是人格完全整合）。类似的，另一项研究发现，在结束一个专项住院治疗项目出院后，22%的病人在两年后整合了他们解离的人格（Ellason & Ross, 1997）。目前，没有证据表明药物治疗能够显著增进治疗效果。因此，鉴于分离性身份障碍无疑会造成极大的痛苦和对生活的严重损害（正如温蒂的案例所述），我们急需针对这一障碍发展出有效的治疗方法。

批判性思考

1. 分离性身份障碍是否真的存在？这一问题一直存在争议。你相信有些人可能会具有若干不同的人格，而且无法意识到彼此的存在吗？为什么？
2. 分离性身份障碍曾经在谋杀案中被用作法庭辩护的理由（即嫌疑人是在"分身"状态下实施谋杀的，而且称自己没有觉察到犯罪行为，所以不应该对此负责）。你认为分离性身份障碍在某些法律案件中可以成为可靠、合理的辩护理由吗？如果某个人在犯下严重罪行时的确患有分离性身份障碍，他/她是否应该为这些行为负责？你认为嫌疑人是否有可能伪装出分离性身份障碍的症状，并达到令人信服的程度？

3. 你认为哪些因素可以解释分离性身份障碍更多地出现在女性当中？
4. 分离性身份障碍的大多数案例和创伤后应激障碍案例的起源相似——暴露在极端的应激或创伤事件（例如躯体虐待或性虐待）之下。你认为，哪些因素能解释暴露在创伤之下在某些案例中导致了分离性身份障碍，而在另一些案例中导致了创伤后应激障碍？

案例 9

重性抑郁障碍

基本情况

在被转介到一家心理诊所时，莉欧娜·巴如科正在读七年级，是一个13岁西班牙裔女孩。莉欧娜两年前完成了公立学校设置的资优生项目后，便进入一所私立学校就读。在来到诊所不久之前，莉欧娜对学校里的一个朋友说，自己想要自杀。这个朋友劝莉欧娜去见了学校的心理学家。在一次短暂的会谈之后，学校的心理学家打电话给莉欧娜的母亲，建议她为莉欧娜寻求帮助。莉欧娜的母亲很快就找到这家心理诊所，给女儿预约了初始会谈。

在初始评估会谈中，莉欧娜报告说她感觉越来越抑郁，而且有越来越多的自杀念头，这让她感到害怕。莉欧娜说，她现在觉得自己需要帮助，以便感觉好一点。尽管莉欧娜的母亲说她并没有意识到女儿抑郁了，不过，她注意到莉欧娜变得易怒，对立行为增多，而且在家中难以管教。随着临床访谈的进展，情况越来越明显：莉欧娜已经抑郁了很长一段时间了。莉欧娜说，在过去一年里，自己几乎每天都感觉心情低落。最近，这些感受变得更为强烈，而且还伴随着其他的症状。例如，在过去6个月里，莉欧娜体验到易激惹、无精打采和疲倦。莉欧娜还说，这些感受，再加上她对自己的正常活动（例如，会见朋友、参加学校的游泳队）逐渐失去兴趣，让她觉得"只想整天睡觉"。她也注意到自己的胃口变差了，但是因为她只比以前吃得略少一些，所以饮食上的改变并没有导致任何体重上的波动。此外，莉欧娜说，过去几个月里，她出现了一定程度的睡眠困难。具体来说，大多数的早晨，她都会比自己希望醒来的时间要早醒1~2小时。

自从开始抑郁，莉欧娜就体验到其他一些症状，包括经常头痛，以及有时感到自己好像处于梦境中，或者"灵魂出窍"（即人格解体）。她说，她总是在担心一些事情，比如她的外貌以及她可能做错了什么（例如，无意中让她的老师或同学不高兴）之类的。事实上，因为她的易激惹程度不断增高，莉欧娜开始越来越多地和同伴发生冲突，而且和父母以及两个妹妹（6岁和9岁）的争执也变多了。虽然莉欧娜否认自己在学校里有任何注意力方面的问题，但在初始访谈之前的3个月里，她的学业成绩下降了。

莉欧娜的抑郁和自杀念头似乎在很大程度上由她和同伴以及家人的冲突所激发。在发生争执后，莉欧娜通常会把自己和其他人隔绝开，并且沉溺于不安全感和讨厌自己的感觉之中。在这种时候，莉欧娜最有可能出现自杀念头。具体而言，莉欧娜说，她觉得她的整个世界崩塌了，随后就会有溺死在学校泳池中的自杀念头。事实上，在进行初始评估的3个月前，莉欧娜尝试着做出了一次自杀姿态，她用一块刀片浅浅地割伤了手腕。莉欧娜没有对任何人透露此事，其他人也没有注意到她手腕上的伤痕。两个月之后，莉欧娜在练习游泳时跳进了学校的泳池。尽管她在跳进泳池之前并没有想要溺死自己，但是入水之后，莉欧娜发现她无法呼吸。那一瞬间，莉欧娜想干脆让自己沉到水底溺死算了，她有点好奇那会是什么感觉。之后，她把自己的这些感受告诉了一个同学，同学劝她去见学校的心理学家。尽管莉欧娜自己并没有决定要去见学校心理学家，但是有机会表露自己一直以来的这些感受仍让她松了一口气。

病 史

莉欧娜的抑郁症状从她11岁时开始出现，但直至她首次来到心理诊所前的一年才开始加重并持续。症状第一次出现时，莉欧娜和她的母亲以及两个妹妹住在一起。她的父母在她两三岁时就离婚了。但是在离婚之后的几年里,她的父亲仍然不时搬回家里来住,并且往返于美国和墨西哥之间。在这期间,她的父亲又和母亲生下了莉欧娜的两个妹妹。莉欧娜的母亲没有工作,整个家庭靠救济金生活,住在城中心的贫困社区里。

莉欧娜曾面临几个严重的应激源,可能激发或加重了她的抑郁。首先,在获得全额奖学金之后,莉欧娜从家附近的公立学校转入一所学费昂贵的中上阶层私立学校。学校位于非常遥远的城区,而且鲜有少数族裔的孩子在那里就读。有关转校的压力因莉欧娜家境贫寒、依靠救济生活的事实而加重。因此,就所参与的社交活动和所拥有的机会而言,新同学和莉欧娜之间可以说有天壤之别。其次,莉欧娜的父亲最近为了治病从墨西哥回到美国,和莉欧娜的祖母住在一起。她的父亲疾病缠身,有许多躯体疾病和心理疾病的病史,包括几次心脏搭桥手术、溃疡、高胆固醇、肺部问题、酗酒、抑郁以及霍奇金病。最近他几次进出医院,莉欧娜担心父亲会死去,即便她对他很愤怒而且不怎么跟他说话。事实上,莉欧娜的抑郁在接受治疗前不久最为糟糕,当时她的父亲开始来家里尝试再次帮忙照顾孩子。

莉欧娜对于父亲的大部分愤怒源于父母离婚之前的生活,那时幼小的她经常目睹父母争吵打架。尽管父亲的大部分躯体暴力行为都指向母亲,但也有两次他打了莉欧娜,这促使莉欧娜的母亲把他永远地赶出了家门。因为父亲偶尔才顾及家庭并且难以预料会在什么时候,最终还抛弃了家人,莉欧娜感到十分愤怒,而离婚后的几年里母亲和父亲交往的方式也让她生气。具体来说,让莉欧娜愤怒的是,无论父亲给家人带来什么样的伤害,母亲在遇到麻烦的时候还是常常会去找他,而且在他一言不合就抛下家庭或者做出躯体虐待行为之后,母亲也总会接受他重返家庭。

除了父亲的抑郁和酗酒问题,莉欧娜的其他家人也有心理障碍的历史。她的母亲曾经在离婚后不久因为一次抑郁发作而接受过门诊心理治疗。莉欧娜的姨妈和外祖父也曾经有过反复发作的抑郁。虽说来到心理诊所是莉欧娜首次因为情绪问题而接受正式的治疗,但几年前,莉欧娜已经因为父母关系问题令她不堪重负而在她原来的学校里参加过支持小组的活动了。

DSM-5 诊断

基于上述信息,莉欧娜的DSM-5诊断如下:

296.22 重性抑郁障碍,单次发作,中度

在DSM-5(美国精神病学会,2013)中,重性抑郁发作需要符合以下两个特征,其中至少一个特征必须持续存在至少2周:①几乎每天大部分时间都心境抑郁,既可以由本人报告(例如感觉悲伤或空虚),也可以源自他人观察(例如,看到流泪);②对于所有或几乎所有活动的兴趣或从中感受到的乐趣都明显减少(例如,爱好、社交活动、工作)。就像莉欧娜一样,抑郁心境在儿童和青少年身上也有可能表现为易激惹。此外,一次重性抑郁发作会表现出下列症状中至少4项:①体重明显减轻或增加,或是食欲持续减弱或增强;②失眠或睡眠过多;③精神运动性激越或迟滞(例如,无法坐定、言语迟缓);④疲倦或精力不足;⑤感到自己没有价值或过分的、不适当的内疚;⑥思考或集中注意力的能力减退,或犹豫不决;⑦反复出现有关死亡的想法或自杀的念头、计划或尝试。除了导致明显的痛苦或生活功能损害之外,想要符合DSM-5对于重性抑郁发作的界定,这些症状还不能是生物因素的结果(例如,症状源于某些药物或躯体疾病),而且用其他心理障碍(例如,精神病性障碍)也没法更好地解释。如果个体经历了一次重大丧失(例如,亲爱之人过世、财务崩溃、因自然灾害受到巨大损失)后出现了这些抑郁症状,那么诊断者必须运用自己的临床判断力来决定是否应当给出重性抑郁的诊断(例如,个体的症状相比面对重大丧失的正常反应而言

是否过度）。若病人曾有过躁狂发作或轻躁狂发作（参见案例10）的历史，则不应给予重性抑郁发作的诊断。

在确立诊断时，临床工作者必须将重性抑郁障碍和持续性抑郁障碍区分开。持续性抑郁障碍在DSM之前的版本中被称为恶劣心境，它和重性抑郁障碍的区别在于症状的持续性。持续性抑郁障碍的核心特征在于它是一种慢性的抑郁心境，个体几乎每天大部分时间都心境抑郁的日子比不这样的日子要多，而这种情形持续了至少2年。重性抑郁障碍的大多数典型症状（例如，食欲降低或增加、精力不足或疲倦、失眠或嗜睡）也会在持续性抑郁障碍中出现，但在某些病例中，当患者的临床表现不如重性抑郁发作那么强烈时，可给予持续性抑郁障碍的诊断。在DSM之前的版本中，若个体的症状严重到符合重性抑郁障碍（即，在DSM-Ⅳ中，那些重性抑郁超过2年的病人会获得"重性抑郁障碍，慢性型"的诊断），评估者就不会给出持续性抑郁障碍的诊断。在DSM-5中，慢性型重性抑郁障碍和恶劣心境这两种诊断被合并为新的持续性抑郁障碍诊断。因此，除了要注明起病是早还是晚（在21岁之前还是之后）外，持续性抑郁障碍的诊断还必须同时给出以下4个标注中的一个：①伴纯粹的恶劣心境综合征（在最近2年里始终不符合重性抑郁障碍的诊断标准）；②伴持续性重性抑郁发作（在最近2年里始终符合重性抑郁障碍的诊断标准）；③伴间歇性重性抑郁发作，目前为发作状态（目前符合重性抑郁障碍的诊断标准，但最近2年里至少有8周时间，症状达不到重性抑郁障碍的诊断标准）；④伴间歇性重性抑郁发作，目前为未发作状态（目前不符合重性抑郁障碍的诊断标准，但最近2年里，有过一次或多次重性抑郁发作）。设立持续性抑郁障碍这个新的诊断类别，消除了同时给个体两项抑郁诊断的情形（常被称为双重抑郁）。例如，在DSM-Ⅳ中，若在长期的恶劣心境病程中出现了一次重性抑郁发作，则可以同时给予个体重性抑郁障碍和恶劣心境的诊断。

正如你在莉欧娜身上看到的那样，她的重性抑郁障碍伴随着两个标注

(即"单次发作"和"中度")。有些标注用于描述障碍的严重程度(例如,"轻度""中度""重度""部分缓解"等),有些标注则用于描述障碍的病程和性质。这些标注包括个体经历了"单次"还是多次("反复")抑郁发作。DSM-5的一个变化是加入了标注,即在恰当的时候,可以通过标注来更好地描述重性抑郁障碍伴发的特征或时间模式(例如,"伴焦虑痛苦""伴忧郁特征""伴精神病性特征""伴季节性发作模式"或"伴围产期起病")。这些标注中,大部分在给出持续性抑郁障碍诊断时也可以使用。

使用整合模型进行案例概念化

心境障碍(例如,重性抑郁障碍、持续性抑郁障碍)的整合理论基于素质—应激模型(Barlow & Durand, 2015)。这一整合模型中的"素质"指的是个体身上发展出某种心境障碍的生物易感性。尽管目前还没有确认哪些具体的基因或生物标记物是重性抑郁的风险因素,但对易感性最为恰当的描述可能是面对应激生活事件(应激生活事件代表的是素质—应激模型中的"应激"成分)时过度活跃的神经反应。

生物性因素影响着重性抑郁障碍的证据可见于大量研究。这些研究表明,这一障碍常常具有家族遗传性。对于莉欧娜来说也是如此,她的父亲、母亲、姨妈和外祖父都有重性抑郁障碍的病史。与此相符的是,研究发现,重性抑郁障碍患者的家属患上重性抑郁的比例要显著高于没有心境障碍的个体的家属(Klein, Lewinsohn, Rohde, Seeley, & Durbin, 2002; Lau & Eley, 2010)。来自双生子研究的证据也表明,基因影响着重性抑郁障碍的起病。例如,McGuffin等人(2003)的研究发现,当双胞胎中有一人患有一种心境障碍时,同卵双胞胎中另一人比异卵双胞胎中另一人患有心境障碍的比例要高出两三倍(即,若一人患有双相情感障碍,则同卵双胞胎中另一人的患病比例为67%,而异卵双胞胎中另一人的患病比例为19%;若一人患有诸如重性抑郁障碍这样的单相障碍，那么同卵另一人与异卵另一人中的相应比例分别为46%与20%）。Kendler、Neale、Kessler、Heath和Eaves（1993）所做的另一项基因研究也得到了类似的结果。由于同卵双胞胎具有完全相同的基因，而异卵双胞胎仅共享大约50%的基因（和一级亲属之间共享的基因比例相同），因此，同卵双胞胎中心境障碍患病比例更高，说明基因因素对重性抑郁障碍的产生有影响。在McGuffin等人（2003）的研究中，同时患病率（即双胞胎中两人都患有同一种心境障碍的比例）和严重程度存在相关。正如上述数据所示，当双胞胎其中一人具有双相情感障碍时，同时患病率最高。而双相情感障碍（参见案例10）带来的损害，通常比诸如重性抑郁和恶劣心境这类单相障碍更大。这些发现提示，严重心境障碍背后的基因作用可能比不那么严重的障碍要强；对于大多数心理障碍而言，都是如此。

研究提示，心境和焦虑障碍拥有共同的、由基因决定的生物易感性。例如，来自家庭研究的数据显示，一个病人身上焦虑和抑郁的症状和迹象越多，其一级亲属和子女中出现焦虑和抑郁的概率就越高（Hammen, Burge, Burney, & Adrian, 1990; Klein et al., 2002）。在两项双生子研究中，Kendler及其同事发现，相同的基因因素对焦虑和抑郁都有作用（Kendler, Heath, Martin, & Eaves, 1987; Kendler, Neale, Kessler, Heath, & Eaves, 1992b）。而社会和心理维度的因素似乎负责决定个体到底表现出焦虑还是抑郁。这些数据提示我们，心境障碍的生物性因素可能并不是这一障碍所特有的，而是一种包含了焦虑或心境障碍的共通的易感性。具有这种共通易感性的个体究竟会发展出焦虑还是抑郁，则与心理、社会和其他生物因素的影响有关（Barlow, 1991; 2002）。

本节开头已经指出，应激生活事件似乎在心境障碍的起病中扮演着非常重要的角色。大量的研究表明，应激生活事件（家庭问题、失业等）和心境障碍的起病存在非常显著的关联，尤其是重性抑郁障碍（例如，Hettema, Kuhn, Prescott, & Kendler, 2006; Kendler, Kuhn, & Prescott, 2004;

Kessler，1997；Monroe，Slavich，Torres，& Gotlib，2007）。应激生活事件如何和生物性因素相互作用而导致重性抑郁障碍呢？就这个问题而言，目前最好的思路是：应激生活事件会激活我们的压力激素，而后者会对我们的神经递质系统，尤其是那些涉及五羟色胺和去甲肾上腺素的系统造成广泛的影响。若这些压力激素一直处于激活状态，我们的脑可能会出现结构性和化学性的改变（例如，负责调节情绪和神经递质传导活动的脑区可能会出现神经元凋亡）。应激带来的这一后果可能与个体的昼夜节律被破坏有关，即，导致人们容易再次陷入这种循环，而这恰是重性抑郁障碍的定义性特征之一。

除了生物因素和应激之间的交互作用以外，一系列心理和社会因素似乎也成了重性抑郁障碍的易感和维系因素（例如，Kendler et al.，2004）。研究者普遍认为，有两个心理因素和抑郁有密切的联系，即归因风格和功能不良的态度。归因风格指的是个体对在其生活中发生积极或消极事件的原因做出的解释。该理论最初源于有关习得性无助的动物研究（Seligman，1975）。其基本假设是，若人们将生活中出现应激归因为自己无法控制这些应激，那么他们就会发展出焦虑和抑郁（Abramson，Seligman，& Teasdale，1978）。具体来说，和抑郁有关的归因风格具有3个主要的特征：①内部，即个体将消极事件的原因归结为自己的错误；②稳定，即个体将消极事件的原因归结为持久存在的而非暂时的；③全局，即个体将消极事件的原因归结为某些涉及自己生活中或功能上众多领域的因素。例如，在解释自己的心理学期末考试为什么没有及格时，可能产生抑郁的一种归因风格是"我的智商低"，而相比之下，可能带来较少痛苦的一种解释是外部的（例如，"考试不公平"）、不稳定的（例如，"我没时间复习"）或具体的（例如，"我擅长不少事情，但是不擅长心理学"）。尽管很多研究都支持，对消极事件做出内部、稳定、全局的归因和抑郁有关（参见Sweeney，Anderson，& Beiley，1986），但我们仍不能确定，这种归因方式究竟是抑郁的起因，还只是一种相关的副作用。对此的研究结果不一（即，有些研究支持这一理论，而另一些研究不支持悲观的归因风格是造成抑郁的一个持久因素；例如，Alloy & Abramson，2006）；还有研究者修订了这个理论，不再那么强调具体的归因，而是强调无望感的产生乃是抑郁的一个关键原因（Abramson，Metlsky，& Alloy，1989）。

另一个受到广泛检验和支持的抑郁当中的心理因素是不良思维（Beck，1976；Beck，Rush，Shaw & Emery，1979；Young，Rygh，Weinberger，& Beck，2014）。根据贝克的理论，容易抑郁的人会犯认知错误，他们会对自己、周围的世界以及他们的未来形成负面思维（这叫作认知三联征）。深深扎根于个体童年时期的负面图式，以多个独立的表征显示出来，就是这种认知错误。图式指的是有关生活中某些方面的、持久稳定的消极认知偏差或信念系统。例如，贝克认为，抑郁常常是由个体的一种倾向导致的，即个体会将已经发生的消极事件朝着自我责备的方向进行歪曲。这意味着个体内心存在一种自我责备的图式，也就是说，个体觉得自己要为所有糟糕的事情负责（例如，对于部分客人提前离开了聚会，主人的结论是"在办聚会这方面我很失败"，而实际上，人们提前离开的原因是多种多样的）。一旦个体形成了这样的图式和认知错误，它们就会渐渐自动化，即个体以这样的方式去解释情境时，不会觉察到自己的思维是不正确的。因此，抑郁的认知治疗的核心目标就是协助病人鉴别出自己的消极认知，并且评估它们的有效性，而最终的目标是将这些思维和图式（即思维背后的假设）用更为准确且符合逻辑的解释加以替代。和归因风格一样，许多研究支持消极认知和抑郁之间存在联系（例如，Mazure，Bruce，Maciejewski，& Jacobs，2000），有些证据甚至支持这一思维风格导致了抑郁，并且它的出现早于抑郁（例如，Abela et al.，2011；Alloy & Abramson，2006），而且在某些条件下可以预测抑郁的复发（例如，Hammen，Ellicott，Gitlin，& Jamison，1989）。

有一系列社会因素可能和抑郁的产生和维系有关。例如，婚姻满意度和抑郁有强相关（例如，Beach，Sandeen，& O'Leary，1990；Whisman，2007），而且婚姻破裂（例如，分居和离婚）常常是激发一次抑郁发作的应激生活事件（例如，Bruce & Kim，1992；Whisman & Bruce，1999）。类似的，许多研究发现，配偶一方患有抑郁会导致婚姻关系显著恶化（例如，Beach et al.，1990；Uebelacker & Whisman，2006），继而有可能加重其抑郁。

研究者推测，个体拥有的社会支持系统的性质也会对抑郁有所影响。就抑郁的起因而言，一些研究发现，在经历了负面生活事件的个体当中，那些拥有充分的社会支持（即能够获得富于支持和关爱的人际关系；例如，Brown & Harris，1978；Monroe，Slavich & Georgiades，2009）的人发展出抑郁的可能性较小。就抑郁的病程而言，那些得到了配偶的支持并且和朋友冲突较少的重性抑郁障碍患者康复得更为迅速（例如，Keiter et al.，1995；McLeod，Kessler，& Landis，1992）。此外，研究发现，重性抑郁障碍患者的家庭环境充斥着抱怨、指责和情绪爆发（被称之为"高情绪表露"），与其复发风险升高有关（例如，Hooley & Teasdale，1989）。诸如此类的发现带来了更偏重心理成分的抑郁治疗，即人际心理治疗，这一治疗方法关注的是人际关系在维持抑郁中的作用（例如，Bleiberg & Markowitz，2014）。接下来我们就来讨论这一治疗。

治疗目标和计划

和上文总结的研究发现一致，莉欧娜的抑郁显然受到了社会因素——即她和家庭成员的互动——的影响。据此，莉欧娜主要的治疗方法是人际心理治疗（Bleiberg & Markowitz，2014；Klerman，Weissman，Rounsaville，& Chevron，1984）。尽管人际心理治疗最初被作为一种治疗成年抑郁患者的疗法，但现在它已经得到了有效的修订以作为青少年抑郁患者的干预方法（Moreau，Mufson，Weissman，& Klerman，1991；Mufson，Moreau，Weissman，& Klerman，1993；Mufson et al.，1994；Mufson，Weissman，

Moreau，& Garfinkel，1999）。人际心理治疗背后的原理是：无论导致抑郁的生物、心理和环境（应激）因素是什么，心境障碍都是在人际背景下发生的，而这一背景能够显著地影响病程。因此，若鉴别出患者人际关系中的问题并加以解决，那么其抑郁就会得到缓解。因此，治疗的重心在于目前观察到的和抑郁有关的人际问题。这一高度结构化的短程治疗包含三个阶段（初始阶段、中期和结束阶段），详见下文。

治疗过程和治疗结果

莉欧娜接受了12次每周一次的人际心理治疗。她的母亲参加了其中的2次会谈，一次在初始阶段，另一次在结束阶段。初始阶段最主要的治疗目标是让莉欧娜和她的母亲获知治疗的原理，并形成一套治疗计划。在这一阶段，莉欧娜和她的母亲了解了抑郁的性质，即，除了认识这一障碍之外，治疗师也给她们提供了有关抑郁的起因和个体抑郁心境维系因素的信息。除了解释治疗的原理和目标，治疗师也表达了对于莉欧娜在治疗中的期望（例如，定期参加会谈，完成会谈间歇的治疗作业）。

初始阶段的一个关键元素是梳理莉欧娜的人际关系，从而鉴别出可以作为中期阶段干预焦点的那些问题。基于人际心理治疗的原理，抑郁的起病和维系通常和5个人际问题领域有关：哀伤、人际角色冲突、角色转换、人际缺陷以及单亲家庭。哀伤是时间过长或异常水平的居丧或失去亲人后的被抛弃感（例如，父亲或母亲过世）。人际角色冲突是指病人和一位或多位重要他人对于双方关系的预期不一致（例如，父母期待青少年应该有更为成熟的表现，但实际上青少年还无法做到）。角色转换指的是因为从一个社会角色转变为另一个社会角色而发生的适应不良（例如，进入青春期，因为上大学而和父母分离）。人际缺陷是指缺乏必要的社交技能来确立和维持家庭内外恰当的关系（例如，因糟糕的沟通技能或决断力不足而无法有效表达自己的需求）。单亲家庭指的是因为离婚、分居、监禁、父母一方离世以及其他原因而形成单亲家庭后，青少年和家长之间的情绪冲突（例如，因为父母离婚以及双方不沟通的缘故，父母双方都要求青少年给予自己时间和关注，这种对立和拉扯的局面让青少年感到痛苦）。

莉欧娜和她的治疗师一起选择了这些问题领域中的一到两个作为中期阶段的干预焦点。但是，在此期间，莉欧娜提出她想中断治疗。她说了三个原因：①她发现进入一个门前挂着"心理诊所"牌子的建筑物让她感到不舒服；②有一个朋友告诉她，她不需要接受治疗；③她觉得和另一个人讨论自己的私事很"搞笑"。治疗师和莉欧娜一起探索了这些担忧，并说服她再多尝试4周的治疗，然后再次去评估是否要继续治疗这个问题。在4周以后，莉欧娜已经非常投入治疗，并且不再有任何停止治疗的愿望了。

在这4周中，治疗师对莉欧娜的抑郁进行了概念化：她的抑郁和与母亲及父亲之间的人际角色冲突有关。在这个家庭里，莉欧娜常常在两个角色之间来回转换：①13岁的女儿，②母亲的同伴和保护者。莉欧娜是一个"充当家长角色"的孩子。这一概念不仅源于她单亲家庭的处境，而且源于她的穿着打扮、智力水平以及和成年人在一起时的举止看上去都远远超过了13岁。但是，当她的父亲再次进入这个家庭，并且开始在孩子和母亲面前重新承担起父亲的角色时，莉欧娜就会因为不得不放弃作为母亲保护者的特殊角色而感到非常愤怒。这种愤怒也来自她感到自己反复被父亲抛弃，以及对父亲的失望，而且她相信，鉴于他过去的行为，他不配重返这个家。此外，因为母亲经常就她的固执和不愿意接受帮助等方面拿她和父亲相比，莉欧娜也担忧自己会成长为像她父亲那样的人。

因此，中期阶段的主要治疗目标是帮助莉欧娜和她的母亲澄清她们在各种情景下对于莉欧娜在家中角色的期待，另一个治疗目标则是增进莉欧娜和母亲之间讨论彼此感受的能力。治疗师帮助莉欧娜学习了新的沟通策略和技能，来改善她和父母的关系。这些议题主要通过以下的方法来处理：

①使用角色扮演对话（即，莉欧娜和治疗师一起来预演如何更为有效地与她的父母互动；有关该技术的详尽描述可参见案例3）；②鼓励莉欧娜更恰当地表达自己的情绪（包括治疗师会反馈给莉欧娜，她的情绪表达对别人会造成什么影响）；③探索和澄清莉欧娜对于各种情境或各类人的感受；④将莉欧娜的愤怒和抑郁感受的缘由与她生活中的事件联系起来；⑤帮助莉欧娜看到其他人对于某个情境的看法，这样她就可以学会通过协商或妥协来解决问题。

事实上，治疗中最富疗效的方面之一是让莉欧娜了解自己在家庭中担任的不同角色，以及它们怎样常常发生冲突。她的高智商使得她对治疗的反应很好；她可以理解抽象的概念，并且将其从一个情境推广至另一个情境。因此，一旦莉欧娜觉得参加治疗会谈让她感到舒适，她便彻底地掌握了治疗原理。治疗会谈讨论了她在家庭中的角色之后，莉欧娜回到家中，向她的母亲解释了整套有关角色的概念。她告诉母亲，她如何在某些时候像个小孩子，而某些时候更像是家中的大人，以及当父亲回来的时候，她对于自己到底应该表现出什么样子而感到迷惑。母亲仔细地倾听了莉欧娜所说的话，并且告诉她，她会帮助莉欧娜解决这个问题，但最为重要的是，莉欧娜做她自己就可以了。这次谈话之后，莉欧娜报告说，她觉得自己和母亲更亲近，母亲也更能够理解自己了。她把这次会谈视为治疗的转折点，她母亲对于治疗原理的支持和所做出的反应也是莉欧娜治疗成功的关键。

除了家庭内部的人际议题之外，莉欧娜的抑郁似乎也由于要适应新学校而受到影响。因此，另一个治疗话题是她的文化认同以及在一个主要由中上经济阶层的白人组成的私立学校中，作为一名西班牙裔对她而言意味着什么。治疗师和莉欧娜讨论了她可以用什么方法来让同学了解自己的文化（而不是教他们怎么样用西班牙语说脏话）。治疗师也鼓励莉欧娜告诉自己的新朋友，她在校内和校外都感到自己在文化上以及社会经济地位上和他们不同。莉欧娜听从了许多诸如此类的建议，因此，她渐渐觉得同学们更理解她，也更接纳她了。

莉欧娜治疗的最后几次被用于结束治疗。在这个阶段，治疗师回顾了莉欧娜在治疗过程中所学会的技能和策略。此外，莉欧娜和她的治疗师一起预想了未来可能会出问题的情境，以及如何将新技能应用于这些情境当中。治疗师也提醒莉欧娜抑郁复发会有哪些警告信号和症状，并且讨论了莉欧娜可以动用哪些策略来防止早期症状发展成为另一次抑郁发作。最后，治疗师强调莉欧娜拥有诸多优势（例如，高智力水平、良好的社交技能），从而促进她相信，自己完全能独立使用新学会的沟通技能和识别有问题的人际议题的技能。

在治疗的第十二周，莉欧娜不再表现出任何抑郁症状。她和自己的母亲以及妹妹相处得不错，学习成绩也有所进步。她仍然容易愤怒，但是她现在能运用策略，以一种更为适宜、更不具有破坏性的方式来应对自己的愤怒。例如，莉欧娜觉得自己已经与父亲和好了，并且有信心使用新学会的方法来处理他们之间的困难时刻。

作为她所在诊所例行程序的一部分，莉欧娜在她完成治疗一年之后接受了一次心理评估。在这次评估中，她仍然没有报告任何抑郁症状。此外，她报告和母亲及妹妹关系良好，和父亲的关系"差强人意"，和她的同伴们关系良好并且有了许多新朋友，而且学业成绩也很出色。

讨 论

重性抑郁障碍在一般人群中十分普遍（Kessler & Wang, 2009）。例如，一项对于超过9000名18岁以上人群的社区调查估计，有16.6%的人曾经在他们的一生中经历过重性抑郁发作，而有6.7%的人在过去一年中经历过重性抑郁发作（Kessler, Berglund et al., 2005; Kessler, Chiu, Demler, & Walters, 2005）。恶劣心境障碍的终身患病率和12个月患病率则低得多（分别为2.5%和1.5%）。流行病学研究一致显示，女性的抑郁患病率几乎比男性高2倍（例如，Kessler & Wang，2009）。

对儿童和青少年抑郁患病率的估计结果极为不稳定。一般的结论是，抑郁障碍在儿童中的患病率比成年人低，但是这一比例在青少年群体中显著升高，甚至比可能成年人更为普遍（Kessler et al.，2012；Rudolph，2009）。事实上，在一个大样本的社区调查中，情绪障碍患病率在15至24岁的群体中是最高的（Kessler, et al.，1994）。在较小的孩子当中，有一些证据表明，恶劣心境障碍的患病率高于重性抑郁障碍，但是在青少年中则正好相反。和成年人一样，青少年也更容易患上重性抑郁障碍而非持续性抑郁障碍（Kessler et al.，2012；Rudolph，2009）。

大多数研究者都同意，儿童和青少年的心境障碍在本质上和成年人的心境障碍是类似的（Lewinsohn et al.，1993；Weiss & Garber，2003）。和莉欧娜的表现一致，DSM-5提出，对于儿童和青少年而言，抑郁心境可能更容易表现为易激惹心境的形式，或者伴随易激惹情绪（美国精神病学会，2013）。儿童和成年人的抑郁都和心理社会功能严重受损有关。例如，在青少年中，这些损害包括物质滥用、自杀企图、辍学和反社会行为（参见Fleming & Offord，1990）。抑郁和持续性抑郁障碍常常和其他障碍共病，焦虑和物质使用障碍在患有某种心境障碍的人群中相当普遍（例如，Brown，Campbell，et al.，2001）。正如之前指出的那样，重性抑郁障碍和恶劣心境常常同时发生，在DSM-5列出持续性抑郁障碍的诊断之前，这个现象被称为双重抑郁。研究表明，事实上，大多数有恶劣心境的人最终会发展出一次重性抑郁发作（Klein，Lewinsohn，& Seeley，2001；McCullough et al.，2000，2003）。可以预见到的是，自杀是抑郁常见的一种麻烦的特征。大约有60%的自杀和患有某种心境障碍有关（Frances，Franklin，& Flavin，1986；Oquendo et al.，2004），而多至75%的青少年自杀是和患有某种心境障碍有关的（Brent & Kolko，1990）。

重性抑郁发作的时间长度不定，有些发作大约只有2周，而在更为严重的案例中，一次发作可能会持续几年之久（在DSM-5中，持续超过2年的重性抑郁发作会被诊断为持续性抑郁障碍）。研究显示，首次重性抑郁发作（若没有进行治疗的话）的平均时间在4到9个月之间（例如，Kessler et al., 2003）。虽然绝大部分发作在一段时间之后都会自行缓解，但重性抑郁障碍的特点是它会反复发作。研究已经发现，曾有过发作但没有完全缓解的人更有可能会经历抑郁的全面复发。持续性抑郁障碍就其定义而言是一种慢性障碍，该障碍可以经年累月地持续下去，有时候甚至长达数十年（Klein, Schwartz, Rose, & Leader, 2000；Klein, Shankman, & Ross, 2006）。

　　研究者已经发展出不少疗法来干预抑郁，包括药物治疗和心理治疗。在抑郁的治疗中，最为广泛使用的药物是三环抗抑郁剂（例如，丙咪嗪和阿米替林）以及五羟色胺重吸收抑制剂（例如，氟西汀）和单胺氧化酶抑制剂（例如，苯乙肼）。三环抗抑郁剂似乎对去甲肾上腺素系统效果最为显著，不过它也会影响其他神经递质系统。有总结分析了超过100项研究，结果表明，三环类药物对于大约50%的病人有效，相比之下，服用安慰剂（非有效成分）后出现好转的患者比例在25%~30%之间（美国精神病学会，2010）。单胺氧化酶抑制剂会阻断一种能够分解诸如五羟色胺和去甲肾上腺素这类神经递质的酶，目前看来和三环类药物同样有效（美国精神病学会，2010）。但是，因为三环类药物和一系列副作用（例如，体重增加、性功能障碍、便秘、困倦）有关，尤其是刚开始治疗的头几周，很大一部分病人（30%~40%）就会停止服用这些药物，而且以后也会拒绝。此外，单胺氧化酶抑制剂的使用率不高，是因为它们可能和某些食物（例如，奶酪、红酒）以及其他药物（例如，感冒药）发生危害健康（可能致死）的交互作用。尽管目前发现三环类抗抑郁剂能有效治疗成年和老年抑郁，但有证据表明，这类药物在青少年患者身上的效果和安慰剂没有差别（例如，美国精神病学会，2010；Geller, Cooper, Graham, Marstellar, & Bryant, 1990；Kaslow, Davis, & Smith,

2009)。

之前也提到过，另一组抗抑郁的药物是五羟色胺重吸收抑制剂（例如，氟西汀，即"百忧解"），顾名思义，其作用是抑制神经递质五羟色胺的重吸收。尽管现有证据表明五羟色胺重吸收抑制剂的有效性与三环类药物相当，但病人常常报告前者有关副作用的困扰要少得多（美国精神病学会，2010）。因此，在因病人无法忍受副作用而导致的治疗脱落率上，五羟色胺重吸收抑制剂可能低一些。除了药物治疗外，较富争议的一种治疗是电休克疗法。这是一种有效的生物治疗，对于那些对药物或心理治疗都毫无反应的严重抑郁患者而言，尤其如此（美国精神病学会，2010；Nemeroff，2007）。

在抑郁的治疗中，两种占据领先地位的治疗取向是认知治疗（Beck et al., 1979；Young et al., 2014）以及人际心理治疗（Bleiberg & Markowitz, 2014；Klerman et al., 1984）。人际心理治疗的性质和目标在前文介绍莉欧娜的治疗时已经详细讨论过了。简而言之，认知治疗的目标是教会病人在抑郁的时候仔细地考察他们的思维，并且在抑郁发生时觉察出那些"令人抑郁的"思维错误。在理解了这些思维如何直接导致抑郁之后，病人要学习如何矫正这些认知错误，并用不那么令人抑郁的和更为准确的思维和认知来替代它们。

研究发现，认知治疗和人际心理治疗都是治疗成年抑郁患者的有效形式，至少在短期内如此。一项大规模研究（Elkin et al., 1989）比较了认知治疗、人际心理治疗和三环类抗抑郁剂对来自北美地区3家诊所的成年抑郁患者的治疗效果。当把所有接受治疗的病人都纳入分析时，结果显示，认知治疗、人际心理治疗和三环类抗抑郁剂的有效性没有本质差异。但是，尽管在短期内这些治疗都产生了相当大的改善，可长期结果却不那么令人鼓舞。例如，Shea等人（1992）发现，在那些康复的病人中，仅有很小一部分（19%~31%，无论治疗条件如何）在18个月后随访时仍保持康复水平。基于这一数据，研究者的结论是，没有给予患者足够长（或足够好）的治疗来产生持久且有意义的改变。这些研究结果也凸显了在评估抑郁治疗时考察长期效果的重要性。因为重性抑郁障碍本身就是一种发作性的疾病,所以研究者越来越同意,考察治疗结果最为重要的标志是,某种干预能够在多大程度上预防或延迟未来的抑郁发作(Frank et al.,1990)。令人鼓舞的是,其他研究的发现表明,对于那些使用人际心理治疗和三环类药物合并疗法且反应良好的病人,持续使用人际心理治疗能显著降低其重性抑郁反复发作的可能性,而基于这些病人的病史,他们原本具有相当大的复发风险(Frank et al.,1990)。

鉴于针对抑郁的单一治疗的疗效研究结果往往令人失望,研究者考察了心理社会治疗和药物治疗联合使用后治疗收益是否有显著提升。例如,Hollon等人(1992)将成年的重性抑郁障碍患者分配至3种条件之一:认知治疗组、三环类抗抑郁剂组或联合治疗组。尽管治疗条件之间的差异并不显著,但联合治疗组在治疗结束后的随访中康复率最高(为75%)(相比之下,认知治疗组和药物治疗组分别为50%和53%)。但是,若考虑所有参加实验的病人(包括那些拒绝治疗或中途脱落的病人),联合治疗组、认知治疗组和药物组的治疗后康复率分别下降至52%、33%和32%。不过,近期的一项元分析研究总结了目前为止的所有疗效研究结果,该研究发现,联合治疗并不比单一治疗更有效(Pampallona, Bollini, Tibaldi, Kupelnick, & Munizza, 2004)。

因此,这些数据表明,在开发和评估抑郁的有效治疗手段方面还有许多工作要做。让这些治疗适用于儿童和青少年尤其重要。幸运的是,正如莉欧娜的治疗所示,业界正在进行改编和拓展诸如人际心理治疗这类干预方法的重要工作(参见Frank & Spanier,1995;Moreau et al.,1991;Mufson et al.,1993;Mufson, Gallagher, Dorta, & Young, 2004)。例如,在一项对照研究中,Mufson、Dorta等人(2004)发现,在一个包含了63名抑郁青少年的样本中,人际心理治疗比一般治疗方法更为有效。这为我们提供了令人鼓舞的证据：针对抑郁的心理治疗可以改编并有效地应用于儿童和青少年群体中（Kaslow et al., 2009）。

批判性思考

1. 重性抑郁障碍和许多病因有关，包括生物和基因因素、认知因素、行为因素、社会和人际因素等。你认为，哪些因素在重性抑郁障碍的发展中最为重要。这些因素可以作为病因，但患有重性抑郁障碍也可以导致上述这些领域中出现显著改变。患有重性抑郁障碍如何能够影响一个人的思维、行为和社会互动？重性抑郁障碍对于那些和抑郁患者打交道的朋友与家人会有什么影响？这些人际改变如何导致在当事人身上会维持或加剧抑郁？

2. 在 DSM-5 之前，若重性抑郁障碍和恶劣心境障碍两种情形同时存在，则可以适用于同一个人。这些"双重抑郁"的案例目前在 DSM-5 中有了新的诊断类别：持续性抑郁障碍。你对诊断系统的这一改变有何看法？你认为，若重性抑郁障碍和恶劣心境障碍的特征同时存在的话，在临床上同时做出两个诊断比较重要吗？还是只给出持续性抑郁障碍的诊断比较简洁，也不会丢失重要的临床信息？你如何看待将慢性重性抑郁障碍归于持续性抑郁障碍的决定？

3. 除了莉欧娜的治疗中所使用的心理干预外，药物治疗是另一种广泛用于治疗儿童、青少年和成年人重性抑郁障碍的主要手段。在针对儿童和青少年的治疗中，你认为在使用药物治疗时应考虑哪些主要的议题和事项（例如，伦理、临床的考虑）？

4. 调查发现，15 岁至 24 岁年龄段群体的重性抑郁障碍和其他情绪障碍的患病率最高。你认为是哪些因素导致这一年龄群体中这类障碍的比例更高？

双相障碍

基本情况

在被转介至一家私立精神病医院参加一个门诊项目时，博迪·金是一位28岁的非裔已婚男性。他在家族的食品企业任经理（他24岁时获得了企业管理的本科学位），家中除了妻子还有两个女儿（18个月和4岁）。博迪的妻子打电话给家庭医生，说她观察到自己的丈夫变得越来越抑郁，她对此十分担忧。随后，他们的家庭医生就将博迪转介至这家精神病医院。在之前的两三个月里，博迪的抑郁症状的确日渐加重。他的症状包括持续的抑郁心境和精力不足，难以集中注意力，对自己通常喜欢从事的活动兴趣下降并且不再从事这些活动，对未来感到悲观并且有反刍思维（即翻来覆去地想同一件事），以及睡眠困扰（即比他打算起床的时间早几个小时就醒来）。最近，博迪还感到自己对和妻子过性生活的兴趣减退，而且偶尔出现自杀的念头。

尽管博迪的抑郁症状有所加重，但他害怕会被医生断定为"心理有病"或"精神脆弱"，因此不愿意去看精神科医生。但是，这些症状已经影响了他的工作、社交和婚姻。原本博迪精力十分充沛，而且积极投入自己的工作，但现在他感到早上很难爬起来去上班。他也是一名资深的运动健将，但最近已经不再进行任何体育活动。基于这些因素，博迪勉强同意预约精神科医生做一次初始会谈。

病 史

博迪之所以同意预约医生，主要是受到了自己大学时的经历的影响。博迪在美国中西部的一所知名大学读大四时，曾经有过一些抑郁症状。那段时间，博迪经受了来自家庭的巨大压力（他的父母因为他在大学里读了太长的时间而感到不满），而且他本人对于毕业之后从事何种职业也感到忧心忡忡。但是，和博迪近期的经历不同（即，他的症状导致他被转介给精神科医生），这些抑郁症状在几天之后变成了更加戏剧性的症状。具体来说，博迪经历了一次完整的躁狂发作，其特征是异常且持续的心境高涨、有自我膨胀感和被害妄想、多动以及睡眠需求严重减少（后文会对此进行详细描述）等症状。在这次发作期间，博迪的学业表现大幅滑坡，而且常常压根不去上课。尽管博迪原本是一个审慎的饮酒者（他只在聚会中礼节性地饮酒），但这时他出现了几次大量饮酒和吸食大麻的情况。

这次躁狂发作还伴随着其他离奇的冒险行为。在这次躁狂发作期间，博迪感到性欲明显增强。但是，那时博迪没有处于一段可以满足其性渴求的关系当中。因此，博迪的躁狂发作导致了最严重的消极后果：他在校园的一幢空办公楼里被警察发现和一个15岁的女孩赤身裸体待在一起。尽管博迪被捕并以非法入侵建筑物等罪名起诉，但这些起诉之后都撤销了。警察曾威胁说会以和未成年女孩发生不当性行为而起诉他，但这些起诉也没有真正记录在案。

在他被捕后的那个早晨，博迪被送进医院，随后被强制住院，并被给予了急性躁狂发作的诊断。这次住院持续了6周。在住院的前2周里，博迪对治疗十分抵触，并且拒绝服用大多数药物。渐渐地，他接受了服药的提议，但仍然拒绝接受锂剂治疗（碳酸锂是治疗躁狂时最常用的药物）。他接受了包括"德巴金"片（一种抗癫痫药物）、双丙戊酸钠（偶尔用于治疗躁狂，因为它似乎能够"抑制"中枢神经系统)和氟哌啶醇(氟哌丁苯制剂,一种抗精神病药物,用于治疗诸如妄想和幻觉之类的精神病性症状)在内的合并治疗方案,这使得他的躁狂症状逐渐减轻。等到出院的时候,博迪坚持不再服用氟哌啶醇,但他勉强同意继续服用双丙戊酸钠。

出院后的那段时间,博迪的处境十分艰难。尽管针对他的起诉最终都撤销了,但学校拒绝让博迪继续上学。因此,博迪被迫转学至另一个学校以完成剩余的学业。朋友们也在某种程度上开始排斥博迪(因为他们不明白为什么博迪突然表现出那些怪异的行为),而他的家人也因为其严重的躁狂症状而十分困扰。尽管家人继续给他施加压力,让他依从治疗,但博迪越发抗拒继续服用双丙戊酸钠,也不愿意定期进行药物治疗所需的实验室检查(即血液检查,用来评估药物是否在个体的生理系统中达到了治疗量级的浓度,以及弄清是否存在副作用),这让博迪的家人感到十分气馁。这导致家庭冲突不断,博迪和他的父母发生了许多次激烈的争执。博迪拒绝接受父母要求他服从药物治疗的观点,他说自己的躁狂症状已经不存在了,因此不再需要服药。

不过,和许多经历过一次躁狂发作的人不同的是,虽然他完全停止了服药,但自从大学之后博迪就没有再出现过躁狂发作。博迪在另一所学校完成了学业,在无法找到其他工作的情况下,他决定为家族的食品企业工作(他在这次转介时也仍在这家企业工作)。在大学毕业之后的第一年里,博迪认识了他如今的妻子,而且逐渐安心在家族企业里工作。尽管博迪没有再经历任何躁狂发作,但他时不时会出现短暂的抑郁发作,只是这些发作的持续时间或强度都不足以让博迪去寻求治疗,不过他的妻子常常敦促他去寻求治疗。要不是妻子迫切要求,博迪可能永远不会同意和精神科医生预约会谈。

博迪成长于一个压力很大的高成就家庭。他的父亲是一位成功的食品商人,让自己所有的孩子都逐渐加入了这家企业。博迪是5个孩子中最小的一个,他常常努力和哥哥们竞争。他说自己常常觉得必须"做得更出色一点"才能够在父母眼中和哥哥们齐平。博迪的父亲有些严厉，但仍然是一个支持自己孩子的父亲，他要求每个孩子都有良好的表现和责任感。博迪的家庭不太能容忍意见分歧，每个孩子都会在压力下赞同父母的观点。尽管家庭十分富裕，但父母的支持（情感和经济两方面）在很大程度上都和这种服从的态度绑在一起。例如，那些"叛逆"的孩子（例如，在家族企业应该如何管理方面持不同的意见）常常会被边缘化，而他们同意放弃自己的"叛逆"态度后就能回归家庭。博迪形容自己是一个高度自觉的人，从童年时起就十分努力上进，他将自己的这一特点归功于家庭环境。他也回忆自己在高中和大学参加运动队（他是篮球运动员）时追求完美，而且在学业上也有点完美主义。博迪报告说，自己的家庭动力学情形最近已经导致在家族食品企业内部决策方面发生了几次冲突，他认为这可能是他近期抑郁的一部分原因。

博迪家庭中有多名成员都患有心境障碍。他的母亲曾出现反复发作的抑郁，并接受过抗抑郁药物治疗。博迪的外祖母、伯父和大哥也曾经因为抑郁而接受过门诊治疗。博迪的舅舅曾有酒精成瘾问题，并且可能患有双相障碍，但第二个诊断是否成立实在难以确定，因为舅舅和博迪一家十分疏远，而且住在美国的另一个地区。

DSM-5 诊断

基于上述信息，博迪的DSM-5诊断如下：

296.52 双相Ⅰ型障碍，目前或最近一次发作为抑郁发作，中度

双相障碍是一种正式的诊断术语，对于博迪的病情，外行人常称之为"躁狂抑郁症"。尽管博迪在转介到精神科医生处时没有任何躁狂迹象，但

双相障碍的诊断仍然是恰当的，因为他曾经有过一次完全的躁狂发作。在DSM-5中（美国精神病学会，2013），躁狂发作是指个体在一段明确的时间内，出现异常且持续的心境高涨、膨胀或易激惹，以及异常且持续的目标导向活动增多或精力过旺，并伴随以下至少3种症状：①自尊心膨胀或夸大；②睡眠需求减少（例如，仅睡3小时就觉得充分休息了）；③比平时更加健谈或感到有持续讲话的压力；④意念飘忽（例如，在谈话过程中从一个话题跳到另一个话题）或主观感受到思维奔逸；⑤随境转移（即注意力太容易受不重要或无关的外界刺激影响）；⑥目标导向的活动增多（例如，给公众人物或朋友写一大堆信，进行商业冒险）或精神运动性激越（即无目的、非目标导向的活动）；⑦过度参与那些很可能带来痛苦后果的愉快活动（例如，无节制的购物、鲁莽的生意投资，或是像博迪那样的轻率的性行为）。要符合躁狂发作的诊断，这种紊乱情形必须持续至少一周，若达到了必须住院的程度（就像在博迪的案例中那样），则不限持续时间。

在确立诊断时，临床工作者必须把躁狂发作和轻躁狂发作区分开。在DSM-5中，躁狂发作和轻躁狂发作都具有上文列出的一系列相同的特征，主要通过它们所伴随的生活功能损害程度来区分。和躁狂发作不同，轻躁狂发作不足以糟糕到严重损害社交或职业（或学业）功能，也不需要住院。而一次轻躁狂发作的持续时间（4天或更长）要比一次躁狂发作的持续时间（至少一周）短一些。DSM-5的双相Ⅰ型诊断需要病人在一生中至少出现过一次躁狂发作的情况，而轻躁狂发作在双相Ⅰ型中十分常见，并非做出该诊断的必要条件。

如果个体就诊当时就具有躁狂症状或过去曾经有过躁狂症状，可能适用多种DSM-5诊断。之前已经提到，若个体以往的经历符合一次完全的躁狂发作的标准，那么双相Ⅰ型障碍的诊断就是恰当的（就像博迪那样）。尽管双相这个词意味着"相反"（即，心境的两个极端，从极为高涨到极为低落），但如果个体只经历过一次躁狂发作而没有经历过重性抑郁发作，仍然应当给予双相Ⅰ型的诊断。不过，只包括躁狂发作的病例并不多见，大多数双相Ⅰ型障碍患者会体验到心境的循环改变，即在躁狂发作和重性抑郁发作之间反复转换（两次发作期间通常是正常心境）。

双相Ⅱ型的诊断指的是具有一次或多次重性抑郁发作以及至少一段轻躁狂时期（且没有完全的躁狂发作经历）的临床表现。这种环形心境障碍的关键特征在于，多个轻躁狂症状时期和多个抑郁症状时期慢性（至少2年）地出现，但这些时期的症状严重程度都不符合躁狂发作和重性抑郁发作的诊断标准。

你可能已经从博迪的案例中注意到，他的双相障碍诊断带有两项标注（即"目前或最近一次发作为抑郁发作"，"中度"）。除了表明严重程度的标注（例如"轻度""中度""重度""伴精神病性症状"），在双相障碍中，还包括用来描述障碍的性质和病程的标注。具体来说，由于大多数患有该障碍的病人会在抑郁阶段和躁狂阶段之间循环，因此可以用标注指明个体目前处于何种发作期间或最近一次发作的心境状态是什么（例如"目前或最近一次发作为躁狂发作"）。在合适的时候，还可以给予其他标注来表明障碍的性质。例如，使用"伴快速循环"标注来描述过去12个月里曾经经历过4次心境发作（达到躁狂、轻躁狂或重性抑郁发作的标准），但这一标注对心境发作的组合或顺序无任何额外规定。

使用整合模型进行案例概念化

和本书中所讨论的每一种焦虑和心境障碍一样，双相障碍的整合理论基于素质—应激模型（Barlow & Durand，2015）。整合模型中的"素质"成分指的是个体身上发展出某种双相障碍的生物易感性。尽管还没有证实任何特定的基因或生物标记物是双相障碍的风险因素，但就这种易感性而言，现阶段的最佳描述可能是：面对应激生活事件（即素质—应激模型中的"应激"成分）时过度活跃的神经反应。有些研究提示，双相障碍和心境、焦虑障碍具有共通的、由基因决定的生物易感性（例如，Kendler，Neale，Kessler，Heath，& Eaves，1992b），但也有证据表明，双相障碍的遗传基础不同于心境障碍（Nurnberger，2012）。

在本案例中，存在这种基因易感性的证据是博迪具有大量抑郁（以及疑似双相障碍）的家族史。这和有些研究发现是一致的，即双相障碍患者家庭中出现心境障碍的比例要显著高于其他家庭（Lau & Eley，2010）。但是，这些研究还有一个有趣的发现：在双相障碍患者的亲属中，最为常见的心境障碍并非双相障碍，而是重性抑郁障碍。但重性抑郁障碍患者的亲属相比那些没有情绪障碍的个体的亲属而言，患上双相障碍的风险却并没有显著增加。因此，在心境障碍中，双相障碍可能并不具有某种特定的或单独的基因因素；而是说，双相障碍可能代表着潜在的基因易感性以一种更为严重的方式表达了出来。这种表达可能是由除了基因易感性之外的其他心理社会或生物因素所决定的。这一内在关联尚未得到研究确证，对于双相障碍和重性抑郁障碍到底是两种截然不同的障碍，还是同一种障碍在不同严重程度上的两种表现形式，学界一直没能达成一致意见（Angst & Sellaro，2000；Blehar，Weissman，Gershon，& Hirschfeld，1988；Nurnberer，2012）。

来自双生子研究的证据也支持基因因素在双相障碍中扮演了一定角色。例如，在Bertelsen、Harvald和Hauge（1977）的研究中，若同卵双胞胎中一方患有双相障碍，则另一方患有双相障碍或其他心境障碍（例如，重性抑郁障碍）的概率为80%。这个比例要显著高于异卵双胞胎中一方患有双相障碍时，另一方患上心境障碍的概率（16%）。鉴于同卵双胞胎具有完全相同的基因，而异卵双胞胎只共享约50%的基因（近似于一级亲属之间共享的基因比例），那么上述数据提示我们，基因因素影响着双相障碍的发生。但是，后续的研究观察到，双生子之间的发病同步率比Bertelsen等人（1977）的研究结果要弱（例如，McGuffin & Katz，1989；McGuffin et al.，2003），不过，总体而言，基因因素对双相障碍的影响似乎要比对重性抑郁障碍要大一些。

许多研究者尝试鉴别出影响着双相障碍发生和维系的神经生物学因素。尽管这个问题得到了大量关注，但目前没有任何神经生物学因素和该障碍的联系得到了确证。研究者普遍同意，就双相障碍而言，多种神经递质之间的平衡比任何一种神经递质的绝对含量更重要。例如，越来越多的研究者对多巴胺在神经递质平衡中的作用感到好奇，因为有证据显示，那些增强多巴胺活动的药物（例如左旋多巴等多巴胺激动剂）会在双相障碍患者身上制造出轻度的类似躁狂的状态（即轻躁狂）（Anand et al.，2000；Dunlop & Nemeroff，2007）。

此外，研究也发现，双相障碍患者及其子女（患双相障碍的风险较高）表现出对光的敏感性增强，也就是说，当夜晚暴露在灯光之下时，他们的褪黑素抑制增强了（Nurnberger et al.，1988）。褪黑素是一种由黑暗环境激活的激素，以控制身体的生物钟并诱发睡眠。有证据显示，长期失眠会诱发躁狂发作（Malkoff-Schwartz et al.，2000；Wehr，Goodwin，Wirz-Justice，Breitmeier，& Craig，1982）。这些发现提示人们，双相障碍的起因和生物节律被破坏有关（源于五羟色胺这一神经递质水平过低，参见Goodwin & Jamison，2007）。

关于神经递质在双相障碍中的作用，还有许多证据来自考察锂剂治疗这一障碍的效果研究和临床观察（在下一节中，我们将详细介绍锂剂）。事实上，许多双相障碍患者都对锂剂有很好的反应。一些研究者认为，这表明这种药物能够调节对双相障碍有影响的神经递质浓度。但是，人们仍不清楚为何锂剂会有效果。有一种推测是锂剂会减少可用的多巴胺和去甲肾上腺素。另一种假设则是，锂剂会影响内分泌系统，尤其是那些影响着钠钾离子的产生和浓度的神经化学物质，而钠钾离子是我们体液中的电解质（Goodwin & Jamison，2007）。总之，要找出锂剂的起效机制，还需要更多的研究。这些研究的结果除了能增进我们对于这种障碍背后的神经生物因素的理解之外，也有助于发展出针对这一障碍的更加有效的药物治疗手段。

本节开头已经提到，应激生活事件可能在心境障碍和躁狂发作的病因中扮演了某种角色。大量研究显示，应激生活事件（家庭困扰、失去工作，等等）和心境障碍的发生有很强的相关性，尤其是重性抑郁障碍。有些研究证据也支持在应激和躁狂发作之间存在关联（Goodwin & Jamison，2007；Hammen & Gitlin，1997）。这些发现和博迪的经历是一致的，他将自己第一次躁狂发作（以及之后的抑郁时期）和他生活中的压力联系在一起（例如，大学四年级，围绕家族企业应该如何运作而发生的家庭冲突）。的确有少量证据显示，应激在双相障碍中扮演一定角色。这些数据表明，虽然应激生活事件可能引发最初的躁狂发作，可是一旦双相障碍起病，这些发作就会遵循其自身的发展轨迹，不再和生活应激有明显的关联（Post，1992）。根据目前的素质—应激模型，应激之所以导致双相障碍起病，只是因为应激生活事件激活了我们的应激激素，而后者对我们的神经递质系统（例如，五羟色胺、去甲肾上腺素、多巴胺）有着广泛的影响。若应激激素持续被激活，则个体的脑结构和脑化学可能就会发生改变（例如，涉及对情绪和神经递质活动进行调节的脑区的神经元会萎缩）。例如，应激所具有的广泛效果可能和个体的生物节律紊乱有关，后者会导致他们更容易反复出现循环发作，而这一点是许多心境障碍的关键特征。上文也提到，躁狂的另一种心理社会诱因似乎是睡眠不足（例如，婴儿出生后的一段时间内，许多父母会经历这种情形），这也支持了双相障碍可能和生物节律紊乱有关的观点（Goodwin & Jamison，2007）。

影响着重性抑郁发作的发病和维持的许多心理社会特征（例如，社会支持，对自己、世界和未来的消极看法，无助感或无望感）可能也在双相障碍中扮演了重要角色。因为其中许多特征已经在案例9中进行了详细的讨论，在这里，我们只重点关注那些与双相障碍关系更密切的因素。对于双相障碍的维持可能起到作用，而且能够预测糟糕的治疗反应的一个重要因素是对问题的否认或淡化。和本书中讨论的大多数障碍不同，双相障碍中的躁狂或轻躁狂常常只伴随着低水平的主观痛苦。患者本人可能会觉得躁狂状态下的"情绪高昂"令人如此愉悦，因而认为自己的症状和行为都是完全合理的，意识不到有任何治疗的必要。此外，这一因素往往还和服药依从性差有关。具体来说，有些个体会在自己感到痛苦和抑郁的时期停止使用医生的处方，以试图再次引发躁狂状态。

这一特征在博迪的案例中清晰可见。博迪刚住院的时候就不依从治疗（拒绝服用所有的药物）。尽管他最终同意服药，但他出院后很快就停止了服药（不遵医嘱）——他忽视了自己需要继续服用药物以防止将来出现躁狂和抑郁发作的可能性。

治疗目标和计划

精神科医生计划，在治疗博迪的心境障碍时主要使用药物干预方法。因为博迪的主诉是抑郁，而且他仅在数年前经历过一次躁狂发作，所以精神科医生选择在治疗一开始使用三环类抗抑郁药物（阻断诸如五羟色胺和去甲肾上腺素等神经递质重吸收的一类药物）。选择这一策略的另一个原因是，博迪拒绝考虑服用碳酸锂，尽管这种药物在治疗双相障碍患者时十分常见。锂剂是一种常见的盐类化合物，广泛存在于自然环境中。例如，我们的饮用水中可以找到它，只是其剂量太小以至于没有什么影响。前文也已经提到，在所用剂量达到治疗级别时，锂剂通常能够有效地治疗和预防躁狂发作。但是，当锂剂的剂量达到这一级别后，其副作用可能也比许多抗抑郁药物更为严重。锂剂的剂量必须仔细调节，以避免发生药物中毒或甲状腺问题（尤其是甲状腺功能降低），后者可能会加重患者原有的与抑郁有关的精力缺乏症状。这种药物的另一个常见副作用是体重大大增加。尽管博迪抵触任何形式的药物治疗，但是他尤其不愿意服用锂剂，因为他相信那些需要服用锂剂的人都有着严重的精神疾病（博迪仅仅从电视节目或新闻里获得了有关锂剂的一点信息）。在下一节中我们将详细讨论这个问题。

除了使用抗抑郁药物进行药物治疗外，博迪的治疗计划还包括支持性的治疗和认知行为治疗。针对心理社会这方面的治疗将处理以下议题：博迪需要接受自己存在问题，需要配合治疗，他从社交活动和职业活动中退缩的状况，找出家庭中的应激源，以及学习应对这些应激源的有效方法。

治疗过程和治疗结果

本节只简要地总结一下博迪的治疗，这一治疗持续了8年。因为博迪拒绝服用锂剂，因此精神科医生在治疗之初谨慎地使用了三环类抗抑郁药物。医生之所以如此谨慎，是因为这类药物虽然有可能有效减轻博迪的抑郁，但若药量太大则可能会诱发另一次躁狂发作。事实上，研究已经表明，三环类抗抑郁药物可能会在那些之前没有双相障碍的抑郁患者身上诱发躁狂发作（Goodwin & Jamison，2007；Prien et al.，1984）。因此，精神科医生必须仔细监控博迪的服药情况，而博迪必须严格遵从医生开具的处方。

事实上，博迪很好地依从了精神科医生开具给他的中等剂量的抗抑郁药物。几周之内，他的抑郁症状就有了明显好转。在他表现出良好的药物反应之后，接下来的几个月里，他也成功维持了稍低剂量的药物治疗。在连续7个月没有出现抑郁复发（而且也没有任何躁狂迹象）之后，博迪开始逐步减少药物剂量，并最终停止服药。在最初的几个月里，当博迪服用维持剂量的抗抑郁药物时，他定期去精神科医生（这位医生也监控着博迪的药物反应）那里接受支持性的心理治疗。这些治疗会谈的频率在博迪服用药物的最后2个月里逐渐减少。到了他彻底不再服用药物而且也没有再出现抑郁迹象的时候，博迪和他的精神科医生都同意终止这一支持性心理治疗。

在之后的18个月里，博迪几乎没有体验到什么抑郁症状。尽管家庭内部偶尔会在如何管理家族企业的问题上发生冲突，但博迪觉得他对工作的那种投入和热情又回来了。他还被晋升为家族企业中一个部门的负责人。虽然博迪一开始因为升职而感到非常满足，可是他很快就体验到，晋升后自己的责任明显增加了，这给他带来了大量的压力。此外，因为博迪所处的岗位职责重大，需要他对生意做更多决策，他发现自己和一位兄长之间的冲突越来越大，后者经常质疑他的决策（一部分原因是博迪的哥哥不太适应博迪处于和他平级的管理地位）。

随着这些应激源持续存在，博迪渐渐注意到自己在入睡和维持睡眠上产生了困难。不久之后，他就表现出了严重的过度活跃，而且开始有夸大和多疑的观念（即夸大妄想和被害妄想）。这些观念和他心境上的变化一致，而他的心境则在感觉激越、"情绪高涨"和易激惹之间变化着。他开始以疯狂的节奏工作，每天在办公室里呆15~18小时。他开始规划将自己管理的部门扩展至全国各地。博迪越发深信，只有自己才能够领导家族企业往它所需要的方向发展。博迪感觉自己"站在了人生的巅峰上"（夸大妄想）。

但是，这些计划在他的家人和同事看来是不现实和缺乏可行性的。博迪为此十分恼火，而且无差别地对同事和下属都感到极为愤怒，因为他相信对方正在密谋针对他，并且在背后说他的坏话（被害妄想）。博迪感到自己的思维速度逐渐增快，其他人则发觉他变得很容易分心，而且他说话也变得十分大声且语速飞快（压力式言语）。在围绕生意的谈话中，博迪常常会说一些要么毫无意义，要么毫不相干的事情（例如，低俗的笑话）。当同事尝试对博迪不恰当的行为给出一些矫正性的反馈时，他就会对他们感到非常恼火，觉得问题出在对方而不是自己身上。于是，同事渐渐不再信任他的领导能力，并找到博迪的家庭成员讨论是否需要去控制他的某些行为。博迪的家人，尤其是他的妻子，继续敦促博迪联系他的精神科医生。但博迪拒绝了，并且否认自己身上存在明显的症状。当他得知一些同事已经就他在办公室里的行为询问了自己的家人时，博迪怀疑的怒火一下子被点燃了，他认为别人在背后设计陷害他。博迪的妄想如此严重，家人感到对于他的行为已经忍无可忍。因为博迪坚决拒绝寻求治疗（即便妻子威胁要离婚），他的妻子最终背着博迪给他的精神科医生打了电话。精神科医生得知博迪已经出现完全躁狂发作近2周之久，十分震动，并强制他住院。

博迪住院后，头几天的状况有些像他在大学期间住院时的情形。不过，尽管博迪仍然不愿意服用锂剂，但他最终还是接受了这一干预。他很快就对药物起了反应，8天后就出院了。出院后，博迪治疗计划的核心是让他持续服用维持剂量的碳酸锂，并且定期会见精神科医生进行心理治疗并监控药物反应。博迪起初遵从这一计划，但他很快就不那么严格地按规定来参加治疗会谈了。精神科医生认为，博迪抵触治疗的很大一部分原因在于患有双相障碍让他觉得自己是个软弱无能的可耻之人。大体上，博迪已经能接受他的抑郁了（"一个人时不时感到情绪低落也不算太奇怪"），但是他很不愿意承认自己有过躁狂症状，他认为这些症状非常古怪，代表着严重的精神疾病。因此，一旦他没体验到抑郁或躁狂症状，他就觉得没必要继续服用锂剂（这会以很不愉快的方式提醒他，自己曾经表现得那么怪异）。精神科医生十分努力地帮助博迪接受他的诊断（例如，挑战他原有的观念，即承认这个诊断就说明他心理上有缺陷，或说明他和别人完全不同），并帮助他去接受他需要持续服用锂剂才能预防未来再次出现躁狂发作。博迪最终口头同意了精神科医生的说法，但他这么做主要是为了让医生高兴。出院几个月之后，博迪不再来参加门诊的心理治疗，也不再服用锂剂。

又过了3个月，博迪经历了一次轻躁狂发作。但和以往躁狂发作时不同的是，博迪很快就同意了他的家人让其重新开始治疗的请求。他的精神科医生立即让他服用锂剂，而他也迅速表现出良好的治疗反应。后来，博迪又出现了一次类似躁狂的发作，这一事实终于让博迪相信自己需要依从治疗。自此以后，博迪逐渐接受了他的问题，并且学会了以恰当且负责的方式来管理自己的药物治疗。博迪和他的治疗师一起工作，学会了鉴别心境障碍症状最初发作的迹象，从而及时采取药物干预和心理社会干预手段来防止症状升级为一次完全的躁狂或抑郁发作。他的妻子也参与了几次治疗会谈，此后，博迪就让妻子和其他家人一起帮助他来完成这一任务（即，监控症状复发的早期迹象）。

在之后的4年里，博迪参加了计划中的每一次随访会谈，这些会谈的重点是监控和调整他的锂剂剂量。当他的症状和药物稳定下来后，这些会谈就变得不那么频繁了。在这段时间里，当博迪担忧有可能会出现症状复发，或者对于调整药物是否足以防止症状复发上有疑问时，他偶尔会打电话给他的精神科医生。显然，博迪此时的态度和行为与他刚开始的表现已经有天壤之别，起初他对于治疗、药物和诊断本身都很抗拒。当博迪因为长时间的锂剂治疗发展出并发症时，这种态度上的改变也表现得很明显。例如，某段时间，博迪因为锂剂治疗出现了皮疹，这种副作用在咨询皮肤科医生后得到了控制。博迪从来都没有用这一并发症来质疑继续使用锂剂的合理性。

博迪已经能自觉维持合宜的药物治疗来避免躁狂和抑郁症状再次发作（他学会了根据症状复发的早期迹象来调整自己的药量）。在精神科医生与博迪配合进行治疗的最后3年里，博迪每年就诊2次，以检查药物维持的状况、开具新的药物以及进行血检。尽管博迪一开始对锂剂治疗非常抗拒，但精神科医生认为，这一药物最终在博迪身上表现出了极佳的反应，而且这是他在双相障碍患者中见过的效果最好的案例之一（就博迪的治疗反应来看，他在某种程度上成了一个不太典型的案例；参见"讨论"一节）。博迪稳定地服用锂剂6年之后（即本书写作时），不再表现出任何躁狂或抑郁症状的迹象。博迪经营着自己的一家食品企业，在这里他说了算。他以建设性的方式发展出了新的商业计划，这些计划陆续表现出良好的势头。尽管工作上担负了许多新的责任，但博迪已经能够比较好地投入到休闲活动之中。现在，他常常打破自己以前那种"埋头苦干"的工作习惯，能够花更多时间和妻子、孩子在一起了。

讨 论

　　一项对于超过9000名18岁以上个体进行的人口调查估计，有3.9%的人在人生中某段时间经历过一次双相障碍（要么是双相Ⅰ型，要么是双相Ⅱ型），而有2.6%的人在过去一年里经历过一次双相障碍（Kessler，Berglund，et al.，2005；Kessler，Chiu，Demler，& Walters，2005）。和重性抑郁障碍在女性中更常见不同，双相Ⅰ型障碍在男性和女性中患病率相当（Kessler et al.，1994；Merikangas & Pato，2009），而双相Ⅱ型似乎在女性中更为常见。对于双相Ⅰ型或Ⅱ型的患病率，目前没有发现任何显著的种族差异。

　　研究已经发现，双相障碍的发病年龄中位数在25岁左右，但也可以在儿童期起病（Kessler，Berglund，et al.，2005；Merikangas & Pato，2009）。事实上，双相障碍中有相当多的病例是在青春期发病的（约占1/3；Goodwin & Jamison，2007；Merikangas et al.，2007）。然而，症状起病的年龄和第一次治疗或住院的年龄常常间隔5至10年之久。双相障碍的起病可能比重性抑郁障碍更为突然（Angst & Sellaro，2000；Wiokur，Coryell，Endicott，& Akiskal，1993）。不过，男性和女性在典型起病模式上似乎有所不同。男性患者首次发病更有可能是躁狂发作，而女性患者首次发病更有可能是抑郁。一种常见的情况是，个体会在经历几次抑郁发作之后才经历一次躁狂发作（Goodwin & Jamison，2007）。在双相Ⅱ型患者中，有将近1/4的人最终会发展出双相Ⅰ型障碍（例如，Birmaher et al.，2009）。

　　这类障碍一旦出现，病程通常为慢性。没有接受过治疗的双相障碍患者在其一生中可能会经历超过10次躁狂和抑郁发作，在第四或第五次发作后，发作期的长短和发作间隔无症状时期的长短一般都会稳定下来（Goodwin & Jamison，2007）。对于患有双相Ⅰ型的女性而言，在产后出现后续发作期的风险很高。在第一次和第二次发作之间常常可能相隔5年或更长的时间，但是在这之后，发作期之间的间隔通常是很短的。但需要强调的是，双相障碍特有的标志特征就是多变和间断。就像博迪的案例所展现的，他的初次躁狂发作突发于他大学四年级的时候，直到好几年之后才出现后续的发作。

双相障碍通常都会给患者的生活造成严重破坏。例如，婚姻不睦是双相障碍的一个常见相关特征。双相障碍患者的离婚率比起没有情绪障碍的人的离婚率，前者是后者的2至3倍。和那些没有情绪障碍的人相比，双相障碍患者职业状况恶化的可能性要高出一倍（Coryell et al., 1993）。双相障碍患者经常也符合其他障碍的标准，例如，物质使用障碍和焦虑障碍在这类患者身上也很常见（Goodwin & Jamison, 2007; Kessler, Chiu, et al., 2005）。

很不幸，自杀也是双相障碍的一个常见相关特征。在患有各种情绪障碍的个体中，双相障碍患者有着最高的自杀率（Fawcett et al., 1987; Goodwin & Jamison, 2007）。根据各种研究估算，双相障碍患者自杀率在8%到高达60%之间，平均自杀率为19%（例如，Angst & Sellaro, 2000; Goodwin & Jaminson, 2007）。自杀在男性患者身上更常见，而且最有可能出现在抑郁发作期间。患有双相障碍的个体若同时存在物质滥用障碍或焦虑障碍的共病，则其出现自杀和长期预后不良的风险要高得多（例如，Keller, Lavori, Coryell, Endicott, & Mueller, 1993）。

锂剂是目前治疗双相障碍的首选药物。结果显示，50%的双相障碍患者一开始就对锂剂有良好的反应（Goodwin & Jamison, 2007）。换句话说，尽管锂剂是有效的，但也有许多病人不会表现出明显的改善。不过，对于那些立刻就表现出良好药效反应的病人而言，有些研究显示，锂剂通常能够有效地预防其未来的躁狂和抑郁发作。例如，对10个高质量的治疗疗效研究进行回顾总结后发现，服用锂剂的病人比服用安慰剂的病人在未来出现发作的可能性要显著低得多。总体上，服用锂剂的病人中有34%在随访期间出现了躁狂或抑郁发作，而在服用安慰剂的病人中，这一比例为81%

（Goodwin & Jaminson，2007）。研究还发现，即使只是维持剂量的锂剂治疗，也能够降低尝试自杀和完成自杀的行为频率（Muller-Oerlinghausen, Muser-Causenmann, & Volk，1992）。事实上，尽管不进行治疗的双相障碍患者的死亡率比一般人群要高出2到3倍，但有些研究发现，那些长期使用锂剂治疗的病人的死亡率和那些没有情绪障碍的人相当（例如，Coppen et al.，1991）。

不过，有一些研究在更长的随访期（例如，五年以上）内进行了考察，发现锂剂的长期维持效果并不那么令人鼓舞（例如，Gitlin, Swendsen, Heller, & Hammen，1995；Keller et al.，1993）。就像前文已经提到的那样，锂剂治疗伴随着病人的不依从性问题（任何药物治疗都会出现这个问题）。不依从药物治疗是双相障碍患者出现复发的一个主要原因（Colom, Vieta, Tacchi, Sanchez-Moreno, & Scott，2005）。双相障碍患者可能因为一系列原因不依从治疗，包括否认或不相信自己患有情绪障碍（这个因素在博迪的治疗中很重要）、不愿意放弃躁狂发作的愉悦体验以及讨厌药物的副作用。事实上，就像博迪那样，接受锂剂治疗的患者当中，有高达75%的人体验到某些副作用（Goodwin & Jamison，2007）。

除了锂剂之外，其他一些药物也被证明有一定的效果。例如，那些对锂剂没有反应或产生了耐药性的病人可能会从某些抗癫痫药物中获益，例如丙戊酸钠和卡马西平（Thase & Kupfer，1996）。博迪最开始接受的就是抗癫痫药物的治疗，其中一部分原因是他拒绝服用锂剂。事实上，丙戊酸钠已经超过锂剂，成为医生最常开具的心境稳定剂（Goodwin et al.，2003；Thase & Denko，2008；Tondo, Jamison, & Baldessarini，1997）。但锂剂作为双相障碍首选药物的地位依然稳固，因为有研究表明丙戊酸钠在预防此类患者自杀方面，效果不如锂剂（Goodwin et al.，2003；Thase & Denko，2008；Tondo, Jamison, & Baldessarini，1997）。电休克疗法虽然一般用于严重的抑郁障碍，但研究者发现它也能够有效治疗躁狂发作（Mukherjee,

Sackeim, & Schnuur, 1994)。此外，许多从事研究工作的精神科医生都相信，如果迫切需要治疗马上起效（例如，患者的自杀念头和企图十分显著）或不适合采取药物疗法时（例如，患者处于孕期，或对锂剂、抗癫痫药物等没有反应），那么在双相障碍抑郁发作期间，应首先考虑使用电休克疗法（美国精神病学会，1994，2010）。

有关双相障碍的心理治疗尚未得到广泛的研究。不过，人们越来越意识到这类干预的重要性。具体来说，研究者已经认识到，此类治疗可能有益于促进患者的服药依从性（Colom et al.，2005），处理该障碍的心理社会后果和应激扳机事件（例如，职业和婚姻方面的困境），以及应对其他共病障碍（例如，物质使用障碍和焦虑障碍），而这些因素都和病程延长以及治疗反应不佳有关（Miklowitz，2014）。尽管在博迪良好的治疗反应中，锂剂占据头功，但他治疗中的心理成分在帮助他接受自己的问题、应对症状造成的社交（以及婚姻方面的）后果以及让周围人（妻子、父母、兄弟姐妹）来帮助他监测复发的早期迹象等方面也发挥了重要作用。

就单独使用心理治疗去处理双相障碍的效果而言，仅出现了几篇文献报告，大多数研究考察的都是心理治疗合并药物治疗的效果。例如，一项开创性的研究考察了在标准的药物治疗之外辅以家庭治疗和心理教育对于双相障碍长期治疗效果的影响（Miller, Keitner, Epstein, Bishop, & Ryan, 1991）。相比仅接受药物治疗的病人而言，那些接受药物治疗再加上家庭治疗和心理教育的病人的家庭分居率更低，家庭功能改善更大，在治疗结束后2年里再次住院的比例也更低。此外，相比仅接受药物治疗的病人（20%），那些接受心理治疗的病人完全康复率（56%）也更高。这些初步发现提示，在双相障碍的治疗中加入心理成分可能有助于提升目前干预手段的短期和长期效果。事实上，其他辅助的心理社会干预方法，例如基于家庭的治疗、以提升生活方式规律性为目标的治疗（例如，维持规律的睡眠和其他生活日程安排）以及认知治疗等，也都已经展现出提升双相障碍药物治疗长期收益的效果（例如，Frank et al.，1997，1999；Lam，Hayward，Watkins，Wright，& Sham，2005；Mklowitz，George，Richards，Simoneaus，& Suddath，2003；Simoneau，Miklowitz，Richards，Saleem，& George，1999）。

批判性思考

1. 在双相障碍的治疗中，患者不依从药物治疗是一个常常出现的负面因素。患者看到了药物在自己身上的疗效，却仍然不愿服药的主要原因有哪些？
2. 双相障碍是自杀率最高的障碍之一，其患者自杀率甚至比重性抑郁障碍患者更高。你认为，哪些因素能够解释这一现象？为什么男性相比女性更有可能成功自杀？
3. 尽管在传统上，药物是治疗双相障碍最为常用的手段，但使用心理治疗作为辅助手段似乎也有益处。存在哪些可能的益处？你认为，心理治疗可以作为单独治疗双相障碍的有效手段吗？为什么？
4. 双相障碍偶尔会被误诊为精神分裂症。双相障碍的哪些特征可能被误认为精神分裂症？

案 例 11

神经性贪食症

基本情况

洁瑞·阿特金斯开始在一家私立精神病医院接受进食障碍项目的住院治疗时，是一位33岁的单身白人女性，并且刚刚从大学毕业拿到了景观设计的文凭。在门诊治疗师的鼓励下，洁瑞决定入院治疗她身上一直存在且最近加重的进食问题。具体来说，洁瑞感到自己的进食"失去控制"了。她报告，很长一段时间以来，因为受到负面的体像（即对自己的体重和外表不满意）以及低自尊的持续推动，她严格限制自己的饮食摄入。觉得自己太重时，洁瑞就会限制饮食，但这个结论会令她十分痛苦，因为她用自己对于外貌和体重的知觉来衡量自己作为一个人的价值。而体重的显著减轻，能够鼓励她努力克制食量。事实上，因为最近一段时间的断食，洁瑞的体重掉了约27千克。

然而，就像以往经常发生的那样，这段限制饮食的时期之后紧接着出现了一段暴食和清除行为的时期。在一次暴食中，洁瑞会迅速吃下大量食物（常常是诸如蛋糕、饼干和冰激凌这样的甜食，或是诸如土豆泥这样的淀粉类食物）。她报告自己在暴食时完全失控，感觉就好像自己停不下来或者控制不住自己会吃多少食物。在暴食之后，洁瑞一想到接下来自己的体重会增加，就觉得极为痛苦。因此，每次暴食之后，洁瑞都会用手指去抠自己的喉咙来诱发呕吐，以此清除食物。尽管如此，因为暴食和频繁呕吐会导致新陈代谢发生变化，洁瑞在节食期间减轻的那些体重会重新长回来。当她决定入院治疗时，她的体重是81千克（她身高1.67米）。

入院时，洁瑞每天经历的暴食—清除循环已多达5次。洁瑞实施清除行为的频率如此之高，以至于她偶尔还会吐出少量的血（由于食道经常受刺激）。洁瑞意识到，尽管自己定期和一名执业临床社工进行门诊治疗，但进食问题在大学最后一个学期仍然日趋严重，因此她下定决心入院接受治疗。洁瑞担心自己的进食障碍太过严重，可能会让她无法在景观设计行业找到并保持一份稳定的工作，而她好不容易才刚刚取得这份文凭。因为她的进食障碍（以及其他的情绪问题，见后文）干扰了她正常完成学业的能力，洁瑞花了10年才拿到学位。当她不上课时，她会打一些零工（例如，在一家自助式加油站当收银员）。但是，到她入院接受治疗时，洁瑞已经在依靠她因情绪困难而申领的社会福利残疾救助金生活了。

病　史

洁瑞还是一个婴儿时就被人收养。她在一个五口之家长大，是家里最小的孩子。她有一个姐姐（大3岁）和一个哥哥（大2岁），他们是洁瑞养父母的亲生孩子。洁瑞说，她从来都不觉得自己和收养家庭很亲近。在家里，她最喜欢自己的养父，但是也提到养父一直给她极大的压力，期望她能成功。洁瑞回忆，在她的成长过程中，她一心想要在学业和体育方面都表现优异，好让养父母开心。洁瑞报告自己和养母的关系很差。她说养母是个酒鬼，曾经几次接受治疗，但是没有什么改善。洁瑞感到养母"不支持"自己，而且称自己从来都不觉得，如果自己的生活里出了问题可以找她倾诉。洁瑞对姐姐和哥哥所怀有的情感最为消极，特别是她的哥哥。从她10岁开始，一直到她20岁出头为止，她的哥哥都会在躯体上虐待她，常常会没有什么理由地暴怒并且打她。洁瑞报告，姐姐以前也会打她，只是相比哥哥，姐姐打得不那么频繁，也不那么严重。从13岁到20岁出头，洁瑞还遭到哥哥的性虐待。事实上，性虐待开始不久，洁瑞就第一次出现了进食障碍的迹象。她变得越发关注自己的外貌和体形，并因而开始节食。尽管性虐待结束至今已经10年，但洁瑞从来都没有和她的哥哥坐下来解决这些问题。她说，当父亲在她的脖子后面发现一处淤青之后，他就意识到了躯体虐待的问题。此时，洁瑞21岁，父亲命令哥哥离开了家，因而才结束了持续多年的躯体虐待和性虐待。但父母从来没有意识到洁瑞遭受了性虐待，直到她26岁那年。当时，洁瑞因她的进食障碍而一直咨询的一位治疗师将她的性虐待遭遇告知了她的父母。洁瑞回忆她的父母并没有重视这个消息，而是说："我们再也不要提这件事情了。"

洁瑞说，在成长的过程中，她一直都在想自己到底哪里出了问题，以及她做了些什么要承受哥哥和姐姐的怒火。她报告自己在童年时和青春期是一个胖孩子，时不时会因体形而被取笑。当回忆起自己感到无法控制周围环境和家中的安全时，洁瑞假设，控制体重和体形也许是她的一种应对方式。

除了在她的进食障碍发病中起到重要作用之外，洁瑞充斥着暴力的童年还导致了其他严重的心理困难。就像在经历了躯体虐待或性虐待的个体身上常见的那样，洁瑞也有创伤后应激障碍的症状。例如，在她十七八岁的时候，洁瑞开始出现严重的睡眠问题，因为她常常会做有关自己的躯体虐待和性虐待的噩梦。洁瑞还报告，在她记忆中，她一直难以信任别人（特别是男性）和处理社交关系。她表示，在过去的几年里，她的进食障碍和创伤后应激障碍的症状在她和某位同事或同学建立起社交关系后，常常会变得严重。因此，洁瑞会切断这段友谊，以期减轻自己的症状。洁瑞也报告，当她偶尔对性发生兴趣时，她会感到非常焦虑，并且她的进食障碍症状也会有所恶化。到她入院时为止，洁瑞从来没有过一个稳定的男友。她一直独自租住公寓，但是和她在学校里认识的两位女性保持着友谊。

此外，洁瑞有很长的抑郁历史，可以追溯到她十几岁时。28岁那年，当她因为自己的情绪困扰而无法上学也无法工作时，洁瑞开着车冲出山路滑进峡谷，试图以此自杀。尽管车报废了，但洁瑞本人只是断了几根肋骨，脸上有些划伤。她成功地隐瞒了尝试自杀的事实，声称自己为了躲避一头鹿才会冲出路面。这些年来洁瑞的抑郁时好时坏，但她报告在入院之前的几个月里，因为进食障碍及其所导致的无望感和生活损害，她的抑郁心境加重了。

DSM-5 诊断

基于上述信息，洁瑞的DSM-5诊断如下：

307.51 神经性贪食症，极重度（主要诊断）
309.81 创伤后应激障碍，慢性
296.32 重性抑郁障碍，反复发作，中度

入院时，洁瑞的主诉和DSM-5（美国精神病学会，2013）对于神经性贪食症的界定相当符合。在DSM-5中，神经性贪食症具有以下的主要特征：①反复发作的暴食，其特征是短时间（例如，2小时）内的进食量大于大多数人在相似时间段内和相似场合下的进食量，并且发作时感到无法控制进食行为；②反复出现不恰当的代偿（清除）行为以防止体重增加（例如，自我催吐，滥用泻药、利尿剂或其他药物，断食或过度运动）；③暴食和不恰当的清除行为同时存在，持续至少3个月，平均每周至少1次；④自我评价受体形和体重的影响过大。根据前文，洁瑞清晰地表现出了这些特征中的每一条。请注意，确立洁瑞的诊断之后，评估者还给出了"极重度"的标注。神经性贪食症的严重程度标注从"轻度"（不恰当的代偿行为平均每周发作1~3次）到"极重度"（不恰当的代偿行为平均每周发作14次或更多）。因为洁瑞的暴食—清除行为循环已多达每天5次，所以她的诊断被给予了"极重

度"的标注。

此外，若这些症状全都出现在神经性厌食症发作期间，那么就不会给予神经性贪食症的诊断。前者是DSM-5中进食障碍的另一个主要诊断分类，有许多符合神经性厌食症诊断的个体也会表现出神经性贪食症的所有特征。这两种诊断的主要差异在于，神经性厌食症患者会出现严重的低体重，而神经性贪食症患者的体重接近或超过正常体重（事实上，绝大多数神经性贪食症患者的体重与正常体重相差不到10%；Fariburn & Copper，2014；Hsu，1990）。神经性厌食症的性质、诊断和治疗将在案例12中介绍。洁瑞的额外诊断是创伤后应激障碍以及重性抑郁障碍，已在案例4和案例9中分别进行了讨论。

使用整合模型进行案例概念化

神经性贪食症的整合模型（Barlow & Durand，2015）突出的是一系列在这一进食障碍（以及其他类型的进食障碍，例如神经性厌食症，详见后文）的发展过程中可能扮演重要角色的因素。和大多数心理障碍一样，进食障碍也会在家族中频发，似乎具有一定基因成分。初步研究提示，相比普通人群，进食障碍患者的亲属发展出进食障碍的可能性要高出4到5倍（例如，Hudson，Pope，Jonas，& Yurgelun-Todd，1983；Strober，Freeman，Lampert，Diamond，& Kaye，2000；Strober & Humphrey，1987）。学界已经实施了一系列双生子研究，以评估基因在何种程度上影响着进食障碍的发展，而迄今为止规模最大的调查是由Kendler等人（1991）完成的。在这一研究中，2163名女性双胞胎接受了访谈评估来确定神经性贪食症的患病率。同卵双胞胎同时患有神经性贪食症的概率是23%，相比之下，异卵双胞胎同时患此病的概率是9%。由于同卵双胞胎具有完全相同的基因，而异卵双胞胎彼此只共享50%的基因，所以同卵双胞胎中神经性贪食症患病率更高表明基因可能影响着该障碍的发展。后续的研究也证明，基因因素在贪食症和其他进食障碍中发挥了作用（例如，Wade，Bulik，Sulivan，Neale，& Kendler，2000）。

在洁瑞的贪食症中，我们无法知道生物因素在多大程度上起到了作用，因为她是被收养的，并且对自己的亲生父母一无所知。尽管有一些迹象提示，基因因素对贪食症有影响，但目前并不知道遗传的具体是什么。研究已经显示，大脑的某些神经生物学功能和进食障碍之间存在关联（例如，诸如去甲肾上腺素、多巴胺和五羟色胺这类的神经递质水平发生了变化）。但是，因为这些研究通常都是对已经发展出此类障碍的个体（即神经性贪食症或神经性厌食症患者）进行的，所以无法确定究竟是这些神经生物学上的异常导致了障碍发生，还是说它们是饥饿状态或多次暴食—清除行为循环带来的后果。Hsu（1990）假设，非特异性的人格障碍特征，例如情绪不稳定和糟糕的冲动控制能力，可能是与此有关的遗传因素。就像在焦虑障碍（参见案例2）中那样，研究者推断个体遗传的可能是一种对生活应激事件做出"情绪化"反应的倾向。在进食障碍中，这种过度的情绪性的结果之一可能是冲动进食，个体试图以此缓解应激和焦虑。有证据显示，进食障碍和焦虑障碍具有某些相似的生物易感性。这方面的证据源于有研究发现进食障碍患者群体中有很高比例的焦虑障碍，而且双生子研究也提示在这两种障碍之间存在共享的基因传递（例如，Bulik，Wade，& Kendler，2001；Kell，Klump，Miller，McGue，& Iacono，2005；Kendler et al.，1995；Schwalberg，Barlow，Alger，& Howard，1992）。洁瑞或许具有这类生物或心理易感性，但合理的假设是，她的情绪过度反应主要源于她长年遭受躯体虐待和性虐待。

整合模型指出，社会文化因素在进食障碍中所扮演的角色最为清晰而醒目。进食障碍在西方文化环境下最为普遍，而西方文化对于个体——尤其是女性——在保持苗条这一点上施加了巨大的社会压力。事实上，进食障碍患病率的增加，即神经性厌食症和神经性贪食症患病率的增加，已经被公认为与西方社会对女性苗条身材的强调有关。这一现象已在考察杂志和其他媒体如何描述女性特征的研究中得到了证实。在一项经典研究中，Garner、Garfinkel、Schwartz和Thompson（1990）收集了从1959年至1978年的《花花公子》杂志中间插页以及美国小姐选美大赛的数据。他们发现，随着时代的推移，《花花公子》中间插页的模特和美国小姐选美大赛的选手都明显变得越来越瘦。另一项包含了1979年至1988年同样数据来源的研究发现，美国小姐大赛选手的体重不断下降，《花花公子》中间插页的模特体重也一直维持在较低的水平（Wiseman，Gray，Mosimann，& Ahrens，1992；参见Rubinstein & Caballero，2000）。事实上，69%的《花花公子》插页模特和60%的美国小姐大赛选手的体重，相比以其年龄和身高应当有的体重，都要低15%甚至更多。

  这些研究清晰地表明，西方社会近几十年来越发强调女性以瘦为美。但是，研究也发现，在同样的时间段中，17岁至24岁的美国女性平均体重增加了约合2.3~2.7千克（美国统计局，1983）。这一西方文化和生理现状之间的冲突（Brownell，1991）导致有着消极体像的女性人数明显增加（Cash & Pruzinsky，2002）。结果是，那些通过节食或运动来减重的人数急剧增加，尤其是在年轻女性当中。例如，Hunnicut和Newman（1993）调查了3632名八至十年级的学生，发现61%的女孩和28%的男孩正在节食。

  尽管大多数节食者并没有发展出进食障碍，但节食行为仍然和进食障碍的发病显著相关。例如，Patton、Johnson-Sabine、Wood、Mann和Wakeling（1990）发现，在一个青春期女性样本中，节食的人相比那些没有节食的人，在一年后发展出进食障碍的比例要高出8倍。Telch和Agras（1993）也有类似的发现，他们注意到，在一个肥胖女性的大型样本中，在严格节食期间或之后，个体出现暴食的比例会显著增加。这一关联在洁瑞身上也清晰可见，从13岁时起，她的进食障碍总会在节食一段时间之后出现，而她的暴食—清除行为循环也总是在长时间控制食物摄入之后出现。很大程度上，这些进食模式源于洁瑞强烈地想要变瘦，因为她大部分的自尊都取决于她如何感知自己的体重和外形。尽管在美国文化环境中长大可能在洁瑞渴望变瘦方面起到了某种关键作用，但她功能不良的家庭生活以及受虐经历也在很大程度上导致了她的进食障碍起病（例如，性虐待和被别人取笑身材的经历也可能造成了她的体像紊乱，让她发展出贪食症的风险变得更高。）

为何进食障碍患者中有一小部分人能够成功控制自己的饮食摄入，从而导致体重显著减轻（因而符合神经性厌食症的诊断标准），而大部分人，就像洁瑞那样，没有办法成功控制饮食，而是陷入暴食—清除行为循环来补偿？答案目前仍不清楚。但是，研究者已经探索了一些会导致暴食—清除行为循环的因素。例如，Rosen和Leitenberg（1985）在患有贪食症的群体中发现，这类病人在进食之前和过程中，会因为极度害怕体重增加而十分焦虑。而清除行为的目的是减轻这种焦虑（个体觉得清除行为能够减少体重增加的可能性）。于是，焦虑的减轻会极大地强化清除行为（即人们倾向于重复那些能带来愉悦或解除痛苦的行为）。这一点也符合洁瑞的情况，自我催吐可以减轻她在一次暴食之后所体验到的极大的痛苦（因为她非常害怕暴食会让自己体重增加）。从降低焦虑的角度审视暴食—清除行为循环，呈现出了进食障碍和焦虑障碍的另一项潜在关联。尽管降低有关进食的焦虑是治疗神经性贪食症的一个重要目标，但其他的证据强调将过度限制食物摄入和消极体像作为治疗目标也很重要，因为它们会导致暴食和清除行为（Fariburn & Cooper，2014）。接下来我们将会讨论，这些发现为神经性贪食症提供了重要的治疗方向。

治疗目标和计划

洁瑞的住院治疗预计持续一个月。尽管洁瑞的情绪困扰很明显，但医护人员对于她的预后还是很乐观的，因为她聪明、言语得体而且治疗动机很强。洁瑞入院几天后，一套高强度的治疗计划就正式启动了。这一治疗计划确立了以下目标：①洁瑞将学习如何鉴别引发她的暴食—清除行为循环的扳机点，并掌握干扰这些循环的方法；②洁瑞将讨论对自己身材的想法和感受，并且学习如何鉴别和挑战有关自己体像的负面思维；③洁瑞将学习更多健康和营养学方面的知识；④洁瑞将学习如何鉴别引发其抑郁感受的扳机点，并掌握减轻这些感受的技能；⑤洁瑞将讨论和她的性虐待以及躯体虐待经历有关的感受；⑥洁瑞将发展出一套计划，以便出院之后可以继续她的治疗。

为了达成这些目标，洁瑞参加了几个治疗团体，这些团体由医院里的心理学家、精神科医生以及社会工作者所带领。每天，洁瑞都需要参加以下团体的活动：一个进食障碍团体，一个创伤团体，以及一个应对抑郁的团体。此外，洁瑞计划与一位心理学家进行个人治疗，每周会谈3次，目的是处理有关贪食症、创伤后应激障碍、体像以及出院后计划的议题。洁瑞还得经常和所属病房楼层的护士们打交道，这些护士会给她提供健康和营养学方面有价值的信息，同时也会以其他重要的方式帮助洁瑞进行治疗。例如，护士们会持续监控洁瑞的活动；这一做法的重要之处详见下文。

治疗过程和治疗结果

洁瑞的治疗中用到了不少关键技术，其中之一就是暴露和反应阻止。读者可以回忆一下Rosen和Leitenberg（1985）有关暴食—清除行为循环的焦虑模型：清除行为对于病人而言具有强化作用，因为它会降低由于进食而激发的焦虑，而这一焦虑源于病人强烈地恐惧自己所吃的食物会导致体重增加。基于这个模型，Rosen和Leitenberg（1985）提出了一种治疗策略来处理暴食—清除行为循环。暴露和反应阻止疗法的基本概念是：在治疗师的监督下，安排病人吃一顿饭（或一些病人在暴食中常吃的食物），然后不让他们实施他们通常会做的清除行为。这种疗法的原理在于让病人学会在不采取清除行为的条件下克服他们的焦虑，并且能控制呕吐行为（从而让暴食不那么容易发生）。请注意，这一做法和强迫症患者的治疗中所使用的做法十分类似。例如，在案例5中，帕特·蒙哥马利就接受了暴露和反应阻止疗法，来阻止她在接触到她认为被细菌污染了的物品之后去清洗。

医院结构化的环境也为在洁瑞的治疗中使用暴露和反应阻止疗法提供了良好的背景。前文已经提到，护士们有一项重要功能，即监控洁瑞一整天的行为。最为重要的是，护士们会在用餐时间出现，以确保洁瑞和其他进食障碍患者把他们的整份餐食都吃完。此外，护士们将确保病人用餐完毕还留在餐桌旁，直到他们的焦虑感受和呕吐的冲动（对于有些病人而言，可能是使用泻药或利尿剂的冲动）消退为止。也就是说，护士们会保证病人不清除自己的餐食。有些时候，尤其是在入院之初，洁瑞不得不在桌前坐将近1小时，她的焦虑感和催吐的冲动才能逐渐消失。在饭后的这段时间里，护士们会安抚病人，并提醒他们学会控制清除行为有多重要。此外，护士们会用进食障碍团体活动中讲解过的信息提醒病人——例如，用呕吐、泻药或利尿剂来控制体重是无效的，因为这些行为：①不能收回所有已经被吃掉的东西；②会形成一种习惯，反而促使病人过度进食（因为病人相信这些行为能阻止他们吸收已经吃下去的东西）；③会导致身体产生许多并发症（例如，心律失常、肾脏损伤、癫痫、牙釉质被腐蚀、唾液腺肥大和电解质紊乱）。除了在用餐时进行监控外，护士们还会全天对病人进行细致的观察，从而保证他们不进行任何诸如过度运动之类的补偿行为。洁瑞和其他病人在卫生间里也会被监控，以确保他们不能偷偷从事清除行为。在入院初期，洁瑞曾对一名护士说，她确信自己需要医院的结构体系来帮助克服自己已经失控的进食习惯。

暴露和反应阻止疗法可以帮助病人控制呕吐或从事其他清除行为的冲动。不过，有些研究者（例如，Farburn & Copper，2014）并不认为有必要特别重视清除行为本身，因为这种行为是个体限制摄取食物一段时间之后过度进食的直接结果。这些研究者指出，过度进食和限制进食才应该是治疗神经性贪食症的主要目标，因为那些停止过度进食的病人也会停止清除行为。因此，在住院期间，洁瑞和其他病人也要接受有关节食的消极后果的教育（例如，限制进食会引发新陈代谢的改变，从而让个体很难减轻体重）。此外，医院会针对每个病人发展出一套计划来重塑规律的进食模式。具体来说，病人要每天5~6次食用一些数量可控的食物，并且每次计划用餐和吃点心的时间间隔不超过3小时。这种进食模式旨在消除病人不正常的进食习惯，即在限制进食和过度进食之间来回摆荡。

在洁瑞住院初期，她的食物是由医护人员准备的。但是，到了后期，治疗计划要求洁瑞自己准备食物，以便她能够在出院后继续维持正常的进食模式。为了帮助她准备自己的食物，洁瑞要和医院的营养师会面，后者会为她提供有关食物热量的信息，以及建立平衡食谱所需的基本知识。因为洁瑞现在已经可以选择她要吃的食物了，所以她要写进食日记，这样一来，医护人员就能够监控她在自己确立健康进食模式上所取得的进展。

一开始，对于承担起控制自己饮食的责任，洁瑞体验到了极大的困难。她不确定自己是否有能力计划好自己的食谱，而且害怕失败会让自己的暴食—清除行为循环重新启动。但在医护人员的支持和反馈之下，她在规划自己的饮食方面逐渐变得自信而熟练。医护人员注意到，在洁瑞有权自己选择食物之后，第一周她的体重就轻了约0.9千克。不过，洁瑞的体重减轻主要源于她入院以来坚持进行一个合理的锻炼项目（行走）。医护人员认为，通过健康的手段来降低体重是恰当的，因为洁瑞入院时超重了（身高1.67米，体重81千克）。尽管如此，仍需要注意的是，当洁瑞不确定食物的热量时，她就倾向于限制自己的食物摄取。医护人员鼓励洁瑞吃各种各样的食物，包括那些难以确定热量的食物，这是因为，恪守有高度选择性的食谱也属于限制进食。鉴于上述原因，洁瑞要尽可能在各类情境中进食。例如，医护人员鼓励洁瑞去餐馆吃饭，因为这样她不容易意识到自己所点的食物的热量和成分。在她住院后期，医护人员允许洁瑞请假外出，去和某位朋友一起用餐或参加某项社交活动。洁瑞请假外出的频率和时长逐渐增加，这样一来，洁瑞和医护人员都能够去评估，她在一个结构化程度较低的环境中会如何选择食物，以及她保持正常进食模式的能力。

洁瑞的体像紊乱在她参加的进食障碍团体和她的个体治疗会谈中通过认知重构进行了处理。认知重构包括：①鉴别出消极的体像想法和引发这些想法的事件；②呈现这些想法和她的情绪、行为及进食障碍症状之间的紧密联系；③考察这些想法的来源；④探索那些支持或驳斥这些想法的证据；⑤围绕她的体形和外表发展并演练更具适应性的态度（Cash & Pruzinsky, 2002）。洁瑞意识到，功能紊乱的家庭生活和童年时代因超重而被嘲笑在很大程度上导致了她对自己的外貌持有消极观念。但是，和许多神经性贪食症患者以及几乎所有的神经性厌食症患者不同，洁瑞对于自己目前的体形并不存在扭曲的认知。具体来说，许多患有进食障碍的女性似乎会高估自己的实际体形（Cash & Brown, 1987）。例如，使用体形估计程序（例如，在从极瘦到肥胖的一系列身体剪影图像中选择和自己目前体形最符合的一个），一名体重仅34千克的神经性厌食症患者却将自己的体形判断为比正常体形更大。尽管在洁瑞的知觉中，自己目前的体形并不比她实际的体形更大，但是在治疗中她意识到，她的"目标体重"（即她尝试通过限制饮食来达成的体重）低得不切实际。例如，洁瑞得知，在病房的同一楼层中，她认为有着理想体形的那些女性的实际体重比她自己一直努力达成的体重要重大约4.5~7千克。除了修正她有关自己目前体重和体形以及理想体重和体形的预期和态度外，体像治疗还帮助洁瑞挑战了将自我价值感和自尊主要建立在对自身外表的知觉上的价值和逻辑。

考虑到她具有长期遭受躯体虐待和性虐待的历史，以及她目前的创伤后应激障碍症状，洁瑞参加了一个创伤幸存者团体。此外，她的许多次个体治疗会谈都被用来处理创伤后应激障碍症状。因为本书在案例4中已经对创伤后应激障碍的治疗进行了大量的讨论，洁瑞治疗中这一方面的内容在此只做简短论述。就像辛迪·欧克雷的治疗那样（参见案例4），为了让洁瑞在面对和创伤有关的回忆或梦境时不那么痛苦，她要详细写下对她来说创伤最严重的虐待经历。在她的个体治疗会谈中，洁瑞要读出这些记录。读出这些记录之后，洁瑞和她的治疗师讨论了她内心有关虐待经历的想法和感受。在这些治疗程序开始后不久，洁瑞就报告，她的整体焦虑和她有关创伤的噩梦频率都有显著增加；她还注意到，她有关暴食和清除行为的冲动也增加了。医护人员认为，洁瑞的创伤议题能够在医院这样的结构化环境中进行处理是一件幸事；如果这些议题等洁瑞出院后再处理的话，那么围绕着创伤历史的讨论所引发的情绪可能会让她更容易出现贪食症复发。在她住院的中间2周，治疗师要求洁瑞记录并讨论有关创伤经历的想法、感受和回忆。随着时间的推移，洁瑞报告，在想起和讨论虐待经历时，她体验到的痛苦都变少了。

在她入院初期，医护人员观察到，洁瑞主动与其他病人隔离开，即使面对富于支持性的同伴，洁瑞在交流感受或表达需求方面也显得很犹豫。这些特征可能和洁瑞难以信任他人或很难感到与人亲近有关，而这源于她的受虐历史以及她充满困扰的家庭生活。因此，医护人员邀请洁瑞主动和她的病友对话，并参加在医院中进行的休闲娱乐活动。在治疗师的要求和帮助下，洁瑞识别出了那些出院后可能会提供给她她所急需的社会支持的人，并且与他们保持联系。因为洁瑞和她的家人十分疏远，因此她把自己的两个朋友视为潜在的社会支持来源。在住院期间，洁瑞向两个朋友中的一个透露了自己的进食障碍病情和受虐经历。让她大感惊讶的是，这个朋友不仅表现得很支持她，并且早已猜到洁瑞有暴食和清除等问题。最终，这个朋友来医院探望了洁瑞，而且陪同她请假外出用餐以及进行社会活动。

作为出院计划的一部分，医院要求洁瑞继续和她在入院前所咨询的治疗师进行进食障碍的治疗。为了维持和加大洁瑞在住院期间获得的进步，这位治疗师和医护人员（心理学家和精神科医生）及洁瑞在她出院前进行了2次会面，共同设计了一份出院后的治疗计划。洁瑞一共在医院里待了27天。出院那天，洁瑞感叹这是她自13岁以来第一次连续这么长时间都没有出现清除行为。医护人员认为，洁瑞在管理其进食障碍的能力、意识到虐待历史对其进食障碍和其整体生活功能的影响方面都取得了长足的进步。

讨 论

在因神经性贪食症寻求治疗的病人中，绝大多数（90%~95%）都是女性。各个研究对这一障碍患病率的估计结果不一，因诸如年龄范围或是样本类型等因素的不同而不同。例如，在对超过9000名成年人做的一项人口调查中，女性和男性的贪食症终生患病率分别为1.5%和0.5%（Hudson, Hiripi, Pope, & Kessler, 2007）。而在比较有选择性的样本中，估算出的患病率也更高一些。例如，Schlundt和Johnson（1990）回顾了众多考察贪食症患病率的研究。基于这份总结，约有6%~8%的年轻女性（尤其是大学生样本）会符合该障碍的标准。

神经性贪食症的起病年龄在16~19岁之间（Fairburn, Welch, Doll, Davies, & O'Connor, 1997; Hudson et al., 2007）。就像在洁瑞的案例中那样，通常该障碍的第一个迹象是限制饮食和体像不满。不过，等到寻求治疗的时候，绝大多数神经性贪食症患者都已经在定期进行某种形式的清除补偿行为了（Striegel-Moore et al., 2001）。在绝大多数从事清除行为的病人中，约有70%~90%像洁瑞那样定期自行催吐，其中大部分人每天至少吐一次（Pyle, Neuman, Halvorson, & Mitchell, 1991）。大约15%的贪食症患者滥用泻药（其中有20%每天都使用泻药），约7%使用灌肠剂，约33%偶尔使用利尿剂。还有一种现象目前为止没能得到太多调查：约有65%的贪食症病人会先咀嚼自己的食物，然后直接吐掉，从而防止体重增加。

就像许多其他类型的心理障碍那样，神经性贪食症通常不会单发。洁瑞也是如此，她在入院时还符合重性抑郁障碍和创伤后应激障碍的诊断标准。在Hudson等人（2007）的流行病学研究中，贪食症患者中有94.5%在其一生中会患上至少一种其他的心理障碍。这一研究结果也提示，贪食症最常见的共病障碍是焦虑障碍（80.6%）和心境障碍（70.7%）。另外，物质使用障碍也常常和贪食症共病（例如，Hudson et al.，2007；Kell et al.，2003）。正如之前提到的，贪食症和焦虑障碍之间存在一些联系，有证据显示焦虑障碍在神经性贪食症患者及其亲属中高发，说明两者共享某种基因因素（例如，Bulik et al.，2001；Hudson et al.，2007；Keel et al.，2005；Schwalberg et al.，1992）。

针对神经性贪食症，最有效的药物治疗是抗抑郁药物（Wilson & Fairburn，2002）。但是，现有的证据提示，即便是这类药物也很难在暴食症状方面产生显著持久的效果（Wilson & Fairburn，2002）。例如，Walsh、Hadigan、Devlin、Gladis和Roose（1991）发现，在接受了三环类抗抑郁药物的80名患者当中，暴食和清除行为平均减少了47%，但是康复率（即暴食和清除行为完全消失的患者人数）仅为12%。这些研究者也考察了药物治疗的长期效果和维持率。在治疗最初阶段结束时暴食程度减轻了至少50%的29名病人被要求在治疗全部结束后继续服用药物16周，以此作为维持阶段。在这29名病人中，8名拒绝继续，另有10名病人从研究中脱落或在维持期结束前就停止了服用药物。提前停止服药的主要原因是许多病人体验到了药物的副作用（例如，情绪激越）。

研究也考察了另一种抗抑郁药物治疗贪食症的效果。这些药物，例如氟西汀，属于五羟色胺重吸收抑制剂。早期证据显示，五羟色胺重吸收抑制剂可能比三环类抗抑郁药物对贪食症更为有效。例如，在一项研究中，382名贪食症患者接受了氟西汀治疗。其中，那些服用高剂量药物的病人暴食的频率平均降低了65%；在治疗结束时，完全康复的病人比例是27%（Walsh，1991）。

洁瑞在医院中所接受的心理治疗是根据Fairburn等人（Fairburn，2008；Fairburn & Cooper，2014）率先开发的认知行为取向治疗为蓝本的。曾有一些研究考察了这一取向的有效性。Craighead和Agras（1990）总结了10项这类研究的结果，发现清除行为平均减少了79%，而完全消除暴食和清除行为的病人比例为57%。和目前实施的大多数药物研究（例如，Walsh et al.，1991）不同的是，认知行为治疗似乎能在贪食症的症状方面产生持久的效果。例如，Fairburn、Jones、Peverler、Hope和O'Connor（1993）发现，在治疗结束一年后的随访中，接受认知行为治疗的病人在暴食和清除行为方面的降幅都超过90%。此外，36%的病人完全没再出现暴食和清除行为，其余病人在这一年内偶尔会出现暴食或清除行为。在一项后续研究中，Agras、Walsh、Fairburn、Wilson和Kraemer（2000）比较了认知行为治疗和人际心理治疗（参见案例9）在220名神经病贪食症患者中的效果。研究发现，在治疗刚结束时，认知行为治疗比人际心理治疗效果好（例如，认知行为治疗组患者的康复率为45%，人际心理治疗组为8%）；在一年后随访时，康复率仍然有一定差距（认知行为治疗组40%，人际心理治疗组27%）；不过，人际心理治疗的长期疗效似乎和认知行为治疗相似。尽管如此，我们认为，认知行为治疗是更优的治疗干预，因为它比人际心理治疗的起效更快。比较这些心理干预和主要的药物治疗（抗抑郁药物）的疗效，或和心理药物合并治疗的疗效，还有待大规模的研究。

批判性思考

1. 你认为,在西方文化的女性中进食障碍最为普遍的主要原因是什么?你认为,何种人格和社会特征最有可能和男性的进食障碍病因有关?

2. 如果由你设计一个旨在预防进食障碍的项目,你认为项目中最重要的组成部分有哪些?除了(或能替代)洁瑞治疗中使用的手段外,哪些策略在你看来对于患有神经性贪食或神经性厌食的人最为有效?

3. 在诊断特征、病因、社会和家庭变量等方面,神经性贪食症和神经性厌食症有何差异?有些研究者认为,神经性贪食症和神经性厌食症并未表现出不同的综合征,而只是在限制饮食和进行清除期间,实际体重下降的程度有所不同。你同意吗?你认为把神经性贪食症和神经性厌食症做出区分是合理且重要的吗?为什么?

4. 消极体像似乎在许多进食障碍案例的发病过程中占据核心地位。你能想到个体在不存在体像紊乱的情况下发展出这些障碍的可能性吗?

案例 12

神经性厌食症

基本情况

　　第一次去一家进食障碍治疗诊所就诊时，帕蒂·本苏增是一位19岁的白人单身女性，刚刚离家开始第一年的大学生活。读高中时，帕蒂曾经在精神病院住院一个月，原因是她极为害怕体重增加且过度限制饮食而导致体重急剧下降。帕蒂住院时，她的身高是1.62米，体重约为41.5千克。她的身体质量指数 [Body Mass Index，简称BMI，计算方法为体重（千克）除以身高（米）的平方] 为15.8，这代表她的实际体重仅为其理想体重的69%。帕蒂试图完全不吃东西，她不和家人一起吃饭，只有当她残酷的节食努力被饥饿打垮时，她才会吃一点。每一次吃东西的时候，帕蒂都会感到失败和耻辱。当时，她除了在学校练习游泳外，还开始每天长跑，甚至常常在夜里家人入睡后在跑步机上跑步。

　　她限制饮食和狂热追求降低体重造成了许多严重后果。帕蒂在学校里难以集中精神听课，总是感到疲惫，头脑里充斥着有关食物及进食的强迫念头，因此她的学业成绩开始下降。她的抑郁和社交退缩情况也越来越严重，她不断为自己在学校的社交互动感到担忧。她原本是学校游泳队的队长，但在她的体重显著下降之后，教练让她停止参加游泳训练和游泳比赛。因为在一次重要的游泳比赛中，帕蒂由于体重下降，十分疲惫，没能完成那场比赛。帕蒂的体重下降和过度运动严重损害了她的健康。她好几个月都没有来月经（停经）。她变得容易生病，而且常常出现轻微但却日益恶化的病毒和细菌感染。在父母和学校的要求下，帕蒂进行了一次全面的体检。这次体检表明，帕蒂已经表现出心血管问题的迹象（低心率），并且由于体重下降出现了显著的骨密度下降。

此时，帕蒂不得不休学住院。作为她从高中毕业和离家上大学的条件，医生要求她的体重至少要增加到其理想体重的85%。尽管帕蒂对治疗和增加体重的想法极为抗拒，但这些条件"迫使"她增加最低限度的体重，这样她才能在秋季学期离家上大学。帕蒂的父母和医生想安排她大学期间继续接受治疗，因此在一位知名进食障碍专家的推荐下，帕蒂的母亲和进食障碍诊所的门诊部取得了联系。诊所向帕蒂的母亲保证说，帕蒂的治疗会在离校园不远的地方进行，因为母亲担心帕蒂的治疗动机不足，而且帕蒂对于离开校园去往很远的地方会感到焦虑。帕蒂在第一次会面之前并未和治疗师交谈过，而是和父母一起参加了第一次会谈。

病 史

在家里，帕蒂在两个孩子中年龄较小，姐姐大她2岁。她在一个幸福的中产家庭中长大。在她的一级亲属中，没有心理障碍的家族史。帕蒂在高中阶段是一名出色的学生，成绩基本上都是A等和B等。但她觉得，相比姐姐来说，自己还不是一个足够好的学生，因为姐姐的成绩是全A，并且在两年前以优秀毕业生的身份从同一所高中毕业。帕蒂和姐姐关系很亲近，而且在学校里也有一群好朋友。此外，直到帕蒂上大学时，家人彼此之间的关系都非常紧密。帕蒂和姐姐都选择了距家乡仅30多千米的大学，虽然这相对来说距离很近，但已然比她们的母亲所期望的要远了。在任何情况下，家中最小的孩子离家上大学对于家庭来说都不是一项容易接受的变化，而且帕蒂的母亲很希望能够给她生病的女儿提供最大的支持和保护。

帕蒂的进食障碍问题是在她上高三的时候初露端倪的，在此之前不久，帕蒂刚得知她已经被自己首选的大学录取了。在这些症状开始出现的那段时间，帕蒂在社交生活方面经历了一些波折，包括和一位自小要好的朋友关系失和，并且得知她的前男友，也是她唯一约会过的男孩子，在他们恋爱期间和别的女孩发生了性行为。她的问题始于一种想要减重的渴望，虽说当时她的体重已经略低于标准体重（大约50千克）。对体重的过度担心导致帕蒂增加了运动量（即，除了每天下午花几个小时参加游泳练习外，晚上还在跑步机上跑步）以及限制热量摄入。帕蒂一开始是通过降低脂肪、糖分和碳水化合物的摄取量来限制自己的热量摄入。不久之后，她就开始降低整体的食物摄取量，并且不按餐吃饭。她不吃早饭，吃很少量的午饭（一些苏打饼干或一条蛋白棒），并且在学校里和朋友尽量待到很晚，从而避免和家人一起吃晚饭。她会吃很少一部分家人吃剩下的晚餐，并且不是在大晚上跑步就是在大清早跑步。而当她的体重开始下降时，她对于体重的担心并没有消减，反而增加了；有关她的体重、食物和进食的想法开始干扰她的注意力。在8周里，帕蒂掉了近7千克。

一开始，帕蒂为自己的体重下降感到满意，而且降低体重的挑战也让她干劲十足。她发现因为自己关注运动和减重，有关社交生活的负面情绪减少了。她为自己的自控力和意志力而感到骄傲。她去购物并买了一些能衬出她纤瘦身材的新衣服。虽然其他人观察到了帕蒂的体重在下降，但起初他们态度是很中性的；当帕蒂渐渐发展出进食障碍的症状时，她的体重稍低于平均值，因此其他人并没有对于她的体重下降给予积极的反馈。随着帕蒂的症状日渐加重，其他人越来越担心。她的游泳教练先是提醒她，节食和减重正在干扰她的运动表现，当发现这一提醒对她的行为无效时，教练表达了对她健康的关切。尽管帕蒂为教练的反应感到担心和内疚，但她却没有办法停止自己限制进食的行为。帕蒂的两个朋友联络了她的前男友，把她们的忧虑告诉了他，之后前男友给帕蒂打来电话表达了他的担心。对于两人的这次联系，帕蒂的感觉很复杂。她非常感动，但又因为她让对方担心而感到内疚，也渴望能够改变自己的行为来让前男友高兴。不过，她对前男友担心自己这件事感到十分满足，并且生出一种渴望，想要继续她的行为来维持前男友和其他人对自己的关切。

正如前文所述，帕蒂的症状很快愈演愈烈，并且导致了多项严重的健康和社交后果（例如，停经、骨密度下降、过度疲倦）。她还经历了一次重性抑郁发作，这一问题是和她的进食障碍同步产生的。在抑郁发作期间，帕蒂情绪低落，出现社交退缩、自我苛责和快感缺失，而且伴有严重的睡眠问题。随后，帕蒂住院一个月，每天必须摄取3000卡路里的热量。出院后，帕蒂每天都去日间门诊就诊，直到她离开家去上大学。在门诊治疗时，她继续保持每天2500卡路里的热量摄取。医生告知帕蒂，不要自己称体重，她遵从了这一要求。在住院以及上大学前的暑假进行门诊治疗期间，帕蒂的体重一开始增加了约3.2千克，这让她的BMI增加到了17，实际体重达到了以她的身高应有的理想体重的74%。随后，她的体重增加就停止了，仍不足45千克。父母和医生对她说，如果她没有办法达到她理想体重的85%，那么她就不能离家上大学。于是，在一段很短的时间里——上大学之前那个8月——她又增加了3.6千克，并报告说，她通过秤上滑动砝码的"哒哒"声就能知道自己何时已经超过了45千克。尽管帕蒂很痛苦，但出于想要如期上大学的决心，她还是维持了自己的治疗进食量。考虑到她很努力地增加体重，虽然离医院治疗团队给她确立的目标还差一点，但她还是得到了离家上大学的许可。而在体重增加的这段日子里，她的重性抑郁也缓解了。

她的家人和医生明白，尽管帕蒂的体重已经有所增加，能够入学，但新入大学这一转换期仍然让她很容易出现复发。帕蒂打算在上大学后自己按照医院进食障碍项目中营养师给她设计的详细进食计划来执行，而她的父母明白，在大学非结构化的环境中，她需要专业人士的支持才能不仅完成人生阶段的重大转换，顺利适应更独立的、更富有挑战的新生活，也能执行这套营养计划。因此，他们安排帕蒂在一家离她大学很近的进食障碍诊所继续接受门诊治疗。

当她开始门诊治疗时，帕蒂的体重是48.5千克，相应的BMI为18.4，体重为理想体重的80%。她仍处于停经状态。在帕蒂心里，她在这个时候寻求治疗的主要原因是医生和家人要求自己那么做。帕蒂有时候能够意识到自己疾病的严重性，有时候则会否认这一点。她意识到了自己已经付出的那些代价：因为无法继续高三的学业而感到丢脸，和家人分离而住在病房里的创伤经历，在竞技赛场上失利并被要求离开游泳队，以及艰难地维持高热量食谱但同时仍然害怕增加体重、担忧自己的体像。帕蒂对自身艰难处境的其他方面则没有那么多的洞察力。她并不认为自己的体重曾经低到了危险的程度。她相信自己原本就瘦，尽管她可能在节食上有些过分了，但医生的反应也同样过分。帕蒂对她的医生非常恼怒，因为对方曾经以权威的姿态命令她在一段很短的时间内增加大量体重。

帕蒂上大学后开始接受门诊治疗的时候，她在食物摄取上的限制仍然是相当严重的。她一开始不愿意说清她继续限制饮食的程度，虽然她貌似诚实地回答了一些具体的问题。当被问及她的进食模式如何时，她说自己吃三顿饭和三次加餐。然而，当具体问到最近4周里她每顿饭和每次加餐都吃了的天数占多大比例时，她笑着说："真相大白了。"随后，她解释说自己几乎每天都会吃午饭和晚饭，但是只在一半的时间里吃了早饭和晚间加餐，而且几乎从来不吃上午和下午的加餐。本质上，她抛开了营养计划，在大多数日子里都只吃两顿饭，偶尔还有一顿加餐。她回避各种富含热量的食物，包括脂肪、糖和淀粉类。她还努力将每天的食物摄取控制在2000卡路里以下（这没有达到她营养计划中的热量摄取目标）。另外，帕蒂难以从事社交活动，因为在他人面前进食会让她感到尴尬。事实上，她每周至少有2次会一个人偷偷吃饭。帕蒂经常因为自己所吃的东西而感到内疚。她非常渴望自己的胃里每天都空无一物。每一天，她脑海里都塞满了有关食物和进食的先占观念，经常发现自己难以在作业或其他事情上集中精力。尽管从来都没有出现过暴食或清除行为（参见案例11，神经性贪食症），但帕蒂一直都害怕对自己的进食行为失去控制。鉴于她的心血管症状（低心率），她并不应该进行运动，但是她仍然每天快走好几千米。

总而言之，在她首次到访进食障碍诊所时，帕蒂仍然对自己目前的体形和体重（仅为其身高应有的正常体重的80%）深感不满和不快。因为她的"目标"体重是43千克，帕蒂极度渴望减去更多体重，非常害怕体重增加，并且对于定期称量体重的想法有很强烈的负面反应。她的思维完全被自己的体重和体形所占据，并且声称对于她的自我评价和自尊而言，没有比体形和体重更重要的方面了。

DSM-5 诊断

基于上述信息，帕蒂的DSM-5诊断如下：

307.10 神经性厌食症，限制型，轻度（主要诊断）
296.25 重性抑郁障碍，单次发作，部分缓解
骨密度下降，停经，低心率

帕蒂的临床表现和DSM-5对于神经性厌食症的界定（美国精神病学会，2013）十分一致。在DSM-5中，神经性厌食症的主要特征包括：①在年龄、性别、发育轨迹和身体健康的背景下，相对于需求而言，出现了因限制能量摄取而导致的显著的低体重（体重低于正常体重范围的最低值）；②即使处于显著的低体重状态，仍强烈害怕体重增加或变胖，或有持续的影响体重增加的行为；③对自己的体重或体形的体验出现紊乱，体重或体形对自我评价的影响失当，或持续缺乏对目前低体重的严重性的认识。

帕蒂显然表现出了神经性厌食症的每一条诊断特征。由于她的体重最

低时已经低于理想体重的70%，而且目前的体重仅是理想体重的80%，帕蒂符合DSM-5中的第一条诊断标准，即她限制自己的食物摄取从而造成或维持了体重显著低于其性别和年龄群体的标准体重。她也符合第二条标准，即尽管她已经处于显著的低体重，但仍表现出对体重增加或变胖的强烈恐惧。而因为她报告对于自己的自我评价来说，没有什么比体重和体形更重要的了，而且即便她体重不足，仍然觉得自己胖，所以帕蒂也符合神经性厌食症的第三条标准。

在DSM-5中，神经性厌食症的诊断可以分为两种亚型：限制型、暴食/清除型。限制型指的是，主要通过节食、断食或过度运动来减轻体重的临床表现类型。若要符合这一亚型，个体在最近3个月里不应有过任何反复发作的暴食或清除行为。若个体在过去3个月里定期从事暴食或清除行为（对暴食和清除行为的描述可参见案例11），则恰当的诊断是暴食/清除型。研究已经表明，神经性厌食症患者中有一半符合暴食/清除型的标准。在治疗开始时，帕蒂没有暴食，也没有通过呕吐、泻药、利尿剂或灌肠剂来清除食物等行为，因此她并未被给予暴食/清除型的诊断。相反，因为她的低体重是限制食物摄取和过度运动导致的，所以评估者在帕蒂的DSM-5诊断中给出了限制型的标注。

此外，在DSM-5中，用来标识神经性厌食症当前严重程度的指标是世界卫生组织用来界定成年人胖瘦程度时所使用的分类标准。严重程度的标注从"轻度"（BMI $\geq$ 17）到"极重度"（BMI $\leq$ 15）。因为帕蒂目前的BMI是18.4，所以她的诊断标注是轻度。

帕蒂最近出现的重性抑郁发作和残留症状也体现在她的DSM-5诊断中。重性抑郁障碍是神经性厌食症患者当中很常见的共病诊断，学界认为这一共病情形在一定程度上是这一进食障碍所具有的显著的营养不良特征造成的。尽管DSM-5不再采用该之前各版DSM中的五轴诊断系统，但帕蒂因低体重而造成的并发症（例如，在DSM-Ⅳ中，这些医学问题会在轴Ⅲ中进行记录）也和她的心理障碍诊断一并列出。

使用整合模型进行案例概念化

整合模型（Barlow & Durand，2015）强调了一系列可能影响神经性厌食症发病的因素。鉴于神经性厌食症和神经性贪食症是密切相关的，所以这两种障碍的风险因素也十分相似（参见案例11）。进食障碍很可能在家族中多发，并且似乎具有遗传成分，不过这一点在帕蒂的案例中没有体现。例如，研究已经发现，进食障碍患者的亲属发展出进食障碍的可能性要比一般个体高出4~5倍（例如，Hudson，Pope，Janas，& Yurgelun-Todd，1983；Strober，Freeman，Lampert，Diamond，& Kaye，2000；Strober & Humphrey，1987）。尽管样本量较小，无法进行精确的估计，但是基于一般人群的双生子研究提示，遗传因素显著地影响了神经性厌食症的患病风险（例如，Bulki et al.，2006；Klump，Miller，Keel，McGue，& Iacono，2001；Wade，Bulik，Neale，& Kendler，2000）。

和其他心理障碍的病因学情形一样，研究者目前还不了解到底遗传的是何种易感性（例如，下丘脑活动或主要神经递质系统活动等，这些生物机制都会影响进食行为的调节）。有些研究者推测，人格特质似乎在神经性厌食症的患病风险中扮演重要角色，而这些人格特质可能是遗传的。在这方面，不同的研究曾经提到了不同的人格维度，例如，完美主义、广泛性的忧虑/消极情感、心境不耐受性（难以容忍负面情绪），以及低自尊和感到难以控制自己的某些能力等（例如，Fairburn & Cooper，2014；Lilenfeld，Wonderlich，Riso，Crosby，& Mitchell，2006；Paul，Schroeter，Dahme，& Nutzinger，2002；Striegel-Moore，Silberstein，& Rodin，1993）。当然，体像扭曲是另一个可能促发和维持进食障碍的重要因素。在有关神经性贪食症的案例11中讨论了那些可能引发体像紊乱，继而发展出进食障碍的社会文化因素所扮演的重要角色。有关大众媒体的研究（例如，《花花公子》的中间插页、美国小姐选美大赛的参赛选手等）已经提示，近几十年来，西方社会对于女性美的评价越来越强调纤瘦（Garner，Garfinkel，Schwartz，& Thompson，1980；Rubinstein & Caballero，2000；Wiseman，Gray，Mosimann，& Ahrens，1992）。在前文所引用的研究中，69%的《花花公子》中间插页和60%的美国小姐参赛选手的体重相比她们的年龄和身高应有的正常体重要低15%以上（在DSM-5之前，比正常体重低15%及以上是神经性厌食症的核心标准之一）。这样的社会文化，和诸如完美主义、低自尊等人格特质交织在一起，则可能驱使个体通过严格限制饮食的方式去追求体形纤瘦。这些方面的影响可能会浇筑出一种非常顽固的态度，即认为外表对于自己的受欢迎程度和成功而言具有至高无上的重要性。

帕蒂的治疗师在会谈中逐渐发现，她拥有多种与神经性厌食症的病因及维系有关的人格特质。帕蒂身上一直存在着某种程度的社交焦虑，她在人际冲突中尤其感到焦虑，这使得她倾向于讨好别人，并且具有完美主义的倾向。她也在某种程度上依赖着几段重要的人际关系，这使得她在冲突情境中更加容易感到困扰，因为这些关系能延续下去对于她而言实在太重要了。你或许还记得，帕蒂的进食障碍就是在经受某些重大人际挫折的背景之下发展出来的：和她的长期好友及男朋友关系同时破裂。这些事件让帕蒂感到非常焦虑和难过。因此，她的朋友和前男友与她联系、对她生病一事表达关切之情，都强化了她的念头：进食障碍可以让她获得她目前所渴望的关注。

在患上进食障碍之前，帕蒂格外担心其他人可能会评判她、对她失望或拒绝她。降低体重符合她一贯的模式，即努力改变自己好取悦别人。在体重降低的最初阶段里，帕蒂感到限制饮食有助于她控制自己的焦虑。但当她发展出神经性厌食症之后，这些焦虑就不再减轻，而是比之前更为强烈。她不断地担心其他人会注意到她的体重、进食以及运动。因为帕蒂害怕其他人会离开她或评判她,她在生活中一直依赖着周围人,需要他们向她保证她是有价值的。当人际关系出现紧张或破裂时,她会感觉自己被抛弃、孤独,无法管理自身感受或者她的自我价值感。出现进食障碍之后不久,帕蒂开始相信这个问题证明了她无法照顾好自己,她孤独一人是危险的。

此外,帕蒂很明显地回避消极情绪状态(心境不耐受性)。在面对令人困扰的感受时,帕蒂会通过拼命运动或寻求他人帮助等行动来消除这些感受。例如,帕蒂担心自己在学校游泳队表现不佳,因此她常常体验到焦虑。为了防止出现糟糕的结果,帕蒂在游泳队给她制订的常规训练计划上额外增加了许多练习。从此以后,节食挨饿和过度运动就成了帕蒂用来消除情绪困扰的新手段,好让她的注意力能集中在一些她可以控制的事情上。不过,随着她的问题日益严重,体重增加和进食本身就会带来消极感受,这使得帕蒂采取强度越来越大的进食限制和过度运动去逃避这些感受。

和所有神经性厌食症病例一样,体像不满和害怕增重是帕蒂临床表现中的核心方面。治疗师在治疗过程中逐渐发现,帕蒂会从事多种检查身体和回避身体的行为,而这些行为都加剧了她对自身体像的不满。她避免照镜子,也不让其他人看到她的身体。如果偶然看到自己的形象,帕蒂也只关注她讨厌或恐惧的身体部位上,例如她的胃部和大腿。她每天早晨醒来之后和每天晚上临睡之前会拍和捏自己的胃部,这种行为在白天也会重复许多次。这些检查身体的行为增加了帕蒂对于自己体形的焦虑。当帕蒂的体重降至最低点时,她每天称量体重好几次。但是,当帕蒂在治疗中增重之后,她拒绝称体重,并且回避知晓自己的体重状况,因为她觉得这些信息会给她造成非常严重的困扰。

治疗目标和计划

帕蒂的门诊治疗包括了认知行为治疗、支持性治疗以及以获得领悟为导向的治疗等。其中行为成分主要针对限制进食和回避食物的行为,可能存在的暴食或清除行为，以及身体检查或身体回避行为。认知成分针对的是有关体形和体重评估的扭曲图式。支持性成分则包括共情、鼓励以及心理教育，旨在支持行为上的改变和随之出现的体重增加，因为这些都是病人极难忍受的。以获得领悟为导向的治疗成分通常会在行为治疗实施之后进行，包括对人际关系、自我信念和围绕着内心冲动的一般冲突进行的动力学分析。

治疗过程和治疗结果

帕蒂接受了58次个体治疗，持续时间达2年。一开始，她表面上服从在大学里参加个体治疗的建议，但是表现出了神经性厌食症患者典型的阻抗治疗的行为。她拒绝和营养师见面，拒绝完成进食日志，也拒绝吃她害怕的某些食物。她依从治疗的理由在于，她认为这是医院治疗团队同意她来上大学的条件，而且她对于在大学校园里独立生活的种种具体事项（例如，银行开户、选择新朋友、参加社交活动）怀有强烈的焦虑。

帕蒂没有完全投入治疗也表现在她未能按照约定时间参加治疗会谈。在第一年的治疗中，帕蒂常常会取消她的治疗会谈。有些时候是因为她生病了，由于低体重令其免疫系统受损，导致她常常感染病毒和细菌。另一些时候，帕蒂取消治疗会谈是因为她"搞错了"日程安排、太累或忙于学业——这些理由通常暗示着她只是想回避治疗以及治疗可能引发的感受。帕蒂的治疗师用两种方法来处理这个问题。第一，既然帕蒂过去能定期参加治疗从而获益，那么她的治疗师将她不按时参加治疗的行为理解为帕蒂对于康复抱有矛盾的感受，由此治疗师能够对疾病的这一症状报以同情，而非感到受伤、愤怒或想要去控制她的出席率。在帕蒂错过一次治疗会谈之后，治疗师会说这样的话："我知道你生病了，这令人遗憾，情况听起来真糟糕。但是有些时候，即便你觉得自己生病，你还是坚持来治疗了。所以我在想，是不是发生了什么事情让你有些不情愿来做治疗？"起初，帕蒂坚决否认此事，因为她觉得如果她承认自己不想来治疗，会让治疗师失望，会伤害治疗师的感情。渐渐地，帕蒂真的相信治疗师不会评判她，于是她开始承认自己有复杂的感受和一定的回避行为。第二，治疗师执行了一项政策，即帕蒂若在治疗开始前24小时内才取消会谈，则父母还是得为她支付此次治疗费用。和许多患有神经性厌食症的病人一样，帕蒂十分节俭，憎恨浪费。因此，这种收费政策大大提升了帕蒂的治疗出席率。

治疗初期最重要的目标是让病人的体重恢复到正常体重范围的最低限以上（Fairburn，2008；Fairburn & Cooper，2014）。因此，帕蒂治疗的最初阶段包含了多种行为成分，例如结构化的定期进食、体重增加目标、每周称量体重以及在食谱中引入其回避的食物。这些行为目标会通过用进食日志仔细监控每天的状况来实现。帕蒂对这些干预的服从十分有限。她能够不断地达成体重目标，并且尝试着规律进食，但她继续回避自己害怕的食物，而且没过多久，她就拒绝再记录她所吃的食物。因为她达成了体重目标，所以治疗师在这一点上妥协了，但治疗师向帕蒂说明了回避食物会维持进食障碍的症状循环，包括担忧体重、体形和体像的先占观念。治疗师帮助帕蒂发展出多种行动策略，包括如何在食堂和餐馆中进食，以及如何向朋友和家人解释自己的进食障碍和治疗状况。

治疗的支持性成分和心理教育成分也纳入这一早期阶段中。治疗师再次向帕蒂保证，她的体重目前集中在她的躯干中央，这可能是身体为了保护重要器官而适应挨饿阶段的结果，若她持续正常进食的话，体重很可能会恢复为一个更为正常的分布。心理教育向帕蒂解释了为何回避展示自己的身体会维持她对体像的担忧。治疗师鼓励帕蒂购买适合她体形、比宽松运动服更美观的新衣服。在这个阶段，治疗的大部分工作只是提供共情。治疗师意识到，在对体像怀有强烈不满的情况下，持续进食和避免运动都是极为困难的事情。治疗师表达了对帕蒂的赞赏和鼓励，因为她为了从疾病中康复而做出了超凡的努力,而且治疗师还反复承认在不久之前帕蒂的疾病还处于急性发作期。这些鼓励和支持在行为取向的增重治疗阶段是最为重要的干预手段之一。

治疗的认知部分包括挑战和重构有关体形和体重的歪曲认知。治疗师帮助帕蒂针对扭曲的进食障碍思维发展出替代性的思维。例如,"我是胖子"这一持续存在的认知被重构为"我增加了体重,但是我的体重对于我的身高而言属于正常体重范围的低端"。"如果我吃那种食物我的体重就会增加"这一持续存在的恐惧被重构为"我对于吃那种食物感到焦虑是因为我一直都避免吃它,但是适量食用它不会让我增加体重"。和神经性厌食症有关的认知极为顽固,难以纠正,而帕蒂也没有发现直接重构对她有多少帮助。她发现,当她产生"我必须降低体重"或者"这个体重会逼疯我"这类想法时,更有用的是去想"这种想法属于进食障碍的言论,如果我继续正常进食,那么这些想法和感受一定会慢慢消退"。

在治疗最初的几个月里,帕蒂的体重又增加了约2.3千克。她现在的体重是50.8千克,比她患上神经性厌食症之前的体重要重将近1千克。帕蒂变得非常痛苦,而她对体像的不满更是无处不在。她不断表示希望能终止进食计划并开始运动。但不久之后,她的月经恢复了。她报告说,恢复月经让她感觉很复杂:积极的一面在于她重回健康,而消极的一面在于它证实了自己体重增加。增加后的体重相比她原来的体重而言,身体分布趋势有些不同。具体来说,新增加的体重主要集中在帕蒂的躯干部位,这让她觉得自己的胃部十分庞大,体形也很奇怪。当治疗师告诉她,这是厌食症患者增重早期的典型特征,这些体重会在1到2年内重新分布时,帕蒂感到松了一口气。

8个月之后,帕蒂的月经变得较为规律,她得到了开始运动的许可。尽管帕蒂有时候会有过度运动的冲动,但在这些时候她会限制自己的运动量。她的体像不满仍然存在,但她的体重分布和体形在某种程度上开始恢复到她熟悉的那种状况,这给了帕蒂极大的安慰。

在第一年的治疗中，以领悟为导向的工作主要集中处理帕蒂害怕和身边重要的人起冲突，回避这类冲突，以及她对于进食障碍发病早期和治疗期间的一些具体事件的感受上。她和她的宿舍室友对彼此心生不满，而帕蒂发现完全无法对室友直接表达自己的感受。在治疗中，帕蒂探索了她在对室友表达愤怒方面感到不适的问题，以及她回避人际冲突带来的不良后果。她意识到，她在这些问题上存在困难，以及她的回避行为反而带来了负面后果，但是除了有关冲突的焦虑，她无法鉴别出任何其他感受或想法。她能够比较坦诚地探索在进食障碍发病前后遭遇的一些事件，以及她对治疗的感受。她为过去在进食障碍的急性发作期"辜负了"自己的游泳教练和游泳队深感羞耻，并且讨论了因自己无力完成那次比赛而感受到的失望。她谈到了她为离开学校去住院而感到羞耻，但是她也注意到，自己因为"特别"纤瘦而成为社区内的知名人物时感到了自豪，还有，当朋友、邻居和熟人看到她目前增重后的身材时，她体验到羞耻感。她讨论了自己对医院治疗团队的愤怒，因为他们摆出过于权威的姿态，威胁说不让她上大学，还要求她在那么短的时间里增重，以至于食物让她感到恶心，"就像一头猪"，仿佛她不再知道该怎么正常进食了似的。总体而言，她能够讨论她的进食障碍与她所具有的完美主义、讨好他人、道德化的整体模式之间的契合之处。她观察到了自身的进食障碍行为、动机以及其他感受之间的联系，例如，她会因为自己"比平均水平高一点"的学业表现而苛责自己。

接下来，以领悟为导向的治疗成分更加关注帕蒂依赖他人的感受。帕蒂讨论了因为同时失去多年好友和男朋友所体验到的艰难，以及她对于自己可能会"被撇下而孤独一人"而感到的绝望。在这一治疗阶段，帕蒂的姐姐开始面临大学毕业，并且为了自己的第一份工作而决定定居在一个离家很远的地方。帕蒂意识到自己对此感到非常害怕和伤心。最终，帕蒂在她对于失去重要之人的恐惧和她讨好他人的倾向之间建立了新的联系。

治疗的第二年和第一年有极大的区别。从DSM-5诊断标准中可见，当病人增加体重并且开始从神经性厌食症中康复时，发展出暴食和清除行为，甚至整个神经性贪食症，都是很常见的现象。这也发生在帕蒂身上。在治疗的早期阶段，帕蒂一直在强烈希望讨好他人（这些人希望她能够康复）和服从自己内心规则的冲动之间挣扎摇摆，因为这些规则告诉她要限制饮食、保持纤瘦。暴食然后使用泻药，在某种程度上成了她的折中方案。帕蒂发现，她不能接受先吃后吐的做法，因为这样会影响她的室友，而且也会损失掉那些她明知自己需要的热量。但是，她觉得她无法忍受食用她禁止自己食用的食物所带来的焦虑，并且需要不时从这种焦虑当中多少解脱出来一些。她没有意识到滥用泻药对身体有害。因此，当帕蒂向治疗师承认自己有这一症状时，治疗师表示非常担忧，这让帕蒂觉得自己必须努力不再使用泻药。

相比厌食症的症状，帕蒂发展出的神经性贪食症的症状带给了她更多即刻的痛苦。这是治疗中的一个关键转折点，因为使用泻药的困扰让帕蒂意识到自己确实存在进食问题。此后，帕蒂便对治疗上心了，开始自己设定康复目标。例如，为了停止暴食和服用泻药，她开始积极遵从之前抗拒执行的行为治疗成分（例如，监控进食状况、食用自己回避的食物）。治疗回到了一种高度集中的行为和心理教育模式，并维持了很长一段时间。为了对频频出现的主观上的过度进食和清除行为模式进行有效干预，治疗变成了每周2次，维持了1个月左右。帕蒂到任何地方都会随身携带自我监控表格，尽管这让她感到有些难为情。每次进食之后，帕蒂会记录食物的种类、分量、地点和情境，以及她当时的感受和想法。帕蒂发现自己很难鉴别出除了"很好""还行""饿""糟糕——吃太多了"以外的感受。治疗师会仔细检查表格，从而理解帕蒂进食和清除行为的整体模式。帕蒂和治疗师会仔细讨论她的想法、行为和决策，并且会努力弄清过度进食或暴食是否是由进食过少、计划失当、情绪事件或这些因素的组合所激发的。此外，他们会分析食物是真的过量了，还是只不过在帕蒂看来过量了。任何重要的认知，例如，4

块糖太多了，会让帕蒂发胖等想法，都会被挑战和重构。治疗师和帕蒂会讨论她因为主观上的暴食或过度进食而产生的焦虑，以及她如何处理这种焦虑——她是否能忍受这些焦虑，还是会使用泻药、运动或清除行为。基于对暴食原因的分析，他们会为随后几天制订详细的计划，或者说是家庭作业。这样一来，帕蒂和她的治疗师在处理那些导致和维持了神经性厌食症状的重要行为、思维和感受模式上逐渐取得了进展。

2年后，帕蒂的治疗结束了，此时她已进入大学三年级，开始出国学习。她当时的体重已恢复正常（52.2千克），也不再有暴食和使用泻药的行为，而且她的体像也有了很大的改善。她的体重已经重新分布（不再集中在她的躯干中部），而且相比之前，她对自己的体形也更满意了。她仍然会害怕发胖，并且觉得自己似乎有些强迫地想要制订进食计划而非自发地进食。尽管如此，可她的担心已经减轻了不少，而且在大多数日子里能够自发地进食。例如，帕蒂仍然会常常回避那些她害怕的食物，例如那些脂肪和糖分含量很高的食物，但是她也坚持定期食用这些食物，比如说，她每周会和室友一起吃几次甜食，并允许自己在通常可以吃这些食物的情境中（外出吃饭、节假日和生日）吃这些食物。因为总体上她对于进食的苛刻标准已经改变了，帕蒂很少再出现主观上觉得自己进食过量的情况，而当她主观上觉得自己进食过量时，她也很少感到困扰，即便感到困扰，也很容易就能排解。

讨 论

和神经性贪食症一样，大部分神经性厌食症患者是女性（超过90%）。尽管神经性厌食症的新发率在最近几十年里有所增加（Hoek，2002；新发率指的是新增病例率），但在年轻女性当中，该障碍的一年内患病率大约在0.4%（美国精神病学会，2013）。在一项包括了9000多名成年人的人口调查中，女性和男性中神经性厌食症的终身患病率分别为0.9%和0.3%

(Hundson, Hiripi, Pope, & Kessler, 2007)。这一障碍在工业化社会（例如，北美、澳大利亚和日本）的患病率最高，这些地区食物充足而且以瘦为美。神经性厌食症的典型起病年龄是青春期中期到晚期（即14~18岁）。这种障碍很少在青春期前或40岁之后发病。

神经性厌食症和许多并发症及共病障碍有关。比方说，焦虑障碍（例如，强迫症）和心境障碍（例如，重性抑郁障碍）常常和厌食症共病（例如，Agras, 2001; Hudson et al., 2007）。物质滥用则是另一种常见的共病障碍（Hudson et al., 2007; Swanson, Crow, Le Grange, Swendsen, & Merikangas, 2011），研究已经发现它能够很好地预测神经性厌食症病例的死亡率，尤其是自杀身亡（Keel et al., 2003）。和帕蒂的情形一样，神经性厌食症会带来一系列躯体并发症，例如停经、心血管和血液问题（低血压、低心率、贫血）、骨密度下降、肾脏功能受损、电解质紊乱以及胃肠道问题（例如，便秘、胃痛）。事实上，在DSM-5之前，停经是神经性厌食症的诊断标准之一。但现在，停经不再作为一项诊断标准，因为研究发现，这一并发症并未出现在所有的厌食症病例中（Attia & Roberto, 2009）。饥饿导致的其他一系列身体症状也很常见，例如嗜睡、皮肤干燥、毛发或指甲脆弱以及无法耐受低温。

神经性厌食症的长期病程和后果多种多样。有些人在一次发作后能够完全康复，另一些人则会经历反复发作的病程，其特征是多次缓解和复发，还有一些人会表现出逐渐恶化的慢性病程。和帕蒂一样，限制型的厌食症患者当中有许多人后来会发展出暴食和清除行为。如果这些症状变得严重，诊断就可能需要变更为神经性贪食症。正如前文所说，若障碍持续存在，神经性厌食症的并发症可能会相当严重。有纵向研究对厌食症患者追踪了相当长的一段时间，结果发现，其中高达20%的人死于饥饿、自杀或电解质紊乱（Agras, 2001; Keel et al., 2003; Lowe et al., 2000; Sullivan, 1995）。

目前还没有发现任何针对厌食症的特效药（例如，Attia, Haimna, Walsh, & Flater, 1998; Walsh et al., 2006; Wilson & Fairburn, 2007）。在

其他治疗方法中，住院常常是必要的，其目的在于恢复体重和处理诸如电解质紊乱这样的并发症。若体重减少不那么明显，那么可以基于门诊来进行适当的治疗。恢复体重经常是治疗中最直接的方面。这一点也适用于帕蒂的案例，因为医院和父母要求她必须增重才能从高中毕业并去上大学。在心理社会干预方面，治疗最具挑战的部分是处理体重增加带来的困扰，探索那些容易导致复发的功能不良的态度、人际冲突和人格特质。在这方面，针对神经性厌食症的有效治疗和对贪食症的干预类似（Fairburn & Cooper, 2014, 参见案例11），但是治疗厌食症的长期成功率更加不令人乐观（例如, Herzog et al., 1999）。研究发现，家庭治疗对此有所助益（例如, Eisler et al., 1997）。另外，帕蒂的案例中所描述的那种认知行为干预，也能够有效防止患者出院后复发（Pike, Walsh, Vitousek, Wilson, & Bauer, 2003）。不过，和其他障碍相比，针对厌食症的心理干预较少得到深入研究，而这些研究的科学质量也常常不达标（Fairburn, 2005; Le Grange & Lock, 2005）。

因为进食障碍的治疗往往效果不佳，因此人们在预防方面投入了更多精力（Stice & Shaw, 2004）。例如，早在小学阶段，节食和关注体重在女孩中就很普遍了（例如, Hunnicut & Newman, 1993）。因此，研究者开始考察针对年龄仅11岁的女孩所开展的预防项目是否有效。初步发现提示，这些预防项目能有效减轻那些有进食障碍患病风险的女孩对体重的担心（例如, Killen, 1996）。此类性质的干预项目已经在互联网上传播，从而增加普及性。早期的结果提示，这些基于互联网的项目能有效削弱大学女生中有关体像的担心和对变瘦的追求（例如, Wizelberg et al., 2000）。该领域也已经开发出了不需要临床工作者参与的、基于互联网的项目；初步发现提示，这些干预可能和需要临床工作者参与的干预方案同样有效（Stice, Rohde, Durant, & Shaw, 2012）。当我们考虑到神经性厌食症的症状发展成为一个完全发作的障碍之后，其病情非常严重、病程迁延且难以治疗，那么，这些致力于发展出大众易于获得的干预项目的努力就让人感到更加鼓舞了。

批判性思考

1. 有些研究和临床的坊间证据提示,神经性厌食症和对身体体形的知觉紊乱有关,即,当一个瘦弱的病人照镜子时,她看到的自己的形象却是一个体重正常或超重的人。但是,有些研究者相信,这种"知觉紊乱"的实质仅限于态度或情绪层面:因为病人"觉得"自己胖,并且有一种过度追求瘦的动力,所以她坚称在镜子中看到了自己超重的形象只不过是在传达这种感受。你认为哪一种看法更为准确,为什么?你认为神经性厌食症中真的存在对自己体形的知觉障碍吗?

2. 神经性厌食症的诊断和相关特征在何种方式上和其他障碍,例如强迫症,有相似之处?

3. 许多患有神经性厌食症的人在其病程中也会患有物质使用障碍和心境障碍(例如,重性抑郁障碍)。在你看来,为什么会出现这种情况?你认为之所以出现这些共病情形是因为这些障碍共享类似的风险因素吗?若是,它们共享的风险因素都有哪些例子呢?神经性厌食症的特征会怎样成为这些共病障碍的病因?

4. 神经性厌食症的治疗成功率低于神经性贪食症和情绪障碍(例如,焦虑障碍、心境障碍)。在你看来,为什么神经性厌食症相比其他这些障碍治疗起来更困难呢?

案例 13

恋童障碍

基本情况

艾伯特·加顿由一位著名精神科医生从另一个州转介而来，接受针对异性恋童行为的评估以及治疗。初次来访时，艾伯特是一位51岁的已婚白人牧师，居住在美国中西部。他有3个已经成年的孩子，两女一男，最小的孩子是一个19岁的女孩，正在另一个州上大学。他是一个长相严肃、个子很高的男人，尽管他十分配合，但在初始访谈中，他并没有主动提供多少信息。

艾伯特报告说，他触碰和抚摸10~16岁女孩的历史已经超过20年了。他估计自己至少和50个女孩有过这样的接触。最典型的这类接触是拥抱她们或抚摸她们的乳房。偶尔，他也会触摸女孩子的生殖器。艾伯特从没有将自己的身体暴露在女孩面前，也没有邀请她们用任何的方式来触摸自己。他报告自己在这些身体接触过程中会有一定程度的勃起，但是从来都没有在这类接触中射精。他不认为这种行为主要出于色情的目的，而是不断强调这是在交流情感。实际上，在初始访谈中，艾伯特报告说，鉴于这一理由，他对这些活动并未感到有什么悔意。不过，他十分担心若这件事情"被发现"的话，会对他的家庭和职业造成影响。

病　史

约在来访之前的12年，艾伯特的这种行为首次被发现，因而被迫离开了自己在美国中西部另一个州的教区。这件事情并没有被大肆宣扬，因此艾伯特在另一个州获得了一个新的教职，直至此次来访。尽管他开始寻求治疗并且同意在新教区中不和女孩子有任何躯体接触，但他很快就像之前一样在性方面活跃起来。这一行为一直持续到了他来接受治疗之前的几个月。

按照艾伯特的说法，在大多数情况下，女孩子对他的求爱行为反应积极，而且似乎也没有感到被冒犯或害怕。有几次，他和同一个女孩持续这类活动长达几个月。这些年来，尽管艾伯特处理着整个教区的行政和宗教事务，但他特别乐意参加那些有少女参与的活动，例如当地的女童子军活动。对艾伯特来说，少女典型的小巧乳房特别富有吸引力，因此除了上文中提到的那些活动之外，他每周会对着具有这一特征的女孩的照片手淫一两次，他会从那些被他称为"裸体主义杂志"的材料上找到这类图片。事实上，艾伯特订阅了大量带有恋童癖性质的色情杂志。而让他和他的家人都备感丢脸的是，有好几个月，这些杂志仍旧定期寄往他原来的教区，而收件人是那里的新牧师。

在来访诊所的几个月前，一位11岁女童子军成员的父母当面质疑艾伯特，因为他们听到自己的女儿讲了一些有关身体触摸的"奇怪故事"，想和艾伯特谈一谈。艾伯特称这只是一个误会，从而将这件事情暂时平息下去，直到另一个女孩的父母告诉第一个女孩的父母自己的女儿也提到过类似的事。这一事件立刻传开，而且很快就引发了公愤。艾伯特被当地主教解除了职务，并且暂时中止了他的牧师身份，严正要求他接受治疗。

艾伯特在青少年时期是一个相当压抑的年轻人，与女孩没有什么持续的社交接触。他26岁时结婚，并且第一次发生性行为。他从22岁时开始和女孩约会，但在结婚之前，他只和女孩子进行过一次轻度的抚摸。高中阶段，艾伯特手淫时的大多数性幻想都是围绕着乳房正在发育的少女形象进行的。

12年前，当他的恋童障碍行为在他原来的教区中第一次被发现后，艾伯特开始接受几段长程的心理治疗。他说，这些治疗中似乎没有一个对他的性唤起模式产生了任何效果。在他之前的治疗师中，有不止一位采取的治疗取向是假定他的婚姻关系存在某些问题。而这一点除了激怒艾伯特以外，也被他的妻子否认，她报告自己的性关系和婚姻关系是正常和令人满意的。

尽管发生了这些事情，但艾伯特和家人的关系仍然非常好，他的妻子也非常支持他，决心无论发生什么变故都会和他在一起。他的孩子们看上去也很支持他，但在很大程度上想要忽略或否认这些事情，认为它们不过是夸大其词或无中生有。艾伯特从来都没有对他的孩子们有任何性方面的接触。

DSM-5 诊断

基于上述信息，艾伯特的DSM-5诊断如下：

> 302.20 恋童障碍，非专一型，仅被女性吸引

恋童障碍是性欲倒错障碍之一。性欲倒错指的是强烈的、反复发生的、涉及不同寻常的物体、活动或情境的性渴望、性幻想或性行为，它们导致了临床上显著的痛苦，或造成了社会、职业及其他重要领域的功能受损。除了恋童障碍之外，在DSM-5中，其他主要的性欲倒错障碍类型还包括露阴障碍（性幻想、性冲动或性行为围绕着在毫无预料的人面前暴露自身生殖器，从而反复激发强烈的性唤起）、恋物障碍（性幻想、性冲动或性行为围绕着诸如鞋子、内衣等无生命物体，或高度特定地聚焦于非生殖器身体部位，从而反复激发强烈的性唤起）、性受虐障碍（性幻想、性冲动或性行为围绕着

被羞辱、被殴打、被捆绑或其他受苦方式,从而反复激发强烈的性唤起)、性施虐障碍(性幻想、性冲动或性行为围绕着使另一个人遭受心理或躯体痛苦,从而反复激发强烈的性唤起)、窥阴障碍(性幻想、性冲动或性行为围绕着窥视不知情的他人的裸体、脱衣过程或性活动,从而反复激发强烈的性唤起)以及异装障碍(通过变装反复激发自己强烈的性唤起)。

艾伯特的主诉十分符合DSM-5对于恋童障碍的界定(美国精神病学会,2013)。在DSM-5中,恋童障碍的主要诊断标准如下:①性幻想、性冲动或性行为围绕着与前青春期的单个或多个儿童(通常年龄为13岁或以下)有关的性活动,从而激起个体反复的、强烈的性唤起,持续时间至少6个月;②个体实施了这些性冲动,或这些性冲动或性幻想给个体带来了显著的痛苦或人际交往困难;③个体至少16岁,且比第一条诊断标准中提及的儿童至少年长5岁。DSM-5包含最后一条标准的部分原因在于防止在青少年当中错误地诊断恋童障碍。例如,一名16岁的少年若和一名12岁的少女发生性行为不会被诊断为恋童障碍。此外,DSM-5指出,不应对一个处于青春期晚期且一直和12或13岁的儿童发生性行为的个体给予这个诊断。

正如在艾伯特的DSM-5诊断中所看到的那样,当做出恋童障碍的诊断时,临床工作者必须配合3项标注来指明恋童障碍的类型:①性唤起模式(仅被男性吸引,仅被女性吸引,或被男女两性吸引);②恋童行为是否仅限于乱伦的范围;③病人是否只被儿童吸引(专一型或非专一型)。因此,艾伯特的诊断包括了"被女性吸引"的标注,因为他所有的性接触行为都围绕着前青春期的女性(未涉及有关同性恋的性幻想、性冲动或性行为)。使用"非专一型"的标注则是因为艾伯特同时被少女和成年女性所吸引(他和妻子有正常的性关系)。"仅限于乱伦"这个标注没有用到,这是因为艾伯特的恋童行为从未发生在和两个女儿的关系中。

这些标注的重要性以及恋童障碍的性质和治疗将在后文中进行详细讨论。

使用整合模型进行案例概念化

和本书中所呈现的其他障碍的模型不同（例如，惊恐障碍、重性抑郁障碍），目前恋童障碍的整合模型尚未得到多少科学证据支持（Barlow & Durand，2015）。例如，恋童障碍的模型中有关生物维度所扮演的角色，仅限于猜测。不过，像许多其他心理障碍一样，在恋童障碍的发展中也可能有生物因素的影响（例如，过度的性唤起、大脑中行为抑制系统薄弱；Ward & Beech，2008），但这一重要的问题还有待未来的研究。尽管还处于猜测阶段，但恋童障碍的整合模型对制订治疗计划仍然可以很有益处。这个模型认为，以下在儿童期至青春期晚期发生的现象，可能成为恋童障碍易感性的影响因素：①性方面不恰当的联想或经历；②没有充分发展出经过成年伴侣彼此合意的性唤起模式；③没有充分发展出恰当的社交技能。支持第一项易感性因素的部分证据源于如下的发现：恋童障碍患者往往自己就是童年性虐待的受害者（Fagan，Wise，Schmidt，& Berlin，2002；Seto，2008）。就另外两项易感性因素而言，无法和恰当的人发展出充实的性关系或社交关系，与发展出不恰当的性欲出口密切相关（Marshall，1997）。艾伯特个人历史中的某些方面和这一模型一致。例如，艾伯特在整个青少年时代的社交发展都十分欠缺，他报告自己十分压抑，并且回忆说自己几乎不能和女孩保持长久的社交关系。类似的，艾伯特在恰当性关系的发展轨迹上也是落后的（例如，22岁之前他都没有约会经历，直到26岁结婚后他才开始经常进行异性恋的活动）。

这3个因素是易感性的不同维度。它们并不是一定会导致恋童障碍发生，而是说，当它们与其他因素共同作用时，这些易感性维度会增大某些偏异的性唤起模式出现的可能性。在这些因素中，最为重要的是手淫带来的性愉悦感会反复强化特定的性幻想和行为。事实上，目前几乎每一种有关性障碍的理论模型都把偏异的手淫性幻想看作维持各类性欲倒错问题的关键因素；因此，这一因素也成了大多数治疗干预的主要目标（Seto，2008）。

关于手淫性幻想对性欲倒错的影响，我们先来看一个示例：个体在手淫过程中，几乎总是幻想当邻居在卧室更衣的时候窥视她。这些幻想，以及之后的窥阴行为本身，由于反复和一种愉悦的结果（例如，高潮）配对而得到了强化。因而，这些性幻想、冲动和行为与强烈的性唤起之间反复出现的联系，使得这种偏异的唤起模式得以维持或增强。整合模型中的这一维度在艾伯特身上清晰可见。他高中时期所有的手淫性幻想都围绕着那些乳房还在发育中的女孩子。而作为一个成年人，艾伯特每周也会用色情杂志提供的具有小巧乳房的少女图片来手淫一到两次。成年之后，艾伯特的偏异性行为已经远远超越了有关少女的幻想和图片。事实上，对少女进行实际的恋童行为对他而言有很大的强化作用（例如，触碰少女的乳房总是会导致一定程度的勃起）。

发展出偏异的性唤起模式之后，恋童的想法、幻想和行为在个体反复试图抑制或压制它们时，其频率和强度反而会增加。和其他诸如进食障碍之类的问题一样，限制食物摄取的强烈冲动可能会促发暴食，而恋童障碍患者若尝试压制其偏异的幻想和行为可能会体验到这些幻想和行为反而有所增加。在艾伯特的恋童行为第一次被人发现之后，他努力避免和女孩子发生任何躯体接触，但这种努力很快就破产了。在短期的克制过后，艾伯特的恋童行为就和他被迫离开旧教区之前一样活跃——甚至可能更活跃了。

除了压抑或克制失败以外，艾伯特还表现出恋童障碍的一个常见特征：有强烈的将自己的恋童行为合理化的倾向，认为这些行为是可以接受的。在恋童障碍患者中发现的合理化论点主要包括：他们在某种程度上给儿童提供了爱和情感，或给予了他们一些性教育，这些会让儿童受益，而且这种情感的表达是无法通过其他途径进行的，或者通过其他途径进行会有局限。艾伯特的临床主诉中最令人印象深刻的一点就是他毫无悔意。艾伯特本人也谈到了自己缺乏悔意的行为，并且似乎也对此感到迷惑，因为他起码在理智层面能够认识到自己行为的严重程度。然而，合理化的倾向在艾伯特身上表现得很明显，虽然他有时会触摸少女的生殖器，而且他还会针对"裸体主义杂志"进行手淫，但他依然认为自己的行为"充满爱意"。

治疗目标和计划

在尝试对艾伯特的偏异性唤起模式进行直接干预之前，治疗师必须首先处理艾伯特对于改变的动机，因为这很可能会影响到他是否能配合实施其他治疗策略。因此，治疗的最初目标就是去除艾伯特的一些合理化观点。

艾伯特的治疗最主要的成分是内隐敏感训练（covert sensitization；Cautela，1967；Cautela & Kearney，1993）。这种方法会将艾伯特的偏异性唤起模式作为目标，而性唤起模式在整合模型中被看作性欲倒错问题最重要的维持因素。这一干预方法的目标是改变和偏异性唤起模式有关的联系和情境，让它们从能引发性唤起和愉悦感的刺激变为中性刺激或厌恶刺激。这主要通过反复配对来进行，即在病人的想象中将令其愉悦但需要改变的性欲倒错行为的场景和某种令人厌恶或恶性的后果联系起来。经过系统的实施，这套程序能够对病人的偏异思维、幻想和行为进行新的条件化。通过内隐敏感训练，曾经和愉悦的结果联系在一起的材料将会和令人厌恶的结果联系在一起，从而击破性欲倒错的关键维持因素。

另一个针对偏异性唤起模式的治疗技术是手淫消退法（masturbatory extinction），也叫作手淫饱足法（masturbatory satiation）或高潮重新条件化训练法（orgasmic reconditioning；Alford，Morin，Atkins，& Schoen，1987；Maletzky，2002；Marshall，1979）。这一技术有不少变式（例如，Davison，1968），但一般的程序是让病人借助适当的性刺激（例如，有关成年异性性交的视频）进行手淫并达到高潮。在达到高潮之后，治疗师指导病人在呈现其偏异性刺激（例如，对于艾伯特而言，是没穿衣服的前青春期女性）的情况下进行长时间的手淫（通常至少1小时）。因为病人刚经历过高潮，因此这会让他无法再对偏异刺激产生性唤起。根据学习原理（经典条件反射或操作条件反射），将病人典型的偏异性刺激与缺乏性唤起的情况反复配对，可以打破性欲倒错材料和性唤起之间的联系（这个过程叫作消退）。除了消退针对偏异刺激的性唤起反应之外，这套步骤还能够建立起恰当的性唤起模式，因为它们将性唤起和高潮与描述正常性行为的材料反复配对。

治疗过程和治疗结果

从第一次治疗开始直至整个治疗期间，治疗师都为艾伯特提供了自我监控表格，以记录他正常的和恋童的性想法、幻想和行为的频率及强度。在第一次治疗之前，治疗师使用阴茎张力记录仪对艾伯特的性唤起模式进行了生理评估（Barlow, Becker, Leitenberg, & Agras, 1970; Harris & Rice, 1996）。评估方式包含播放成年异性性活动的影片以及未穿衣服的学龄女童的照片。在艾伯特观看这些材料时，一台测量阴茎周长的仪器会记录他的性反应（即他的勃起情况）。结果发现，艾伯特对于恋童刺激反应强烈。

之前已经提到，首先处理艾伯特的治疗动机很重要，因为他表现出了强烈的合理化自己恋童活动的倾向。治疗师指导艾伯特列出各种具体的合理化理由，他开始在家中完成这项任务。治疗师也要求艾伯特仔细思考女孩子对他的接触有何反应，以及他是否忽略了任何负面的线索。显然，他在"恰当"和"不恰当"恋童行为之间确立了清晰的界限。例如，和一个儿童进行性交或者在性方面强迫一个孩子，他对这些事件的厌恶程度和大多数人相当。但是艾伯特认为，爱抚女孩的乳房和生殖器是一种表达爱意的行为。以下一些证据可以表明艾伯特进行了合理化：①他报告，大多数女孩子对他的行为反应积极；②他使用第三人称描述自己的许多行为，以此使之成为客观对象；③在恋童行为被发现之后，大多数教众的反应让他感到愤愤不平，他认为在某种程度上，他们对于自己多年以来在教区中的服务毫无感激之情（他还指责主教不够支持他）；④他划分出了"好的"和"坏的"恋童行为。

为了击破这些阻碍，治疗师邀请艾伯特考虑两个情境。第一，如果艾伯特发现自己的一个女儿曾经被陌生的成年男人抚摸或者动手动脚，他会有什么反应。一开始，艾伯特认为这是假设性的提问，试着岔开话题，但随后又回答说，他从来没考虑过这种可能性，而且已经将这种可能性彻底排除。在余下的治疗时间里，尽管治疗师多次尝试引入这一问题，但艾伯特仍然拒绝考虑。第二，就教众们的反应而言，艾伯特被问及，若主教被人发现在几年前某个周六的晚上在城市的暗巷里强奸过一名女性，那么他会有什么反应。艾伯特最终承认，自己的行为至少和假设中主教的行为同样令人厌恶，而且也都的确让人十分震惊。

在前几次治疗会谈当中和会谈间隙思考这些议题，让艾伯特对自身问题中的某些方面变得敏感起来。他逐渐意识到——至少在理智层面——自己的行为激起了他人的恐怖感，并由此推断出这种行为具有令人厌恶的性质。尽管如此，治疗师还是要求他在会谈中想象他的女儿被猥亵的情境，并且要尽可能生动地想象这一场景。治疗师指导艾伯特"在情绪上感受这一场景"，然后报告他的反应。其次，他还要想象另一个类似的场景：在所有教众观看的情况下，他和他最近一次侵犯的对象进行了生殖器部位的接触。

与此同时，治疗师也给了艾伯特一些有关于儿童性虐待后果的阅读材料。事实上，他报告说他早已熟悉其中的部分材料，但当时他是以一种抽象的、理智的方式来阅读它们的。在接下来的几周里，艾伯特报告他的手淫性幻想中开始包含一些没有名字、面目不清的人，他们正看着他，而且他的性幻想变得模糊，很像是电视机画面静止了。

到了第四次会谈时，艾伯特明显开始体验到自己行为的可厌与可怖之处，他表露出了一些消极情感，还流下了眼泪。和之前的会谈相比，这是一次明显的转变。在前几次会谈中，艾伯特讨论自己的行为时几乎没有表现出多少情绪。自我监控记录显示，艾伯特已经停止了所有类型的手淫行为。自此，引入内隐敏感训练的步骤开始实施。

在早期的会谈中，治疗师记录下了艾伯特的行为细节。在自我监控表格中可见，此时他的恋童幻想已经不那么频繁了。艾伯特的幻想频率降低最有可能和他最近发现自己的恋童活动具有令人厌恶的性质有关，这一发现对他而言是一种惩罚。尽管如此，艾伯特的恋童行为模式仍然没有变化。一种典型的表现是，艾伯特会以一种玩游戏般的方式接近恰巧独自待在教堂休闲室里的女孩，或搭他顺风车去往别处的某个女孩。他会将自己的手臂放在女孩身上，或者环在她身后，慢慢地将手移动到女孩的胸部，或者情况合适的时候会移动到她的生殖器部位。他会非常小心地确保，女孩在此之前是否有所反应，或者在整个接触过程中她是否一直有所反应。若对方有任何不情愿或缺乏反应的迹象，艾伯特就会马上停止，改为掰手腕或其他游戏活动，这些活动不会涉及胸部或生殖器区域的接触。少数情况下，当他夏天在附近的一个湖里游泳时，也会做出相同的行为。

除了这些相当固定的行为模式外，艾伯特在各种场合中看到年轻女孩时都会体验到某种冲动。这些冲动的程度各异，他可能一直注视着某个女孩，同时脑海里出现一套完整的性想法，也可能只是所谓的"瞥了一眼"，即艾伯特发现自己看向了某个在他原来视野之外的女孩，同时没有觉察到脑海中有任何直白的性想法。换句话说，这意味着若不是某人恰好具备特定的年龄和性别，可能并不会引起他的注意。

因为在此时，艾伯特并未实施其偏异行为，而且也没有性幻想（在看不见女孩时产生的性想法），自我监控的范围缩小到了"冲动"上，即看见女孩时脑中出现的任何性想法、意象或冲动。治疗师要求艾伯特全天随身携带一份自我监控表格，记下所有的性冲动。这些记录按天划分，他可以记下一天中出现完整性冲动或"瞥了一眼"的次数。治疗师指导艾伯特，当这些冲动和"瞥了一眼"出现后，要尽早记录。

在进行内隐敏感训练之前还有另一项深度评估步骤，即鉴别出在病人的头脑中，自己的偏异行为可能出现的最糟糕的结果是什么。和艾伯特在最初几次治疗会谈中的反应一致，他报告，别人观察自己从事这种行为会激起他特别强烈的负面情绪反应。他也表现出对于恶心和呕吐等意象较为敏感，这正是内隐敏感训练中经常用到的一系列厌恶场景。若恶心和呕吐并不那么令病人厌恶，有关流血和受伤，或是蛇或蜘蛛在皮肤上爬的景象可能特别有效。获得这一信息后，艾伯特就准备好开始内隐敏感训练了。

在开始内隐敏感训练之前，治疗师先告知艾伯特这种干预方法的原理。确定艾伯特明白原理之后，内隐敏感训练就正式开始了。因为艾伯特已经鉴别出"被抓现行"或者被他的家人和好友看到是他能够想象到的自然情境中最令其厌恶的后果，而且他对恶心和呕吐比较敏感，所以对这两类厌恶场景的运用贯穿了整个内隐敏感训练。第一个场景内容如下：

请靠在椅子上坐着，尽量放松。闭上你的眼睛，把注意力集中在我所说的话上。请想象你在教堂休闲室里。注意那里的家具……墙壁……以及置身于房间里的感觉。房间一旁站着乔安（一个13岁的女孩）。她向你走来，你注意到她头发的颜色……她穿的衣服……以及她走路的方式。她走过来了，坐在你身边。她主动向你示好，显得非常可爱。你好像玩游戏似的碰碰她，然后开始感到自己有了反应。她问你关于性教育的问题，于是你开始摸她。你可以感觉到自己的手抚摸着她光滑的皮肤……她的裙子……然后放在她衬衫下的乳房上。

你感到越来越兴奋，你开始脱掉她的衣服。你把她的裙子脱掉的时候，你可以感觉到衣料从你的手指上滑过的感觉。你开始抚摸她的手臂……她的背部和她的乳房……现在你的手放在她的大腿和臀部。你变得更兴奋了，你把手放在她的两腿之间。她开始摩擦你的阴茎。你注意到了这种感觉多么美妙。你开始爱抚她的大腿和生殖器,并且变得极为兴奋。

你听到了一声尖叫!你转过身来,看到自己的两个女儿和你的妻子。她们看到你在那里——赤身裸体地猥亵那个小女孩。

她们开始哭泣。她们歇斯底里般地哭喊。你的妻子跪倒在地,双手抱头,说着:"我恨你,我恨你!"你走过去想要抱住她,但是她害怕你,跑出去了。你开始感到极度恐惧,失去控制。你想要自我了断,让一切就此结束。你明白你对自己都做了些什么。

这些令人厌恶的情境以十分详细具体的方式呈现出来,为的就是激发性唤起以及促进想象的进展。一开始,厌恶场景在整个行为链条的后半部分才被引入(例如,在艾伯特开始爱抚女孩之后);随着治疗的进展,令人厌恶的场景会在性唤起序列中靠前的部分就被引入(例如,当艾伯特体验到触摸女孩的冲动时)。

除了这类艾伯特被家人抓个现行的场景外,其他包含了恶心和呕吐的场景也被应用在治疗中。在这些意象里,当艾伯特想要和女孩进行生殖器接触时,引导他想象自己越来越觉得恶心:"感觉恶心一直蔓延到你的喉咙口,你开始努力咽口水,想要压住这种感觉。你开始不受控制地干呕,随后呕吐物从你的嘴里和鼻孔中溢出来,你的衣服和小女孩的衣服上到处都是呕吐物。"在后期的治疗会谈中,这一情境得到了进一步"润饰",治疗师引导艾伯特想象他不断呕吐在小女孩的大腿上,于是小女孩的皮肉开始在他眼前腐烂,从中爬出许多蛆虫。尽管这类润饰并不是对每个病人都有效,但它们对艾伯特显然很有效。在想象这些场景时,治疗师观察到艾伯特变得十分紧绷,在椅子上坐直身体,结束后则显得筋疲力尽。在之后的治疗会谈中,艾伯特偶尔会带来一件备用衬衫,因为他害怕自己真的会在内隐敏感训练中吐出来。

最初的训练让艾伯特能够很快进展到性行为的行为链条后期,然后才引入厌恶场景。但是在后期的会谈中,令人厌恶的场景在性唤起序列早期就被引入。凭借这样的方式,令人厌恶的场景得以和恋童行为链条上非常早期的部分进行配对。到了治疗的最后阶段,常常从"瞥一眼女孩"开始就进行配对。这些场景以两种不同的形式呈现给艾伯特。在第一种叫作"惩罚"的形式中,先呈现性唤起的场景,然后导致令人厌恶的结果。在第二种叫作"逃脱"的形式中,艾伯特随着引导想象中开始性唤起的场景,接着迅速勾画出其负面后果,随后尽快转身撤离这个情境,而当他远离这个情境之后,就会感觉到十分欣慰和放松。

在这个治疗阶段,一次典型的会谈通常包含5个场景的呈现,要么是3个惩罚场景和2个逃脱场景,要么反过来。这些场景发生的地点要符合与艾伯特有关的那些典型地点。两类厌恶场景需要以随机的方式交替呈现,或者有时候也可以组合在一起。

当艾伯特可以生动地想象这些情境,并且能处理所有信息之后,他要在治疗师在场的情况下自行完成训练。艾伯特和治疗师讨论并练习了有助于解决想象画面不够清晰的方法。在会谈当中,自行实施想象练习期间也会夹杂着治疗师主导的想象练习。几次会谈之后,当艾伯特明显可以自主练习并且和治疗师指导下的练习同样有效时,治疗师便开始给他布置作业。艾伯特要使用一个0—100的量表来监控他自己实施的想象练习的强度,0代表没有任何强度,而100代表练习与真实发生的事件一样生动。艾伯特评估自己最初几次想象练习的强度在10%~50%之间。随着时间推移,艾伯特对练习强度的评价稳定在50%~70%之间。艾伯特的治疗师认为,这个区间的强度足以产生良好的效果。最初,作业的频率是每天练习一次,每次想象3个场景。几周之后,为了让练习的强度达到最优水平,作业的频率减少为每周2次。

在这段时间里,自我监控表明艾伯特偶尔会有冲动和"瞥了一眼"的情况，但是仍然没有任何恋童幻想和手淫活动。事实上，在艾伯特对局面感到担忧之后，他就减少了手淫活动，而在治疗开始之前就完全停止了。与此同时，治疗师和一直非常支持艾伯特的妻子进行了几次访谈，发现两人的性行为有所增加，平均每周两三次。而且两人都描述这些性行为的质量有所改善，令他们十分满意。

此时，内隐敏感训练的最后一个阶段开始了。在这个阶段，一旦出现有关恋童的冲动或者"瞥了一眼"的现象，艾伯特就得在真实情境中运用那些令人厌恶的意象。也就是说，治疗师要求艾伯特在出现任何冲动或"瞥了一眼"的情况后，立刻想象一个令人厌恶的画面。艾伯特报告一开始比较困难，于是就着手提升了自己进行这一部分治疗的能力，随后他注意到自己冲动和"瞥了一眼"的数量逐步减少。

在治疗的前半段，社区对于艾伯特行为的反应险些破坏了治疗进程。虽然艾伯特已经搬离了教区，但他的一部分家人仍然留在那里。艾伯特偶尔会从他的临时住处回到镇上，为自己和妻子即将实施的搬家计划做一些准备，也会见几个老朋友。在此期间，像他早先担心的那样，社区里产生了非常激烈的反应。针对他的行为产生了非常夸张的谣言，并四处流传，并且有人声称他之所以住在另一个州只是在等待职位中止令到期，同时避免司法指控。还有流言说，他对自己的问题抱着无所谓的态度，已经停止了治疗。社区的这些反应不仅影响到他的家人，对于治疗也产生了严重的干扰。事实上，艾伯特经历了短暂但严重的抑郁，导致他的治疗进展受阻，内隐敏感训练被迫暂时中止，治疗师转而讨论社区反应对他的影响。事实上，这一事件让艾伯特十分痛苦，不仅仅是因为恶意的指控，还因为这里的人们在他多年的服务中一直表现出极大的支持和尊重，所以他一直幻想社区会在他完成治疗后张开怀抱欢迎他回归。然而到了这一刻，艾伯特终于意识到这种情况绝无可能会发生了，由此开始现实地规划去其他地方定居，从而继续自己的治疗。

在治疗开始4个月后，艾伯特的恋童冲动已经下降到了0，而且一直维持在这个水平。此时，艾伯特和他的妻子确定在另一个州定居，并且他在当地的一家五金店谋得了一个职位。他每次单程花费5小时来见治疗师，维持着每2周做一次长时段会谈的频率，完成了余下的治疗。在治疗开始6个月后，艾伯特又进行了一次完整的评估，结果表明他对治疗的反应非常好。治疗就此终止，并计划一个月后进行第一次随访会谈，然后再按照那时的情况来降低频率。

在之后的18个月里，艾伯特定期进行了随访会谈。此后进行了一次全面评估，包括了用阴茎张力记录仪做的生理评估，表明恋童的性唤起模式没有复发。和艾伯特的长时间访谈以及和他妻子单独进行的访谈也支持了这一结果。艾伯特和他的妻子都报告很适应在新地方的生活。艾伯特在那里一直为同一个雇主卖力工作着，因而上级希望他能承担主管职责。在过去的一年中，他的婚姻关系也在不断改善。艾伯特还开始在新社区中广泛参与志愿工作。

这次随访后又过了两年多，即在治疗开始约4年后，又一次随访证实了艾伯特的恋童性唤起模式没有复发。艾伯特在他的新岗位上依然表现出色，而且已经是一家小型连锁五金店管理层中的第二号人物了。在社区中，他也继续活跃着。他时不时会写信给教会，要求澄清他的现状，但教会坚持对此置之不理。他已经完全放弃了回归教会的希望，哪怕只是兼职也不可能了。尽管如此，艾伯特仍然希望，他服务了那么多年的教会某一天或许会解除职位中止令，允许他偶尔为家人进行宗教仪式。除此以外，艾伯特全心投入到他在新社区中的日常生活上，并计划着10~15年后退休，和妻子在气候温暖的南方开始新生活。

讨 论

尽管缺乏对恋童障碍患病率的估算，但有些调查显示，10%~20%的人在儿童期或青春期曾是性骚扰的受害者（Fagan et al.，2002；Finkelhor，1979；Lanyon，1986）。这些研究显示，女孩遭受性骚扰的概率几乎是男孩的2倍。现有的数据显示，将近3/4的男性性侵者完全只选择女性为对象，约1/4的男性性侵者会选择男性为对象，而很小一部分人会骚扰男女两性（Lanyon，1986）。性侵者通常是受害者的朋友或亲属。通常来说，对儿童的性骚扰不包括躯体暴力成分，事实上，侵犯者常常利用自己作为成年人的权威说服孩子赞同他的性侵行为（Finkelhor，1979）。和其他的性欲倒错问题一样，恋童障碍几乎只出现在男性当中（Fagan et al.，2002）。如果不加以治疗，或者治疗不对症，这种障碍的病程往往是慢性的（Hanson, Steffy, & Gauthier，1993；Seto，2008）。学界一度认为，性欲倒错患者通常只从事一种类型的偏异性行为，但证据提示实则不然。例如，在一项对561名未被监禁的性欲倒错男性患者进行的大型调查中，有89.6%曾经实施过不止一种性欲倒错行为（Abel, Becker, Cunningham-Rathner, Mittelman, & Rouleau，1988）；事实上，该样本中37.6%的人曾经进行过5到10种不同类型的偏异性活动。尽管艾伯特的性侵历史很长（他至少骚扰了50个女孩），但幸运的是他只进行一种性欲倒错行为（异性恋恋童障碍）——之所以说"幸运"是因为，有证据显示，多重性欲倒错意味着糟糕的治疗效果（Maletzky，1991，2002）。

读者也许还记得，艾伯特的恋童障碍诊断带有"仅被女性吸引"和"非专一型"（而非"仅被男性吸引/被男女两性吸引"和"专一型"）的标注。除了呈现更完整的诊断图景之外，标注中的信息对于该障碍的病程、治疗和预后来说都很重要。例如，尽管关于针对性侵者的长期治疗效果尚无多少科学文献（参见 Furby，Weinrott，& Blackshaw，1989；Maletzky，2002；Marques，Wiederanders，Day，Nelson，& Ommeren，2005），但偏好男性的恋童障碍患者的再犯率（治疗后或犯罪后继续从事性侵行为的比例）可能高于偏好女性的患者（美国精神病学会，2000）。一项研究显示，基于阴茎张力记录仪的测量，面对成年女性的刺激，有乱伦历史的男性比没有乱伦历史但有恋童障碍的男性而言，唤起水平较高（Marshall，Barbaree，& Christophe，1986）。尽管这并不符合艾伯特案例中的情况，但这一研究提示，没有乱伦历史的男性恋童障碍患者更有可能表现出完全聚焦于儿童的性唤起模式。这一信息对于制订治疗计划非常重要，因为除了降低对儿童的性唤起外，治疗也应该重视帮助患者发展出对成年人的性唤起模式。

尽管类似本章中所描述的这些程序可用于治疗恋童障碍，但通常仅有专科诊所才能提供这类项目。除了前文中描述的技术之外（例如，重构有关偏异性行为的合理化、内隐敏感训练、手淫消退法），这些治疗项目一般还会处理该问题中的人际和家庭方面（Fagan et al.，2002；Lanyon，1986；Marshall，Eccles，& Barbaree，1991；Seto，2008）。例如，社交技能训练也常用于治疗性侵者，因为这些病人中有社交技能缺陷的比例很高，这个特征在整合模型中也是发展出恋童障碍的易感因素之一。本篇案例重点关注了内隐敏感训练在艾伯特案例中的应用，但是针对恋童障碍的有效治疗可以包含好几个部分，例如认知、行为、人际及家庭因素等。此外，这些项目通常都会包括预防复发的程序（Laws，Hudson，& Ward，2000；Marshall，Hudson，& Ward，1992；Marques et al.，2005）。预防复发程序旨在帮助病人：①意识到从事偏异性行为冲动的早期迹象，②在唤起或冲动变强之前，使用多种自我控制手段（例如，内隐敏感训练）。某些药物（例如，安宫黄体酮，一种抗雄性激素的药物）也可以用于性欲倒错的治疗。这些药物会极大地降低睾丸酮的水平，从而削弱性欲、减少幻想。不过，这些药物不常使用，因为大多数性欲倒错患者对心理干预反应良好（Malestzky，1991，2002）。

考察针对性欲倒错的心理治疗有效性的早期研究都是个案实验或只包含很少数量的病人,目前文献中已经开始出现大样本的疗效研究。例如,Maletzky(1991,2002)报告了在俄勒冈大学医学院接受治疗的7000名性侵者的长期疗效(病人接受了长达17年的随访)。"治疗成功"的标准如下:①完成所有的治疗会谈;②在任何一次随访的阴茎张力记录仪评估中未表现出偏异的性唤起;③自治疗结束后,任何时刻都没有再出现偏异的唤起或行为;④没有从事偏差性活动的法律记录,哪怕是最终没有被立案的记录。在这一研究中,被归类为"治疗成功"的性侵者所占比例在75.5%到96%之间(Maletzky,2002)。在以下性欲倒错类型中,治疗成功率达到了90%以上:恋兽障碍(和动物发生性行为)、情境性的恋童障碍、露阴障碍、窥阴障碍、公开手淫、恋物障碍以及打色情电话。有多重性欲倒错问题的个体(包括那些同时具有异性恋和同性恋恋童障碍的男性)或有强奸史的个体治疗效果最差。在一个大型成年性侵者样本(Fagan et al.,2002)和一个青少年性侵者样本(Becker,1990;Fanniff & Becker,2006)中也获得了类似的结果。Maletzky(1991)还发现了另一些和糟糕的预后有关的因素,包括:社交关系不稳定、就业历史不稳定以及强烈否认问题的存在。最后这个因素凸显出为何在开始内隐敏感训练之前,解决艾伯特的认知合理化问题是如此重要。若没有处理好这些议题,那么艾伯特很可能不会配合其他方面的治疗尝试,从而大大降低获得良好治疗结果的概率。此外,艾伯特获得了家人持续、深厚的支持,不仅仅是在事发后最初的危机阶段中,在整个治疗中也都是如此。这种支持的来源也不限于家人,还包含了原来社区中了解他的病情的几位老友,当然更多地还来自他在新社区中结识的朋友——他们对他的问题则一无所知。这种支持对于艾伯特而言十分珍贵,无疑有助于他产生积极、持久的治疗反应。

批判性思考

1. 尽管司法系统会处理那些犯下恋童罪行的人，但恋童障碍仍然属于一种心理障碍，其特征是强烈的、不可控的冲动，想要与儿童发生性接触。恋童障碍作为一种心理障碍，是否应该影响司法系统处理此类患者的方式呢？为什么？你同意恋童障碍是一种心理障碍吗？或者你认为它应该仅仅被视为一种犯罪行为？

2. 在你看来，哪些因素对于恋童障碍和其他性欲倒错的发展最为重要？

3. 患有恋童障碍的人常常具有强烈的合理化自身行为的倾向。他们称自己的行为是可以被接受的，有时候甚至不会表现出任何悔意（就像艾伯特那样）。你认为哪些因素造成了这一状况？

4. 正如艾伯特的案例中那样，心理生理评估（阴茎张力记录仪）常被用来监控治疗对于病人偏离常态的性唤起模式是否有效。你相信这样的测量能够准确地衡量这些病人的唤起模式吗？或者，你认为病人有可能在这类评估中"假装康复"（例如，通过调节自己的勃起反应来表明自己对恋童类型的刺激没有性唤起，而对恰当的性线索有足够的性唤起）吗？请论证你的答案。

案例 14

酒精使用障碍

基本情况

被转介至退伍军人管理局医疗中心（以下简称"退伍军人医疗中心"）的心理服务部时，史蒂夫·约翰逊45岁，是一位离异的非裔男性。此前他已有多年酒精滥用和依赖的治疗史，而且所有的治疗都以失败告终。最近，法庭对他的醉驾行为举行了听证会，并强制将他转介至退伍军人医疗中心。

与退伍军人医疗中心的心理学家初次会面时，史蒂夫显得很有魅力，外表得体且十分聪明。但在这次会谈中，史蒂夫表现出了抑郁、焦虑，还有点恼怒。尽管在会谈中他坐立不安，身体动个不停，可他一直相当安静，仅在回答心理学家的提问时才会说话。在整个会谈期间，史蒂夫一直牢牢盯着心理学家。虽然这样目不转睛地看着心理学家显得有些敌意，但对于心理学家的提问，史蒂夫通常以一种表面上十分礼貌的方式予以回答。史蒂夫承认，他接受治疗的动机很大一部分源于恐惧，他害怕如果自己的酗酒行为再不改变的话，法庭就不会再允许他开车上路。与此同时，史蒂夫也谈到了开始和退伍军人医疗中心接触的其他一些原因。其中一个原因和饮酒带来的生理影响有关。史蒂夫不仅注意到自己在记忆方面出现越来越多的困难，还报告自己最近体检的结果很差，肝功能指标上升。另一个原因是，史蒂夫报告说在酒精的影响下，他常常对自己的妻子进行言语虐待，有时还会有躯体虐待，而妻子最近已经给史蒂夫下了最后通牒，"要么戒酒，要么这个月底就从家里滚出去"。史蒂夫所说的"妻子"实际上是他第二段婚姻的前妻。

虽然史蒂夫42岁的时候已经与她离婚了，但双方在离婚一年之后达成了和解，重新生活在一起，包括他们的孩子（12岁）。虽然他们并未复婚，但和解之后，两人有了第二个孩子（1岁半）。因此，史蒂夫表示，饮酒给他妻子造成了麻烦是他决定寻求治疗的另一个重要原因。史蒂夫还告诉心理学家，鉴于自己之前控制饮酒的各种尝试都失败了，因此"我是一个废物，家里人再也不会关心我了"。事实上，史蒂夫在这次会谈中表现出的大部分负面情绪都和他酗酒的人际后果有关。

当心理学家问及他最近的饮酒模式和相关症状时，史蒂夫报告他每天要喝550毫升伏特加。从上午过了一半或临近中午时开始喝，全天随身携带伏特加，直到刚入夜的时候把酒喝光为止。而几乎每个夜晚，史蒂夫都会再喝6罐啤酒，"这样我才能睡着"。除了这些过量饮酒行为外，史蒂夫还明确表现出酒精依赖的其他两个标志性特征：①耐受性，即持续饮用相同量的酒精导致其效果（例如，感觉"情绪高涨"）显著下降；②戒断症状，即在停止饮酒或减少饮酒量后，在行为和生理方面出现令人不快的后果。史蒂夫报告自己在之前戒酒或减少饮酒的尝试过程中，体验到了流汗、颤抖、失眠、焦虑、恶心和坐立不安等情形。于是，他为了消除这些不愉快的戒断症状而恢复饮酒。

病　史

史蒂夫报告，他从18岁开始喝酒，当时他开始了自己的军旅生涯。史蒂夫在美国海军的船上担任事务长达17年（即18岁到35岁期间）。他在加利福尼亚州开始军事训练后便和他高中的女友分隔两地，5年后两人结婚（在他26岁时离婚）。史蒂夫称，喝酒主要是因为在加利福尼亚州训练时开始感到孤独和想家。不过，史蒂夫回忆那时他的饮酒行为没有达到物质滥用的地步，他主要是在周末以及休假、娱乐的时候和好朋友一起饮酒。

然而，史蒂夫19岁那年，他的母亲离奇死亡，此后他的饮酒行为显著增加。史蒂夫报告说，他的父亲常年在躯体上虐待自己和母亲。这种虐待有时非常残暴，以至于史蒂夫在心理上仍然遭受着折磨（后文将会讨论这一点）。尽管史蒂夫反复恳求母亲离开家（史蒂夫和母亲感情深厚），但她仍然和史蒂夫的父亲在一起，继续承受着不时发生的躯体虐待。在执行一次太平洋中部的航程期间，史蒂夫从父亲处得知了母亲的死讯。父亲告诉他，母亲因为"从楼梯上摔下来"而去世。在这次谈话中，史蒂夫发现，母亲早在3个月前就死了。当史蒂夫询问为何不尽早告知他母亲的死讯时，他的父亲回答说，之所以现在才告诉史蒂夫是怕他太难过。尽管史蒂夫认为母亲的死亡极为可疑，但警方认为这起死亡属于意外事故，而且从来都没有讯问过他父亲是否在这次事故中扮演了什么角色。

史蒂夫得知母亲去世的消息之后，开始频繁地大量饮酒。他回忆，在这段时间里，他发现酒精能够"安慰自己"，并且可以帮助他控制自己强烈的愤怒和悲伤。此外，史蒂夫还发现，酒精减少了他晚上做噩梦的频率，从而让他睡得好一些了。当心理学家问及噩梦经历时，史蒂夫说噩梦中包含各种自己被残酷虐待的回忆片段；在史蒂夫6岁到16岁期间，他的父亲、叔叔和祖父都曾经这么虐待过他。在后续治疗当中，史蒂夫还透露自己曾经多次遭受性虐待，而侵犯他的人是他的叔叔（他父亲的亲兄弟）。除了反复出现噩梦，这些经历也让史蒂夫体验到相当严重的广泛性焦虑、社交退缩及难以信任他人，并且回避自己的原生家庭成员。即便到了他首次来访退伍军人医疗中心心理服务部的时候，史蒂夫报告自己的饮酒行为仍然在很大程度上是为了减少噩梦，减轻与过往回忆有关的症状（即持续的焦虑）。

自19岁起，史蒂夫的饮酒就成了一个问题。从船上休假回家时，他的饮酒状况通常会变得更为糟糕；而在执行任务期间，他会在完成当天的工作之后开始喝酒。史蒂夫还回忆起，在母亲的忌日和圣诞假期，自己的饮酒频率和饮酒量也会增加。酒精滥用问题是他第一次婚姻解体的关键因素。史蒂夫的第一任妻子非常关注他在休假回家时到底喝了多少。她曾经几次威胁说，如果史蒂夫不停止喝酒的话，她就要离开他。某次喝酒时，史蒂夫面对这些威胁的反应是狠狠地打了他妻子。第二天她就离开了，并带走了他们的两个女儿（在史蒂夫首次到访退伍军人医疗中心时，这两个女孩分别为22岁和20岁）。在当时，以及他第二次离婚后，史蒂夫都因为独自生活而感到十分苦闷，他的饮酒问题也由此变得更糟糕了。

饮酒对史蒂夫的军旅生涯也造成了重大的负面影响。史蒂夫曾被海军5次（分别在24、27、34岁时，另外在35岁时有2次）勒令戒酒和接受康复治疗。因为这些治疗都没有获得稳定的效果，史蒂夫在35岁时因为酒精依赖被军方除名。离开军队后，史蒂夫几次尝试接受门诊治疗，这些治疗让他在一段时间内保持了戒断状态（最长的一次达到14个月），而过后他又开始大量饮酒；不过，他一直相信自己能够控制饮酒行为，而且"就像其他人一样——每天只喝一两杯就不喝了。"

史蒂夫被海军除名后，再也没有过稳定的工作。在第一次来访退伍军人医疗中心时，他正处于失业状态中，但鉴于他对绘画有强烈的兴趣和天赋，他参加了一个非全日制的课程，以期获得美术硕士学位。离开部队后不久，史蒂夫就在烹饪方面拿到了本科学位。不过，因为饮酒问题，他频繁缺勤，所以虽说拿到文凭后他找到好几份厨师工作，但他总是难以保住这些职位。他不稳定的工作状况造成了财务问题，全家四口人（他、他的前妻、他的两个孩子）都需要依靠他前妻的收入度日（她是一家大型律师事务所的法务秘书）。

史蒂夫的原生家庭内除了躯体虐待和偶尔的性虐待之外，还有着普遍的酒精滥用和依赖历史。史蒂夫的父亲、祖父、叔叔（对他进行性虐待的那个人）以及3个哥哥（其中一个死于越南战争）都要么表现出酒精滥用，要么表现出酒精依赖。事实上，史蒂夫回忆，和家人住在一起时，他并不喝酒，因为他"永远都不想成为他们那样的酒鬼"。根据史蒂夫的描述，他的父亲除了酗酒之外还表现出反社会人格障碍的症状。史蒂夫的父亲是一名出色的爵士乐手，他四处旅行，因此每个月在家的时间都不超过一周。不过，当父亲在家时，史蒂夫认为他"严格地管教纪律"，而且"不可接近"。除了殴打史蒂夫和他的母亲外，父亲在史蒂夫的童年时代还发生过无数外遇。

尽管史蒂夫的家庭有许多问题，但他在学校表现优异。当时他有几个朋友，但在某种程度上，他更爱独来独往，喜欢阅读、画画、素描和烹饪等一个人进行的活动。成年后，因为过往躯体虐待和性虐待而导致的适应困难，以及持续酗酒而产生的影响，史蒂夫的社交退缩变得更为严重。

DSM-5 诊断

基于上述信息，史蒂夫的DSM-5诊断如下：

303.90 酒精使用障碍，重度（主要诊断）

309.81 创伤后应激障碍

肝功能指标上升

史蒂夫的历史和在退伍军人医疗中心收集到的主诉都和DSM-5（美国精神病学会，2013）对于酒精使用障碍的定义相符。DSM-5将酒精使用障碍定义为一种有问题的酒精使用模式，它导致了临床上显著的损害或痛苦，表现为在最近12个月里出现了至少两项以下特征：①酒精摄入常常比意图饮用的量更大或时间更长；②持续地想要减少或控制酒精使用，或尝试这样做但失败了；③在有关获得、使用酒精或从饮酒效果中恢复的必要活动上花费大量时间；④对使用酒精有渴求、强烈的欲望或冲动；⑤因酒精使用而不能履行自身在工作、学校或家庭中的主要职责，并且这种情况反复出现；⑥尽管酒精使用引发或加重了持久、反复的社会和人际问题，但仍然继续使用酒精；⑦由于使用酒精而放弃或减少重要的社交、职业或娱乐活动（例如，史蒂夫因为酗酒找不到工作）；⑧在知道使用酒精会危害躯体的情况下，仍反复使用酒精（例如，酒后驾车）；⑨认识到使用酒精引发或加重了持久、反复的生理或心理问题，但仍继续使用酒精（例如，医学检查表明出现了溃疡，仍继续饮酒；史蒂夫出现肝功能不良，仍继续饮酒）；⑩耐受性，需要显著增加酒精使用量以达到醉酒或其他预期的效果，或者持续使用相同量的酒精但效果显著减轻；⑪戒断反应，因中断大量和长期的酒精使用而出现特征性酒精戒断综合征（包括心跳加快、出汗、手抖、恶心、坐立不安、焦虑等，有时还会出现幻觉和痉挛的症状），或反复使用酒精或相关物质（例如，抗焦虑药物）以减轻或避免戒断症状。正如史蒂夫的诊断中显示的，DSM-5的酒精使用障碍必须配以标注，用来表明该障碍当前的严重程度（轻度、中度、重度）。因为史蒂夫目前符合至少6项诊断标准，他的酒精使用障碍被标注为"重度"。和史蒂夫的饮酒问题有关的医学并发症（肝功能损伤）也一并列在了他的心理诊断中（例如，在以往各版DSM中，相关的医学问题会被记录在轴Ⅲ诊断中）。

接下来我们将详细讨论酒精使用障碍的性质和治疗。史蒂夫接受的另一个诊断，即创伤后应激障碍，已在案例4中进行了讨论。

使用整合模型进行案例概念化

和本书中讨论的其他心理障碍一样，酒精使用障碍的整合模型也是一个素质—应激模型，强调生物因素和心理因素的共同作用（Barlow & Durand, 2015）。在这个模型中，素质成分的一部分是生物易感性。事实上，双生子研究已经提示，基因因素在酗酒中起到一定作用（例如，Kendler, Heath, Neale, Kessler, & Eaves, 1992；Kendler, Schmitt, Aggen, & Prescott, 2008；Xian et al., 2008）。这一点在史蒂夫身上很明显，他的家族中广泛存在酗酒历史。大多数研究表明，不同类型的药物成瘾问题（例如，酒精、大麻、尼古丁）都具有相同的基因风险因素（例如，Kendler et al.，2009；Xian et al.，2008）。

但基因对酗酒的影响则具有多个层面。例如，有些人由于遗传的关系，可能对酒精的效果更为敏感。有证据显示，那些酗酒风险较高的人（例如，酒精使用障碍患者的子女）对于饮酒最初短暂的欣快比较敏感，而对于几个小时之后出现的抑制效果则不那么敏感（Gordis，2000；Newlin & Thomson，1990；Schuckit，1994）。因为他们更普遍地体验到这种"兴奋"，而体验不到多少低落的感觉，这些个体就更有可能持续饮酒。此外，基因因素也可以表现为个体能够较快地代谢酒精，从而能够耐受更高甚至是危险程度的酒精剂量。不过，请记住，这些发现只涉及"易感性"因素，即具备这些遗传倾向会让人更容易发展出酗酒行为，但并非必然会发展出酗酒行为。

除了神经生物学因素外，酗酒的整合模型还提出了其他形式的易感性。这一易感性关注的是预先存在的情绪障碍。例如，反社会人格障碍（或许史蒂夫的父亲就患有这一问题）的特征是经常违背社会规范，学界认为这些个体的唤起水平比一般人要低，这有助于解释为什么这些个体在面对威胁情境（例如，超速驾驶）或实施不法行为时鲜有焦虑感（Lykken，1957）。因此，这一因素可能会导致这类个体物质滥用的比例较高；在缺乏焦虑的情况下，个体可能更容易从事诸如吸毒、酒驾等高风险行为。此外，焦虑障碍和酒精使用障碍有很高的共病率。这两种障碍类型之间的联系可能和个体使用酒精来缓解焦虑有关。大家可以回忆一下，在案例2中，约翰·多纳休使用酒精来降低自己惊恐发作和相关症状（例如广泛性焦虑障碍）的频率，后来逐渐发展出了酒精使用方面的问题。类似的，史蒂夫的酒精使用量在他得知母亲的死讯后大幅增加。此外，史蒂夫称，他持续使用酒精主要是为了缓解睡眠问题。不过，他的睡眠问题似乎源于他的创伤后应激障碍症状

(即，有关童年躯体虐待和性虐待的噩梦）。因此，在史蒂夫和约翰这两个案例中，预先存在的焦虑障碍（创伤后应激障碍、惊恐发作）都促进和维系了酗酒行为。但是，我们仍然认为，焦虑障碍只是发展出酒精滥用问题的易感性因素之一。它们使得酒精滥用更有可能发生，但许多焦虑障碍患者并没有发展出酒精使用障碍。尽管如此，但焦虑和负面情感作为增加饮酒行为的扳机刺激而存在，这一点在史蒂夫身上很明显。他注意到，离婚后独居期间，以及每当母亲的忌日，自己都会喝更多的酒。

整合模型认为，除了这些易感性因素之外，还必须存在其他的因素才能够导致酒精使用障碍。其中一个因素是个体接触酒精的程度。酒精消费的合法性有助于解释为什么酒精使用障碍的患病率要高于其他物质使用障碍（例如，吸食可卡因、海洛因、致幻剂等）。尽管史蒂夫曾发誓绝对不喝酒，因为他不想和家里那些人一样最终沦为"酒鬼"，但在成长过程中，他大量接触酒类可能对他后来饮酒有所影响。类似的，同伴群体也会对个体何时开始过度饮酒产生影响。据史蒂夫回忆，他是和海军那些兄弟一起开始喝酒的。

一旦个体反复使用酒精，大脑的反应就会促进酒精依赖的形成。持续使用酒精会造成耐受，这意味着个体若要体验相同的饮酒效果，只能饮用越来越多的酒精。此外，持续饮酒后会带来戒断症状，即当个体不再使用特定物质时，就会体验到负面的生理反应。史蒂夫回忆，在他停止或减少饮酒的各次尝试中，他出现了流汗、颤抖、失眠、焦虑、恶心和坐立不安。而长期大量饮酒者的戒断症状会比史蒂夫体验到的更为严重。在最极端的情况下，戒断症状会导致酒精戒断谵妄（或震颤性谵妄，delirium tremens），个体会出现可怕的幻觉和身体颤抖的表现。戒断症状代表着酒精使用障碍另一个潜在的维系因素。具体来说，和史蒂夫的病史一致，许多酗酒者继续酗酒的动机之一都是减轻饮酒后越来越频繁出现的消极感受和症状的强度。

此外，认知因素也常常有助于维持长时间过度饮酒。这类因素包括"酗酒导致的短视"(即无法准确评估自己持续饮酒的风险)以及认知歪曲(只看到饮酒或酗酒行为的积极效果)。例如,虽然史蒂夫长期依赖酒精,但他一直坚信自己可以控制饮酒行为,"就像其他人一样——每天只喝一两杯就不喝了"。类似的,在治疗过程中(详见后文),史蒂夫在某种程度上抗拒保持戒酒状态,因为他相信,在酒精的影响下,他作画会更为出色。

治疗目标和计划

由于史蒂夫初次到访退伍军人医疗中心寻求咨询时仍在喝酒(每天550毫升伏特加和6罐啤酒),因此治疗的首要任务是让他停止饮酒。鉴于史蒂夫的酒精依赖问题已经持续多年,他必须住进退伍军人医疗中心做解毒治疗,以便监控和处理他停止饮酒后必然会体验到的那些不愉快的、有潜在危险的酒精戒断症状。史蒂夫已经从他之前5次失败的尝试中深深领会了长期酗酒后不再饮酒的结果,所以他同意住院进行解毒治疗。完成解毒治疗后,史蒂夫要去参加一个每周活动一次的预防复发小组。此外,他和退伍军人医疗中心的一位心理学家每周见一次面,接受个体门诊治疗。

史蒂夫参加的小组主要针对那些目前认为和引发一次"复发"(即再次开始饮酒的问题)有关的因素。基于预防复发的模型(Marlatt & Donovan, 2005),复发被视为是个体认知和行为层面的应对技能失效的结果。这种治疗的主要内容是鉴别和挑战病人关于酒精使用的那些错误信念(例如"我喝酒后表现得更好"),并帮助病人直面饮酒的消极后果(例如,史蒂夫在酒精的影响下会出现暴力倾向)。那些更容易饮酒的情境(例如,在史蒂夫的案例中,这类情境可能包括感到苦闷的时刻,或和他的海军兄弟们在一起的时刻)也会被鉴别出来,从而对这些情境进行处理(例如,避免进入这些情境,或者,如果必须要参与这些情境的话,通过制订准备策略来应对自己的饮酒冲动或他人的饮酒邀约)。当确实出现复发时,复发预防治疗的目标是帮助病人将之视为一个自己可以从中康复的事件,而非一场灾难,从而不可避免地滑向继续饮酒。

在参加预防复发小组的同时,史蒂夫还要和退伍军人医疗中心的心理学家每周进行一对一的会谈。鉴于史蒂夫的具体情况,这些个体治疗会谈主要处理的是诸如稳定他的心境(处理导致其焦虑和恶劣心境的那些问题领域,同时增进积极情感),学习有效管理愤怒的技能,减轻其社交退缩倾向,并丰富他的社交技能库。因为创伤后应激障碍激发了他饮酒的动机(即,他会通过饮酒来缓解这一障碍的症状,例如噩梦和睡眠困难),史蒂夫完成他的酒精使用障碍个体治疗后,将会被转介至退伍军人医疗中心的创伤后应激障碍治疗小组。

治疗过程和治疗结果

在退伍军人医疗中心完成了为期3周的解毒治疗之后,史蒂夫开始和心理学家进行个体治疗会谈。正如上文所说,史蒂夫同时也参加了一个预防复发小组。在第一次个体会谈中,心理学家给史蒂夫讲解了治疗的整体计划和基本原则。除了典型的基本原则外(例如,定期参加会谈并完成家庭作业的重要性),史蒂夫被告知,在每次会谈开始的时候,他需要完成一次吹气测试,以确认他保持着不饮酒的状态,并且借此提升他继续不饮酒的动机。史蒂夫得知自己需要做吹气测试后不太高兴,他认为使用这个程序意味着治疗师不信任他。而治疗师向他保证,这只是一个例行程序,而且常常能够有效增强病人维持不饮酒状态的动机。在这次会谈中,史蒂夫还拿到了自我监控表格,以监控自己每日的心境(焦虑、抑郁和愉悦的程度)、饮酒行为以及体验到饮酒冲动的频率和程度。

在前几次会谈中,史蒂夫和他的治疗师完成了对其饮酒模式的功能分析,鉴别出了以下几方面的信息:①激发史蒂夫饮酒行为的情境或情绪;②史蒂夫有关饮酒的想法或有关导致饮酒冲动的情境的想法;③饮酒的积极结果和消极结果。经过功能分析，史蒂夫意识到，他的饮酒冲动常常是由具体的情绪状态引发的。除了与过往躯体虐待及性虐待记忆有关的焦虑（后续将会通过转介给一位创伤后应激障碍治疗专家来处理这些问题）之外，史蒂夫的许多饮酒冲动都是由无聊感或愤怒感激发的。这一分析也凸显出史蒂夫对于酒精的某些想法影响到了他的饮酒冲动。例如，史蒂夫将饮酒等同于"度过一段快乐的时光"，而一旦他感到无聊，或者辛苦工作一天之后，他觉得自己"理应"享受一段快乐的时光。此外，史蒂夫还相信，饮酒能够让他充满创造力，在酒精的影响下，自己的画作会更为出色。由此，功能分析鉴别出了治疗的重要目标。

在史蒂夫学习抵抗饮酒冲动或回避饮酒风险较高的情境（例如，感到无聊、周围有人在喝酒）的技巧时，这些信息就很有用处了。这些针对冲动的应对技巧包含5个元素。第一是用来应对冲动本身的自我陈述。例如，当史蒂夫体验到想喝酒的冲动时，他学会提醒自己"冲动不会一直存在""我比这种冲动更强大""有冲动并不代表我会喝酒"，等等。第二个元素则描述以前饮酒造成的消极后果。例如，史蒂夫学会提醒自己，喝酒已经导致了诸如失业、被军队除名、婚姻和家庭问题、记忆减退、肝脏问题、醉驾指控和罚款、低自尊、经济困难以及常常感到难受和宿醉后的反应等问题。与之相反，第三个元素具体地指出不饮酒的积极后果。对于史蒂夫而言，主要是身体和情绪健康方面的改善、"妻子和孩子更喜欢和我在一起"、省钱、思维清晰、学业成绩进步、能完成更多的事情以及不再和家人为此争吵等。第四个元素要求史蒂夫列出一些备选活动，这些活动要么能够帮助他从饮酒冲动中分心，要么能够缓解促发饮酒冲动的情绪。在这一方面，史蒂夫列出了以下活动：听爵士乐、绘画、烹饪、做课程作业、出门吃饭、和妻子看电影、陪孩子玩或者锻炼身体。最后一个元素让史蒂夫列出其他的食物或饮料，以便他通过饮用它们来降低饮酒冲动。史蒂夫提议饮用汤力水、苏打水或柠檬味饮料，或者吃比萨、冰激凌、水果等。治疗师指导史蒂夫将这5个成分都写在一个"工具盒"上，实际上就是一张他可以随身带的纸。这样一来，在面临饮酒冲动时，他就能够立刻用到它。

因为史蒂夫的饮酒冲动常常由无聊感激发，因此个体会谈中讨论了时间管理技术及其应用，特别是在史蒂夫刚完成解毒治疗的那几周里。具体来说，治疗师鼓励史蒂夫为一天中的每一个小时事先设定计划，这样的话他就会因为忙碌而没有空余时间让自己产生无聊的感觉。时间管理技术也有助于史蒂夫的心境变得更为积极，因为这能帮助他在一天中完成更多事情（例如，课程作业、烹饪、和家人一起活动、在家里做家务）。

随后，史蒂夫和治疗师一起着手处理他对酒精的信念，这些信念长期维持着他的饮酒问题。从功能分析的结果来看，大部分时候，史蒂夫的饮酒行为似乎都是由于他的无聊感，以及他认为酒精是一剂让他不无聊和感到快乐的解药的想法所激发的。治疗师帮助史蒂夫去挑战饮酒让他感到快乐的信念。治疗师使用了史蒂夫为了创造用来应对饮酒冲动的"工具盒"而鉴别出的那些信息，以此挑战这一信念。治疗师指出，酒精最初的愉悦效应（例如，感觉放松和飘飘然）是短暂的，之后却会出现各种各样的消极结果（例如，宿醉症状、家庭冲突、失业）。另一种挑战这一想法的方式是，治疗师帮助史蒂夫意识到，他能够在许多替代活动中体验到愉悦感（实际上，这是更为快乐的时光），例如画画、烹饪、和妻子外出约会。史蒂夫的治疗中一个非常有益的成分就是协助他安排了更多他能够参与的愉快活动。这个策略帮助史蒂夫减少了过去常常促发他饮酒冲动的负面情绪，并让他强烈地意识到，自己可以用喝酒以外的许多其他方式来获得快乐（就像他后来说的，"好事和好时光不会从伏特加瓶子里长出来"）。

在史蒂夫和他的治疗师需要处理的这些思维中，另一类的例子是，史蒂夫相信，自己喝酒之后会变为一名更加出色的画家。这个信念中有一部分源于史蒂夫的美术教授对他的一幅作品所做的关键评价。但通过在会谈中进行详细讨论，史蒂夫意识到，在教授对自己的画作所做的30次评价中，这是唯一一次负面评价。

换句话说，史蒂夫把注意力放在1次消极的评价上，而忽略了其他29次教授的积极评价，以及周围同学的积极反馈。尽管如此，史蒂夫仍然担心，戒酒以后，他的画作会变得不自然、不大胆、更刻意。通过和治疗师展开进一步的讨论，史蒂夫开始考虑这样一种可能性：过去他在酒精的影响下作画时，从不关心任何绘画技巧。因此，由于他现在尝试补上以前自己忽略的那些绘画技巧，所以他最近的作品才显得"不自然"和"更刻意"。不过，在挑战史蒂夫相信酒后的自己画得更好这方面，还有一个更强力的证据。他请几个人（同学和朋友）评价了自己的一系列作品——一半是他在喝酒时画的，而另一半是他戒酒后画的。让史蒂夫震惊的是，这些人都更喜欢史蒂夫解毒治疗成功后的作品（史蒂夫并没有告诉他们，哪幅画是在什么时候画的）。根据这一次的经历，史蒂夫开始相信，他喝酒时完成的画作是"阴郁的"，既没有深度，也没有气度。后来，当史蒂夫在当地的一家画廊成功出售了自己的一些作品后，戒酒后画作变得更好的信念便得到了进一步的证据支持。

因为愤怒常常会促发史蒂夫的饮酒行为，所以治疗师也讨论了控制愤怒的技术。治疗师告诉史蒂夫，控制愤怒的第一步，是学会在愤怒刚刚出现还没有扩大和失控之前就觉察它们。因此，治疗师帮助史蒂夫更好地识别那些令其愤怒的事件类型，以及史蒂夫内心与这些引发愤怒的情境有关的想法。史蒂夫学习使用一些能让自己平静下来的自我陈述（例如，"做一次深呼吸""从1数到10"），并且鉴别和挑战那些导致愤怒的思维。例如，在治疗期间，有一天史蒂夫开车的时候爆胎了，结果因为换新轮胎和拖车花了100美元。一开始，这个情境引发了他的愤怒，史蒂夫想："我妻子本应该在上周二就去做汽车保养的——她太不负责了。"不过，使用了愤怒管理的技术后，史蒂夫首先用上了让自己平静下来的自我陈述。而当他平静下来后，史蒂夫就挑战了自己起初的想法，他对自己说，"我妻子一直都很忙——也许她忘记去做保养了""即便去做了保养,也可能会爆胎——或许我开车时碾到了一个钉子或其他什么东西"。因为这个情境已经激发了饮酒的冲动,史蒂夫还使用了他的"工具盒"来应对这个冲动,尤其是向自己强调喝酒会带来的消极后果。

就像之前提到的那样,史蒂夫表现出一种很强的社交退缩的倾向。这个特征似乎特别有助于形成慢性的酒精使用障碍,而且在一定程度上反映出了创伤后应激障碍的影响。尽管如此,史蒂夫参加的小组活动和个体会谈中都包含社交技能训练。这个治疗成分含有不同模块,涉及给予和接受批评、倾听和对话技能、提供积极的反馈和赞美、冲突解决技能以及决断力训练。这些社交技能训练的各个方面在案例3(青少年社交焦虑障碍)中已进行了详细的探讨。不过,针对酒精问题,具体来说是学会拒绝饮酒邀请和抵抗饮酒压力的社交技能。史蒂夫从学习中了解到,这些邀请通常可以用一句简单的"不,谢谢"来处理,但是偶尔也需要更直接、更富决断力的行为。除了拒绝饮酒的邀请外,这些技能还包括:①提出另一个活动或另一种饮料("别去酒吧了,我们去看电影吧""不,谢谢,我还是喝姜汁汽水吧");②改变话题以避免讨论饮酒;③使用有回避作用的借口("我不能喝酒,因为我现在在吃药")或者模糊的回应("也许吧,先等会儿");④回应那个反复施压让自己喝酒的人时,直接要求对方以后不再邀请自己饮酒(例如,这个人说:"哦,来吧,就为了友谊干一杯。"对此史蒂夫可以回答:"如果你想做我的朋友,那么就不要让我喝酒")。和社交技能训练的其他部分一样,这些行为要通过角色扮演的方式来塑造,以便史蒂夫能够练习如何有效地在这个情境中做出反应,并且就自己的能力水平获得相应反馈。(有关角色扮演的详细讨论可参见案例3。)

史蒂夫仍在参加退伍军人医疗中心的预防复发小组会谈〔完成解毒治疗8周后,他还开始在退伍军人医疗中心参加匿名戒酒会(Alcoholics Anonymous)的聚会〕,但史蒂夫和他的治疗师在22次会谈后结束了个体治疗。到此时为止，史蒂夫都未再饮酒。事实上，在最后一次个体治疗会谈中，史蒂夫承认，他最初抗拒进行的吹气测试在他完成解毒治疗后的前几个月里成了让他保持不饮酒的重要动机来源。尽管史蒂夫仍然有轻微的记忆问题，但他报告自己的睡眠问题在治疗过程中已经有所改善；不过，他仍然会偶尔出现噩梦以及其他创伤后应激障碍症状（例如，在电视上看到暴力镜头时会感到痛苦）。因此，治疗师执行了将他转介至创伤后应激障碍治疗部门的原定计划。史蒂夫表示，治疗——以及他持续不饮酒的状态——已经让家庭生活"大有改观"：他陪伴孩子和妻子的时间大大增多，而且也不再表现出家庭暴力的倾向。不过，在个体治疗会谈结束的时候，史蒂夫仍然是一个"独来独往的人"。除了和几个参加复发预防小组的病友建立起了一些联系外，他没什么朋友。不过，这段时间史蒂夫完成了美术硕士课程，开始寻求美术老师之类的职位。

接下来两年，退伍军人医疗中心的心理学家一直关注着史蒂夫的进展情况。在这两年里，史蒂夫报告了一次饮酒行为发作：他在女儿的婚礼上喝了约180毫升伏特加，还有汤力水。史蒂夫对这次退步的反应是立即主动联系之前为他做个体治疗的心理学家。心理学家安排了三次"充电"会谈来处理这次退步，并回顾治疗中的某些方面（例如，冲动应对技能）。尽管创伤后应激障碍症状爆发通常都会促发史蒂夫的饮酒冲动——尤其是在创伤后应激障碍治疗会谈之初，治疗师要求他直面过去的躯体虐待和性虐待中最令他痛苦的记忆时（即想象暴露技术，详见案例4）——但史蒂夫仍然成功维持了不饮酒的状态。获得美术硕士学位不久之后，史蒂夫就在当地的一所社区大学找到了一个艺术教员的职位。由此，他的家庭经济状况大大改善了。

讨 论

一项大型调查估计，在美国，超过300万成年人有酒精依赖问题（物质滥用和心理卫生服务管理署，2012）。男性比女性更容易喝酒，而且更容易大量饮酒（Hasin，Stinson，Ogburn，& Grant，2007）。酒精使用障碍的平均发病年龄是20岁出头（Hasin et al.，2007；Kessler，Berglund，et al.，2005）。除了年龄较小和性别为男性外，和酒精依赖问题高患病率有关的人口学变量还包括种族（白人、印第安土著）、婚姻状态（未婚）以及经济地位（低收入）（Hasin et al.，2007）。

慢性的酒精使用带来数不胜数的负面后果。除了和其他情绪问题（诸如焦虑和心境障碍）的共病率较高外（Hasin et al.，2007），酒精使用障碍也和意外事故、暴力和自杀风险增加有关。半数以上致命的交通事故要么涉及驾驶员饮酒，要么涉及行人饮酒。研究还发现，那些实施诸如谋杀、强奸和暴力攻击这类暴力行为的人在犯罪时常常处于酒醉状态（例如，Nestor，2002）。这些数据不应该被解释为酒精直接导致暴力行为，而是说酒精可能会通过减少个体对惩罚的恐惧，或者损害个体仔细思考冲动行为后果的能力，从而助推了暴力行为的发生（Bye，2007）。这一点也适用于史蒂夫的案例，他对两任妻子的暴力行为只限于他处在酒精影响下的时候。和研究证据一致（例如，O'Farrell & Murphy，1995），史蒂夫成功地治疗了自己的酒精使用障碍后，就不再表现出家庭暴力的倾向。

此外，长期大量饮酒和许多医学并发症有关，尤其是那些涉及胃肠道、心血管系统以及中枢和外周神经系统的问题。胃肠道的影响包括胃炎、溃疡，以及大约15%的重度饮酒者会出现肝硬化和胰腺炎。在第一次到访退伍军人医疗中心时，史蒂夫的肝功能指标已经升高了。心血管的影响包括程度较轻的高血压，以及心脏病风险增加。神经系统的影响包括严重的记忆损伤（史蒂夫曾经表现出了一些迹象）、痴呆和韦尼克氏综合征（表现为思维混乱、肌肉控制失调以及言语混乱）。滥用酒精的怀孕女性有可能产下患有胎儿酒精综合征的孩子，具有这一问题的婴儿存在认知缺陷、行为问题、学习困难，并且在很多案例中会发生面部容貌上的改变（Sokol，Delaney-Black，& Nordstrom，2003）。

和本书中涉及的其他障碍不同，治疗酒精使用障碍（无论是心理还是生物疗法）的长期成功率相当有限。事实上，研究显示，仅有20%~30%的病人最终能够长期不饮酒，或者不让饮酒量达到有问题的水平。针对酒精使用障碍最为流行的一种生物性治疗是药物戒酒硫。服用这种药物的人会体验到酒精给自己造成非常不愉快的效果，觉得恶心。使用戒酒硫的逻辑是，将酒精和一种由戒酒硫和酒精联合作用所引发的难受感觉联系在一起，病人就会因此回避使用酒精。但是，就这种干预的有效性而言，一个严重的局限在于病人可能不依从治疗，因为几天不服用戒酒硫就足以让个体再次开始饮酒（Nathan，Skinstad，& Dolan，2001；Suh，Pettinati，Kampman，& O'Brien，2006）。

针对酗酒问题最为流行的心理社会治疗是匿名戒酒会。匿名戒酒会项目是以团体的形式实施的，它的运作基于这样一种假设：酗酒是一种疾病，而有酗酒问题的人必须承认自己有成瘾行为，以及这一成瘾行为比他们本人更为强大。此外，匿名戒酒会具有强烈的宗教色彩：匿名戒酒会鼓励成员通过向神祈求力量来清除自己的"弱点"。尽管60多年来，匿名戒酒会作为一种治疗酒精使用障碍的形式极为流行（Nathan et al.，2001），却很少有科学研究评估它的疗效。既存的数据则显示，尽管匿名戒酒会对于有些酗酒者而言是一种有效的治疗，但许多因为饮酒问题而联系匿名戒酒会的人最终脱离了这个项目。

除了史蒂夫的治疗中用到的那些策略外（Monti，Kadden，Rohsenow，Conney，& Abrams，2002），还有一种针对酒精使用障碍的认知行为治疗，即"有控制的饮酒"(Sobell & Sobell, 1978)。这种方法争议较大,因为它背后的理念和其他干预方法的理念背道而驰,因为其他治疗都宣称要绝对禁酒。这一治疗取向的深层观点是,至少一部分酗酒者能够变成不会复发的"社交饮酒者"。尽管存在相关的争议和反对意见,但研究显示,"有控制的饮酒"至少和禁酒取向的干预方法同样有效(例如,Orford & Keddie, 2006)。不过,我们还需要注意到,针对酗酒行为的所有治疗就长期结果来看最多有中等疗效,因而这一说法最终也是要打折扣的。

最后,就酒精使用障碍而言,研究者在哪种治疗环境最好这个问题上也存在不同意见。的确,在酒精使用障碍的治疗中,住院治疗更有效还是门诊治疗更有效,一直都是争议最多的一个议题。不过,证据显示,对于大多数具有酒精依赖问题的人来说,日间病房及其他门诊治疗形式的效果和住院治疗是相同的(McKay, Alterman, McLellan, Snider, & O'Brien, 1995;Miller & Hester, 1986)。这一发现相当重要,因为门诊治疗比住院治疗的费用低90%(Bender, 2004;Miller & Hester, 1986)。

批判性思考

1. 在大学生群体中,大量饮酒的行为十分普遍而且在社交方面被广泛接受(例如,在私密的兄弟会或公开的皮卡车聚会中都十分常见),因此DSM-5对酒精使用障碍的诊断对他们来说常常有些模糊不清。根据这个案例中提供的DSM-5的诊断定义,你如何将大学生的饮酒模式同酒精使用障碍的模式区分开来?在何种水平上,这类饮酒行为将跨过DSM-5对于酒精使用障碍的诊断界定?

2. 你认为,家庭和社会环境对于个体成功地长期克服酒精使用障碍有多大的重要性?为什么?在你看来,何种因素最容易导致饮酒问题复发?你认为一个曾经接受过酒精使用障碍治疗的人是否应该永远都不考虑偶尔饮酒？为什么？

3. 你认为在滴酒不沾和大量饮酒的流行性方面存在种族和民族差异背后的原因是什么？在某些文化中（例如，在欧洲的某些国家），饮酒非常普遍，但酒精使用障碍却很罕见。在你看来，哪些因素能够解释这一点？

4. 焦虑和心境障碍常常和酒精使用障碍共病。你认为，为何会出现这种情况？你认为焦虑和心境障碍更有可能在酒精使用障碍发病之前还是之后出现？为什么？

案例 15

边缘型人格障碍

基本情况

罗宾·亨德森是一名30岁已婚白人女性，没有孩子，和她的丈夫居住在城里的一个中产街区。罗宾由她的精神科医生转介给了一位临床心理学家。这位精神科医生已经使用药物（主要是抗抑郁药物）治疗罗宾达18个月之久。在此期间，罗宾至少因为自杀念头（以及一次几乎致命的自杀尝试）和无数次与自杀有关的行为，包括至少10次服用漂白剂以及割伤、烫伤等自残行为而住院10次（其中一次住院长达6个月）。

罗宾第一次和临床心理学家见面时由其丈夫陪同而来。她丈夫说，他本人和罗宾的家人都认为，罗宾在医院以外的环境里都有性命之忧。因此，他和她的家人都在严肃地考虑让其长期住院的可行性。然而，罗宾表达了接受门诊治疗的强烈愿望，但是目前还没有一个治疗师愿意接受她作为一个门诊病人。这位临床心理学家同意和罗宾做治疗，只要她承诺努力做出行为改变并且至少坚持一年的治疗。治疗师后来多次指出，这意味着罗宾同意不尝试自杀。

病 史

罗宾是家中唯一的孩子。她的父亲（职业是推销员）和母亲都有抑郁和酒精滥用的历史。治疗进展到一定程度后，治疗师才得知，罗宾在整个童年里都遭受着母亲严重的躯体虐待。罗宾5岁的时候，她的父亲开始对她进行性虐待。在头几年里，性虐待不具有任何暴力成分，但到了罗宾12岁左右，其父的性侵犯也成了躯体上的虐待。这些虐待一直持续到罗宾高中一年级时。

从大约14岁开始，罗宾出现了酒精滥用和神经性贪食症的问题（参见案例14和案例11）。事实上，罗宾是在大学期间参加匿名戒酒会的小组活动时邂逅她丈夫的。直到初次与临床心理学家会谈的时候，她仍表现出这两种障碍的症状（间歇性大量饮酒，暴食后限制饮食），并且有重性抑郁障碍的症状。尽管存在这些困难，但罗宾直到27岁前都能够在工作中和学校里正常行使功能。她拿到了大学毕业证书并且完成了两年医学院的学习。但是，在她读医学院的第二年，与罗宾仅有几面之缘的一个同学自杀了。罗宾说，当她听说这个消息时，她立刻决定也去自杀。但是，罗宾自己也不明白为什么这件事会激发她的自杀倾向。没过几周，她便从医学院退学，变得极度抑郁并且非常想要自杀。

在罗宾的自杀行为之前，似乎常常出现特定的事件链条。这一链条通常从一次人际交往开始，一般和她丈夫有关，随后升级至罗宾觉得自己受到威胁、被指责了，或不被爱了（这一认知往往并没有明确或客观的基础）。接下来，这些感受常常伴随着自残或自杀的冲动，具体是何种冲动取决于罗宾在多大程度上感到无望或愤怒。罗宾做出自残或自杀的决定时，常伴随着这样的想法"我要让你看看"（"你"是那个罗宾认为轻忽了她或抛弃了她的人）。另一些时候，这些行为则和罗宾体验到无望感，或是她渴望永久地结束自己的情绪痛苦，以及持续存在的空虚感有关的。

和患有分离性身份障碍的温蒂·豪（参见案例8）的经历类似，这些应激性的人际交往经常导致罗宾体验到解离的症状（请回忆一下，在DSM-5中，解离指的是个体的意识、记忆、身份认同或对环境的知觉出现中断的现象）。当罗宾在意识层面做出自残或自杀的决定之后，她会很快出现解离，并且在随后的一段时间里，在"自动领航"的状态下割伤或烫伤自己。因此，罗宾往往难以回忆起她实际做出的行为的具体细节。有一次，她把自己的腿严重烫伤（并且注射污物从而让医生认为应当更加重视她）以至于需要接受整形手术。

尽管她能够在学校里和工作中正常行使功能，但罗宾的人际行为是反复无常且不稳定的；她会迅速——而且没有任何明显理由的——从一个极端摆荡至另一个极端。在她为数不多的几个朋友和家人眼里，她就是一个谜。有时候，罗宾通情达理，行为恰当；而在另一些时候，她似乎丧失理智，怒不可遏。在没有正当理由的情况下口头贬低朋友之后，罗宾会感到非常害怕和担忧，觉得自己已经永远地失去了他们，而这就会造成最令她恐惧的一种局面——孤独一人。这样一来，罗宾会发疯一般对朋友表达友善，拼命让他们在情感上与自己亲近一些。

以她的行为，可以预料的是，罗宾已经使许多人疏远了她。当朋友或家人尝试和她拉开距离时，罗宾要么用威胁自杀的方式阻止他们离开自己（在某种意义上把他们劫持为自己的人质），要么通过突然断绝关系给对方以沉重打击。

罗宾期待自己所有的需求都会得到满足，尽管如此，她却没有办法用语言说清这些需求都是什么。正如之前提到的，当某个朋友让她失望时（例如，取消了和她的午餐约会），罗宾会将此视为对自己的侮辱，觉得自己不被接受、不被爱，并且想要证明她有多么需要这个朋友。在她看来，一个人（包括她自己）要么完美无缺，要么罪大恶极，她无法认为一个人既有好的一面，也有不好的一面。这种两极性（有时也叫作断裂）在别人评论她的能力（例如，称赞她的学业表现）时也会明显表现出来。她会把这些评论解释为，其他人把她看作一个能自给自足且有天赋的人，因此，罗宾做出的反应是，让对方看到她是多么无能（例如，让别人更加肯定她的作业质量、要求课外辅导），从而向其他人证明，她需要他们的帮助和关注。

DSM-5 诊断

基于上述信息，罗宾的DSM-5诊断如下：

301.83 边缘型人格障碍（主要诊断）

296.32 重性抑郁障碍，反复发作，中度

305.00 酒精使用障碍，轻度

307.51 神经性贪食（部分缓解）

罗宾的表现和DSM-5（美国精神病学会，2013）对于边缘型人格障碍的界定相符。在DSM-5中，边缘型人格障碍被界定为一种在人际关系、自我形象和情绪方面普遍存在的不稳定模式，并且伴有显著的冲动特征，表现出以下至少5项特征：①极力避免真实或想象中自己被抛弃的情形；②一种不稳定的、紧张的人际关系模式，以在极端理想化和极端贬低之间交替变动为特征；③身份紊乱（自我意象或自我认知显著且持续的不稳定）；④在至少两个方面有潜在的自我损伤的冲动（例如，消费、性行为、物质滥用、鲁莽驾驶、暴食）；⑤反复出现自杀行为、自杀姿态、自杀威胁，或自残行为；⑥由于强烈的心境反应性（例如，强烈的发作性的烦躁，易激惹，或持续数小时的焦虑）导致情绪不稳定；⑦慢性的空虚感；⑧不恰当的、强烈的愤怒，或难以控制发怒；⑨短暂的、与应激有关的偏执观念或严重的解离症状。此外，和DSM-5中其余所有人格障碍诊断一样，边缘型人格障碍所涵盖的症状起始不晚于成年早期，并出现在各种背景下（例如，不局限于特定情境），才能给出上述诊断。接下来，我们详细讨论边缘型人格障碍的性质和治疗。

使用整合模型进行案例概念化

和其他种类的人格障碍一样,我们还没有能够充分理解边缘型人格障碍的成因(参阅《变态心理学:整合之道》,Barlow & Durand,2015)。目前的数据显示,在这一问题的起源上,生物和心理因素都发挥了重要作用。就生物因素而言,家庭研究的结果表明,边缘型人格障碍在此类患者的亲属中更为常见(例如,Distel,Trull,& Boomsma,2009;Links,Steiner,& Huxley,1988)。双生子研究已经提示,基因因素在边缘型人格障碍以及边缘型症状的表达中都具有重要地位(Distel,Trull,Willemsen,et al.,2009;Reichborn-Kjennerud et al.,2009;Torgersen et al.,2000)。研究也发现,在边缘型人格障碍患者的家庭中,心境障碍(例如,重性抑郁发作)的患病率也很高,因此边缘型人格障碍可能和心境障碍有关。此外,边缘型人格障碍和心境障碍的潜在联系也体现为这些障碍有症状(例如,自杀倾向、空虚感)重叠以及共通的风险因素(例如,神经质;Distel,Trull,Willemsen,et al.,2009)。无论如何,虽说家庭研究提示边缘型人格障碍可能涉及某些遗传特质(例如,冲动性、强烈的情绪反应性;Ni et al.,2006),但在该障碍的发展中,环境因素的影响似乎更大(Distel,Trull,Willemsen,et al.,2009)。

在这类环境因素中,比较受关注的因素之一是早期创伤,尤其是性虐待和躯体虐待可能带来的影响。和罗宾的情况一致,研究者已经发现,在同时具有边缘型人格障碍和泛自杀行为(包括自杀尝试和自残行为)历史的女性中,大多数人都报告了某种类型的童年期性虐待(Ball & Links,2009;Wagner & Linehan,1994)。而且,有早期性虐待经历的女性会更为严肃认真地实施自杀行为。除了该研究之外,其他几个研究发现,患有边缘型人格障碍的人相比患有其他心理障碍的人而言,更有可能报告受虐经历(例如,

Bandelow et al., 2005；Goldman, D'Angelo, DeMaso, & Mezzacappa, 1992；Ogata et al., 1990；Zanarini et al., 1997）。鉴于这些发现，一些研究者认为，边缘型人格障碍可能和创伤后应激障碍类似（Gunderson & Sabo, 1993）。例如，你也许还记得在案例4中，创伤后应激障碍常常具有这样的特征，即在心境调节、冲动控制以及人际关系上存在困难，而这些恰好也是边缘型人格障碍的核心特征。在边缘型人格障碍和创伤后应激障碍（以及分离性身份障碍）中，有时候会出现解离的症状（例如，失忆；麻木感、疏离感或缺乏情绪反应）。这些观察支持着边缘型人格障碍可能是由早期创伤造成的这一假设。

然而，正如你在阅读其他案例时已经注意到的那样，性虐待或躯体虐待的历史在许多障碍（例如，创伤后应激障碍、分离性身份障碍、神经性贪食）中都存在，并且已经被认为是许多障碍的风险因素之一。因此，我们尚不清楚性虐待或躯体虐待和边缘型人格障碍的发展是否直接相关，以及为何会有这样的关联。此外，相当一部分边缘型人格障碍患者并没有明显的受虐经历（Gunderson & Sabo, 1993），由此也凸显出性虐待或躯体虐待历史并不是产生边缘型人格障碍的必要条件。

Linehan（Linehan, 1993；Neacsiu & Linehan, 2014）强调，特定的环境才是发展出边缘型人格障碍的必要条件。在Linehan的模型中，关键的发展条件是"无效化环境"（invalidating environment），即父母在面对孩子的情绪或个人体验时，倾向于否认这些感受，或是以一种反复无常和不恰当的方式去回应这些感受。根据这一模型，边缘型人格障碍患者在童年时代，他们的情绪反应或对事件的解释常常被家人当作对事件的无效反应，常常因此被惩罚、被淡化、被轻视甚至忽略，或者常常被归结为具有一些在社交上难以接受的特质，例如反应过度、无法现实地看待事情、缺乏动机或不能自律等。例如，孩子因为完不成一项困难的家庭作业而感到痛苦和挫败，因而开始哭泣，父母却说："别搞得像个婴儿一样，好好坐着写完作业。"这种反应淡化且不承认孩子的痛苦，并且暗示孩子不能自律。在这样的童年环境中，个体一直没有学到如何鉴别和调节情绪唤起，如何忍受情绪痛苦，更不知道何时能够确信自己的情绪反应体现出了对环境事件的有效解释。因此，个体学会了不去相信自己的内在状态，而是去搜寻环境中有关如何行动、思考或感受的线索。这种全局性地依赖其他人的结果是，个体无法发展出一种统一协调的自我认知。个体在发展和维系人际关系方面出现损害，正是因为要达到这些目标既依赖于稳定的自我认知，也依赖于自我调节情绪的能力。最后，该模型将家庭中这种淡化或忽视负面情绪的无效化倾向，同边缘型人格障碍患者的表达风格联系在一起，即在克制或压抑情绪与极端展现情绪和行为之间摇摆的风格（例如，患者在童年环境的塑造下去压抑情绪，但他们同时也会学到，过度的情绪或行为表现，比方说大发雷霆或冲动的行为，是自己从重要他人那里获得关注或帮助的唯一途径）。

治疗目标和计划

罗宾接受的是一种心理社会取向的治疗，叫作辩证行为治疗（Linehan，1993；Neacsiu & Linehan，2014）。这种治疗主要针对下列症状和标靶：①威胁生命的行为和自杀行为，包括泛自杀行为（即任何在具有或不具有自杀意图的情况下蓄意实施的自我伤害行为，包括自杀尝试和自残行为）；②干扰治疗的行为（例如，不依从治疗或过早退出治疗）；③严重影响生活质量的行为模式，包括那些需要在精神卫生机构住院治疗的行为（例如，物质滥用、暴食或限制饮食）；④提升整体的应对和社交技能。为了处理这些议题，辩证行为治疗会结合每周一次的个体治疗与旨在提供心理教育技能训练的团体治疗。在个体治疗中，首要关注的是动机议题，包括病人活下去的动机。个体治疗中的大部分会谈将用于危机干预及管理，而且会根据病人前一次会谈后的行为（或危机）来设定具体的会谈内容。因此，从这些每周一次的会谈中，病人不仅可以获得支持，还能学习如何鉴别并调节自己的情绪。在合适的时候，病人将接受和创伤后应激障碍患者类似的治疗（参见案例4），即重新体验之前的创伤事件，从而缓解与此有关的恐惧。

在辩证行为治疗中，团体治疗每周进行一次会谈，每次持续2~2.5小时。在个体治疗中，会谈的议程主要取决于需要立刻解决的问题（或危机）；与之不同的是，团体治疗会按照预先设定的计划教授特定技能。因此，团体技能训练的结构化程度要比个体治疗高得多。会谈中一半的时间用来回顾针对已教授的技能所布置的家庭作业，另一半的时间用于教授新的技能。团体治疗中要处理的议题包括增强社交技能，以及用来鉴别和调节情绪反应的方法。

治疗过程和治疗结果

刚进入治疗不久，罗宾就报告，觉得已经无法再让自己活下去了。治疗师提醒她，她之前承诺过在一年的治疗中保证自己活着，而罗宾回答说事情已经不同了，她没办法阻止自己。从这次会谈开始，在接下来的6个月中，几乎每次会谈都围绕着罗宾是要活下去（以及如何活下去）还是要自杀的主题。罗宾开始戴上会反光的太阳镜来治疗，她会瘫倒在椅子里，或者要求坐在地板上。她常常用只言片语或长时间的沉默来回应治疗师的提问。当治疗师尝试讨论她以前的自杀行为时，罗宾会变得非常愤怒和退缩。她偶尔还会在治疗会谈中表现出明显的解离反应。在解离反应期间，罗宾似乎无法集中注意力，也听不见别人对她说的话。她把这些体验描述为感到"空旷"和遥远。罗宾表示，她觉得自己已经无法再从事许多活动，像是开车、工作或上学等。整体上，她把自己看成一个在各个领域都无能为力的人。

通过使用自我监控技术（即让罗宾每天都记录自己的症状），治疗师一直小心地监控着罗宾的自杀念头、痛苦程度、自伤冲动以及实际做出的泛自杀行为。治疗中的一个重要焦点在于鉴别引发罗宾做出自杀行为及其做出自杀行为之后的事件序列。正如前文中提到的那样，她的自杀行动常常是在经历一次负面的人际事件（通常和她丈夫有关）后，因为她感到自己被批评、被抛弃或不被爱而触发的。每一次，治疗师都会告诉罗宾，鉴于她感受的强度，她做出泛自杀行为是可以预见的，但这种困境最终也是可以被战胜的。治疗师也指出，如果罗宾自杀身亡，治疗就会结束，因此他们最好在当下她还活着的时候加倍努力。

治疗开始几个月后，罗宾身上长期存在的、导致她住院治疗的自杀行为模式已经表现得很明显了。罗宾会报告强烈的自杀念头，并且怀疑自己能否抗拒强烈的自杀冲动，还请求住进另一家她更喜欢的医院。要么，她就会在没有预警的情况下严重地割伤或烫伤自己，并强烈要求住院治疗伤情。而劝说罗宾不要去住院，或在她尚未感到自己准备好了的时候劝说她出院，无一例外都会导致其自杀想法升级。到了这种时候，她的精神科医生会坚持让她入院治疗，或是医院会同意延迟她的出院时间。这种模式让治疗师形成了一个假设：住院本身会强化罗宾的自杀行为。治疗师尝试帮助罗宾理解，住院可能会强化他们正在努力消除的那个行为。

这个议题成为治疗中严重分歧的焦点。罗宾认为治疗师毫无同情心而且无法理解她。在罗宾看来，她强烈的情绪痛苦让她非常有可能自杀，因此住院是保证她生命安全的必要措施。罗宾指出，解离反应令她极为厌恶，而且让她觉得自己在大多数时间里都没有办法正常行使功能，以此来支持自己的立场。而在治疗师看来，比起减少住院会导致的短期自杀风险，自杀行为导致的反复住院所具有的长期风险要更加严重。尽管如此，罗宾仍把这些解释视为治疗师对她的直接攻击。尽管治疗师在这个议题上坚持自己的立场（即，坚持认为重复住院会强化罗宾长期的自杀思维），但她通过做三件事情来补偿罗宾。第一，治疗师反复承认罗宾体验到难以承受的痛苦。第二，她反复将解离症状解释为面对强烈痛苦情绪时的自动化反应，以此来处理罗宾对解离症状的担忧。第三，治疗师经常涉及她和罗宾之间的治疗关系议题，从而强化治疗关系并让罗宾留在治疗之中，即便治疗关系本身也是额外情绪痛苦的来源之一。

在治疗进行到第五个月的时候，治疗师开始担忧目前的治疗取向可能在无意中具备了将罗宾推向死亡（通过其自杀）的效果。因此，治疗师决定为罗宾和所有参与她治疗的专业人员（例如，她目前的治疗师、精神科医生、她所偏好的医院的医护人员、医疗保险督查员）安排一次会诊，以处理罗宾的住院问题。在这次会诊中，治疗师提出了自己的假设，即住院在强化罗宾的自杀行为。同样，她也帮助罗宾表达自己的观点，即她认为治疗师是错误的。治疗师请求各方达成一致，去建立一个新的系统，来打破罗宾的自杀行为和反复住院之间的关系。由此，这次会诊发展出了一个计划，即罗宾如果想住院的话，她并不需要通过自杀来达成愿望。在这个新的系统下，罗宾随时可以凭借自己的意愿住院，但每次住院不能超过3天，3天一到，她就会被要求出院。如果她报告自己的自杀念头太强，不适合出院，她会被转入她最不喜欢的医院去住院，以保证她的安全。

除非需要医疗小组的介入，否则罗宾的泛自杀行为已经不再成为其住院的理由。尽管各方在住院是否会强化罗宾的自杀行为这一假设上存在分歧，但这个系统仍然得到了罗宾和与会者的同意。

在这次会诊之后，罗宾的丈夫宣布他已经无法再包容或忍受妻子的自杀行为了，而时时刻刻都有可能发现妻子死去的威胁让他决定诉讼离婚。随后，治疗的焦点就转向了如何帮助罗宾对这一事件进行哀悼，以及寻找一个适合的住所。罗宾一会儿对于丈夫在自己需要他的时候（按照她的说法，在她生病时）抛下她而暴怒，一会儿又因为觉得自己永远不可能独自应对一切而绝望。她认为，"把自己的情绪释放出来"是唯一有用的治疗。这导致她在许多次治疗会谈中都泪眼婆娑；而与此同时，治疗师会确证她的痛苦，并且表扬罗宾能在不回到医院的情况下应对这些事情。但是，在这段时间里，罗宾有几次大量饮酒，而且开始严格节食。罗宾重新出现的酒精滥用症状和进食障碍症状立刻成了治疗的目标。除了努力消除这些症状外，治疗师对这些行为的强烈关注也在告诉罗宾：即便她不出现自杀念头，治疗师也会认真对待她的问题。尽管如此，因为这些症状以及罗宾的强烈痛苦和高自杀风险，她和治疗师都决定，她需要进入一个住宿治疗机构待3个月。在这段住宿临近尾声的时候，治疗师安排罗宾和一位室友一起回家居住。

在罗宾待在住宿治疗机构期间，个体治疗也一直在持续。在罗宾从这一机构回家之后，她重新开始参加每周一次的技能训练小组。尽管罗宾起初承诺在第一年的治疗中要参加团体治疗，但是她的参与非常不稳定。她常常会缺席整个治疗会谈，或者会在中间休息时离开。当治疗师尝试处理这个议题时，罗宾通常的反应是说自己因为夜盲症无法在晚上开车。尽管这样的行为对治疗造成了干扰，而且也在治疗过程中经常讨论到，但是，因为自杀行为这一更紧迫的议题持续存在，上述议题并没有成为治疗的焦点。此外，治疗师在个体治疗会谈中让罗宾学习技能的努力也收效甚微。这些个体会谈的重点往往是如何巩固治疗关系并且保证这一关系不会强化罗宾的自杀或解离行为。用来促进治疗同盟的策略包括，在会谈间隔期，治疗师会主动打电话询问罗宾在干什么，当治疗师外出旅行时会照例把自己的电话号码给罗宾，以及当治疗师离开本地时会给罗宾寄明信片。

在治疗的第八个月到第十四个月期间，罗宾出现了明显的进展。从住宿治疗机构出院回家几个月后，罗宾重返学校。治疗的重点是让罗宾留在学校并拓展她的社交网络。此外，治疗继续关注着如何改变那些增加罗宾自杀风险的因素，减少其情绪痛苦，以及帮助她更好地忍受不适。在此期间，罗宾的住院天数显著减少，其泛自杀行为的频率也显著降低。

然而，这段改善时期在罗宾接受治疗的第十四个月戛然而止，她过量服用处方药并大量饮酒，以图自杀。这一自杀行为的主要扳机事件是罗宾给她久未联系的丈夫打电话。在电话中，罗宾发现自己的丈夫和另外一个女人住在一起。第二天早上，罗宾给自己的治疗师打电话时提到，她一直以来没能说出口的希望，即有一天能够和丈夫重修旧好，或者至少成为亲密的朋友，一下子破灭了。晚上，罗宾再次给治疗师打了电话，一边哭泣一边告诉治疗师她刚刚喝了半瓶（约合375毫升）烈酒。这样的酗酒情形之前曾发生过几次，因此在这次通话中，治疗师的工作重点是给予罗宾希望，帮助她看到没有丈夫她也能生活下去，并且和她约好一定要度过今晚，按时出席明天的治疗会谈。罗宾的室友也在家，她同意陪罗宾聊聊，和她一起在电视上看一部电影，然后上床睡觉（这些计划她的确都照做了）。罗宾说，尽管她有自杀的想法，但是她会停止喝酒，并且在明天的治疗之前不再从事任何自毁行为。治疗师也告诉罗宾，如果她夜里还想和治疗师讲话，她可以再打电话。第二天，罗宾没有按时出现，治疗师给她家打电话，而此时她的室友刚刚发现，罗宾已经死在了前一晚睡觉的那张床上。

讨 论

边缘型人格障碍是较为常见的人格障碍之一。据估算，这一障碍的患病率在一般人群中约为1%~2%（Lenzenweger, Lane, Loranger, & Kessler, 2007；Torgersen, 2012）。然而，因为边缘型人格障碍是危害最高的人格障碍之一，它在精神疾病治疗机构中十分常见。在这些机构中，边缘型人格障碍患者在整个病人群体中占约15%；而在患有人格障碍的病人中，50%患有边缘型人格障碍（Widiger & Weissman, 1991）。

边缘型人格障碍患者很可能患有其他情绪障碍。在患有边缘型人格障碍的人群中，心境障碍很普遍；研究提示，24%~74%的边缘型人格障碍患者也患有重性抑郁障碍，4%~20%则患有双相障碍（Grant et al., 2008；Lenzenweger et al., 2007）。进食障碍（尤其是神经性贪食）和边缘型人格障碍也常常出现共病。例如，有研究发现，大约有25%的神经性贪食症的患者也患有边缘型人格障碍（例如，Sansone & Levitt, 2005）。物质滥用在边缘型人格障碍患者身上也十分常见——高达67%的边缘型人格障碍患者获得了至少一种物质滥用障碍诊断（Grant et al., 2008; Lenzenweger et al., 2007; Skodol, Oldham, & Gallaher, 1999）。

就像罗宾的案例所呈现的那样，自杀倾向是边缘型人格障碍的普遍特征之一。约75%的边缘型人格障碍患者具有至少一次泛自杀行为的历史，而每个病人平均尝试了3.4次（Soloff & Fabio, 2008; Soloff, Lis, Kelly, Cornelius, & Ulrich, 1994）。你可以回忆一下，泛自杀行为是指任何在具有或不具有自杀意图的情况下蓄意实施的自我伤害行为，因此包括自杀尝试和自残行为。甚至，自杀威胁和危机在那些从来没有出现过泛自杀行为的病人身上也很常见。尽管存在泛自杀行为的病人中很多人没能杀死自己，但边缘型人格障碍的患者中约有5%~10%最终死于自杀（Black, Blum, Pfohl, & Hale, 2004; McGirr, Paris, Lesage, Renaud, & Turecki, 2009; Paris & Zweig-Frank, 2001）。

边缘型人格障碍的长期进程形态多样。和某些人格障碍（例如，反社会人格障碍）病例一样，许多边缘型人格障碍患者的病情似乎到了30多岁或40多岁的时候会有所改善（Paris & Zweig-Frank, 2001; Zanarini et al., 2006）。但是，也有许多人的困难会持续到老年（Rosowsky & Gurian, 1992）。

就治疗而言，许多边缘型人格障碍患者可能对多种药物反应良好，包括抗抑郁药物、心境稳定剂、抗精神病药物、镇静剂以及锂剂（Nose, Cipriani, Biancosino, Grassi, & Barbui, 2006; Silk & Feurino, 2012）。然而，有关药物对照研究的元分析发现，就自杀而言，所有药物的效果都与安慰剂没有明显差异。此外，边缘型人格障碍患者身上常常也存在药物滥用、治疗依从性以及尝试自杀等问题，而这些特征会导致给病人提供安全有效的药物治疗阻力重重。

在边缘型人格障碍心理治疗的有效性研究中，有许多属于描述性研究（例如，Stevenson & Meares，1992），即这些研究只描述了对于边缘型人格障碍实施治疗的结果，而没有明确指出这一治疗是否比另一种可能的治疗方式或比不接受治疗的情况更为有效。在首批使用随机对照组来考察边缘型人格障碍心理治疗效果的研究中，有一项是由Linehan及其同事进行的（Linehan，Armstrong，Suarez，Allmon，&Heard，1991）。他们比较了辩证行为治疗（即罗宾的治疗中所使用的治疗取向）与"通常进行的治疗"。所谓通常进行的治疗指的是可以在社区中获得的任何治疗，这些治疗能给予病人一般的治疗性支持。患有边缘型人格障碍且有明显泛自杀行为的44名女性病人被随机分入辩证行为治疗组或社区治疗组。治疗时间为1年，每4个月评估一次。在第一年末尾，辩证行为治疗看上去比社区治疗更有效，这体现为自杀行为的频率和严重程度较低，病人的脱落率（在辩证行为治疗组中仅有16.7%）也较低，以及在精神科住院治疗的天数较少（Linehan et al.，1991）。相比社区治疗条件下的病人，接受辩证行为治疗的病人在愤怒和社交适应等指标上表现出的改善显著更大（Linehan，Tutek，Heard，& Armstrong，1994）。在一年之后进行的随访中，这些治疗效果整体上仍维持了下来（Linehan，Heard，& Armsrtrong，1993）。几个后续的随机对照研究也支持了辩证行为治疗对于边缘型人格障碍而言是一种有效的干预（例如，Koons et al.，2001；Linehan et al.，2006；Verheul et al.，2003；参见Lynch & Cuper，2012，以及Neacsiu & Linehan，2004的回顾文章）。

　　由Linehan及其同事所研发的治疗可能有助于减轻边缘型人格障碍患者的痛苦，以及病人家属和心理卫生系统所承担的重压。然而，就像在罗宾这一极具戏剧性的案例中所呈现的那样，有些病人完全无法从我们现有的针对边缘型人格障碍的治疗中获益，因此我们仍然需要做出很多努力，寻找更有效的干预措施。

批判性思考

1. 你认为哪些因素导致边缘型人格障碍在女性中要比在男性中常见得多?
2. 边缘型人格障碍和自杀率升高密切相关。你认为,何种理由导致了这类病人中令人惊讶的泛自杀行为高发率?你认为,对于表现出自杀姿态的人来说,最好的回应方式是什么?
3. 在边缘型人格障碍的症状和风险因素与分离性身份障碍的症状和风险因素中,你发现了哪些相似性?你认为这些障碍的共同点和它们之间的不同点比起来,哪方面更明显?为什么?
4. 你认为罗宾自杀身亡是可以避免的吗?若是,如何避免?

案例 16

精神分裂症

基本情况

索尼·福特住进一家私立精神疾病治疗机构时，是一位21岁的白人单身男性，和他的养父母一起生活。索尼是由为他提供门诊治疗的心理治疗师转介住院的。过去两年来，索尼一直在努力应付诸如注意困难、焦虑和强迫思维之类的症状。更严重的是，在入院前的一年里，索尼开始持续体验到偏执和妄想思维。这些问题始于他吸食大麻之后。在大麻的作用下，索尼认为自己的心智变得"麻木"了。从那个时候开始，他相信大麻已经永久地"扭曲了"他的心智。此外，由于无法让别人赞同大麻对他造成了这种效果，他感到非常痛苦和沮丧。最近，索尼开始发展出偏执性的担忧，总是担心警察和联邦调查局（简称FBI）会来抓他（被害妄想）。此外，他还开始感觉到某些电视节目对自己特别重要，因为这些节目当中特地为他植入了一些信息，以提醒他当局可能采取某种方式来迫害他（牵连妄想，即发生的所有事件都在某种程度上和自己"有牵连"）。有些时候，索尼还会在自己的头脑中听到人们说话的声音（幻听）。尽管他无法辨认出这些语音在说什么，但他能感觉到这些语音是愤怒且充满批评意味的。

近几个月来，索尼的症状不断恶化，目前为止，它们已经显著干扰到他在州政府办公楼做清洁工的工作。因为这些因素，同时也因为迄今为止索尼对于门诊治疗都反应不佳，所以给他做门诊治疗的心理治疗师将其转介为住院治疗。

在入院评估中，索尼的情绪表达十分有限。尽管他看上去非常紧张和焦虑，但他面孔的大部分区域在整个评估访谈期间都纹丝不动。索尼和他的医生几乎没有任何目光接触，而且他的身体动作也相当有限。唯一例外的是，他坐在椅子里的时候，一直不断地抖腿，并且偶尔会前后摇动自己的身体。他的言语十分迟疑和刻意，对于评估者的提问，他的回答往往简单又空洞。例如，当评估者问道："你有什么困难希望我们提供帮助的？"索尼回答说："我觉得是大麻的问题。"

病　史

索尼一出生就被收养了，因此无法获知他原生家庭的医疗史和精神疾病史的记录。索尼在四口之家长大，除了父母之外，家里还有一个大他4岁的姐姐，也是收养的。他回忆不起多少童年早期的经历。但是，索尼说在自己的整个人生中，他一直都是孤独一人，至今从未有过任何朋友。索尼的父母在他入院时也在场，证实了索尼在社交互动方面一直备感挫败，并且还补充说，他们的儿子在整个学生时代对于真实的或他知觉到的批评都十分敏感。他们也提到，索尼在上大学时，在需要做出某种口头表达或进行课堂参与的科目上都存在很大的困难。索尼一直很依恋他的父亲，每当他要离家或离开父亲一段时间的时候，他都会感到非常痛苦和孤独。索尼认为父亲非常理解和包容他，但他随后把自己的母亲描述为"不接受我这个人"。索尼声称，母亲用她过度苛刻的姿态，对他的自尊造成了严重的负面影响。索尼还说自己的母亲是一个酗酒者，但他的父母都不支持他的这一看法。

索尼大约16岁的时候，他开始意识到自己有同性恋倾向。尽管父亲接纳了他的性取向，但索尼报告说他的母亲非常抵触他的同性恋取向，并且在谈及他的时候常常用带有歧视意味的词，例如"基佬"（fag）。虽然索尼已经接受了自己的同性恋取向，但他说同性恋的身份给他带来了许多麻烦，因为这种生活方式导致他常常感到孤独。目前，索尼的许多强迫思维都和他持续存在的一种想法有关，即自己可能因某次无保护措施的性行为而感染人类免疫缺陷病毒（HIV，即艾滋病病毒）。并且，索尼对于感染HIV的恐惧不会因为他知道和他发生性行为的人没有携带HIV，或者他近期的所有HIV测试结果都是阴性的而有所减轻。

尽管他在社交适应方面一直存在困难，但索尼仍应付了青春期的大多数要求和责任。在他高中毕业后（平均成绩为C+），索尼决定去本地的一所大学上一些预科课程。这个决定在很大程度上源于他担忧自己要离开家人去距他家所在社区很远的地方上学。但是，在索尼上大学的第一年，他吸食了大麻，并且坚信大麻对自己的大脑造成了永久性的损伤。此后，索尼各方面的功能状况持续恶化。他从大学退学，接着又进入本地的另一所大学就读，然后仅仅上了一学期就再次退学，因为他无法在拥挤的教室里坐着，也无法完成必须的作业和测验。在他被转介至精神治疗机构之前的两年里，索尼尝试了不少兼职工作（例如，快餐店餐工、油漆匠学徒），但都很难维持下去。尽管如此，索尼目前在州政府办公楼做清洁工已经7个月了，部分原因在于这个岗位允许他在大部分时间里独自工作，不需要进行大量社交互动（但是，索尼的症状日益严重，导致他只能偶尔到岗了）。

DSM-5 诊断

基于上述信息，索尼的DSM-5诊断如下：

> 295.90 精神分裂症，持续

精神分裂症是一种由阳性症状和阴性症状组成的综合征。阳性症状指的是正常功能的过度或扭曲（例如，幻觉、妄想或紊乱的言语和行为）；

阴性症状指的是正常功能的不足或缺乏（例如，情绪表达或言语的范围受限）。在DSM-5（美国精神病学会，2013）中，精神分裂症被界定为出现以下至少2种症状，每一项症状均在至少1个月内（如经有效治疗，则时间可能更短）的大部分时间存在：①妄想（即基于对外界现实不正确的推论而出现的信念，即便其他几乎所有人都不相信，或存在明显的证据或迹象支持相反的结论，当事人仍坚信不疑；比方说，索尼相信警察和FBI要来抓捕他）；②幻觉（知觉方面的异常，个体看见、听见或感觉到某些事物，然而它们并不真实并且实际上并不存在；比方说，索尼存在幻听，听见他的头脑中有人说话）；③言语紊乱（例如，思维脱轨，谈话时从一个话题突然跳转到另一个话题；离题症，对问题的回答可能不大相关或完全不相关）；④明显紊乱或异常的运动行为，包括紧张症（例如，紊乱的行为，儿童式的活动，无法预测的激越，穿着打扮不寻常或不修边幅；紧张症行为，对环境没有反应，保持僵硬、古怪的姿态，拒绝被移动）；⑤阴性症状（例如，情绪平抑；言语贫乏，即言语表达的数量或内容不足；意志减退，即无法自行启动或维持重要的活动，比方说工作）。

除了5项症状中至少存在2项之外，精神分裂症的诊断标准还要求，个体出现紊乱情形之后的大部分时间都表现出了显著的社交或职业功能受损。另外，DSM-5要求这种紊乱的迹象持续至少6个月。在许多精神分裂症病例中，持续存在的主要是阴性症状（例如，情绪平抑），或5项症状中的一个或多个以不那么严重的形式（例如，并非彻底的妄想而只是古怪的信念）持续存在着。在给出精神分裂症的诊断时，临床工作者还必须排除以下可能性，即用心境障碍（例如，幻觉和妄想等精神病性症状也可能在躁狂发作阶段或严重的抑郁发作阶段中出现，参见案例9）、某种物质（例如，致幻剂等毒品）的生理效应以及某种医学问题或自闭症谱系障碍（参见案例17）能够更好地解释个体身上的紊乱情形。

在DSM-5之前（例如，在DSM-Ⅳ中），对于精神分裂症的诊断会伴随一个亚型分类来指明这一障碍的特性。DSM曾经界定了5种精神分裂症的亚型：①偏执型，即执迷于一种或多种妄想（通常是被害妄想或夸大妄想），或者经常出现幻听；②紊乱型，即言语和行为紊乱，也包括情绪平抑或不恰当；③紧张症型，包括缺乏身体动作，过度或无目的的身体动作，或者古怪的姿态；④未分型，个体符合精神分裂症的诊断标准，但不完全符合前面3种具体类型中的任何一种；⑤残留型，个体曾经符合精神分裂症的诊断标准，但目前仅有轻微症状（例如，阴性症状），并且不存在明显的阳性症状（例如，妄想、幻觉）。按照这一体系，偏执型最为符合索尼的临床表现。但是，这些亚型在DSM-5中已经被删除了，因为它们在一般临床实践中很少用到，而且精神分裂症的自然病程如此多样，以至于个体可能在这一障碍的不同阶段符合不同的亚型诊断标准（Tandon & Carpenter，2012）。

索尼的诊断被给予"持续"的标注是因为，他的症状在其病程的大多数时间里都符合DSM诊断标准。若个体在至少1年里都符合该障碍诊断标准的话，除了"持续"之外，还有另外6种标注可用于表明精神分裂症的进程（例如，"首次发作，目前处于急性期"，"多次发作，目前处于部分缓解期"）。从DSM-5开始，出现了一种可供选择的严重程度标注，即可以用0（不存在）—4（存在且严重）范围内的五点量表来评估重性精神疾病的每一个主要症状（例如，妄想、幻觉、言语紊乱）的严重程度。

使用整合模型进行案例概念化

正如《变态心理学：整合之道》（Barlow & Durand，2015）中阐述的那样，根据精神分裂症的整合模型，基因因素对于精神分裂症的发展具有显著的作用，并且这一点得到了研究证据的有力支持。例如，针对精神分裂症双生子研究所做的综述结论是，如果同卵双胞胎中有一位患有精神分裂症，那么另一位也患上此障碍的可能性约为48%~53%；而对于异卵双胞胎而言，两人同时患上精神分裂症的比例显著较低（14%~17%）(Gottesman，1991；Prescott & Gottesman，1993；Tsuang，Stone，& Faraone，1999）。因为同卵双胞胎的基因几乎完全相同，而异卵双胞胎仅共享50%的基因（与一级亲属之间基因共享比例相同），所以同卵双胞胎中精神分裂症患病率较高说明基因因素影响着该障碍的发展。虽然双生子研究和其他研究（例如，收养研究）都提供了强有力的证据，显示出基因在精神分裂症中的作用，但我们仍未鉴别出那些导致个体易感此障碍的具体基因，只能说在该领域取得了一些进展（Murragy & Castle，2012）。此外，即便同卵双胞胎具有完全相同的先天素质，他们依然可能不同时患上该障碍（即只有一方患上精神分裂症），这表明，其他因素（例如，环境变量）也必然对该障碍发生着作用。

已有许多研究开始考察那些可能在精神分裂症中起作用的神经生物学因素。在有关精神分裂症成因的理论中，最久经考验的理论之一认为精神分裂症和多巴胺这一神经递质过量有关（Davis，Kahn，Ko，& Davidson，1991；Harrison，2012；Kapur & Lecrubier，2003）。支持该理论的证据主要包括：①通常能有效治疗精神分裂症的抗精神病药物（神经阻滞剂类）旨在干扰多巴胺的释放（属于多巴胺拮抗剂）并且能部分地阻止大脑使用多巴胺（例如，Cresse，Burt，& Snyder，1976）；②增加或促进多巴胺传导的药物（例如，诸如左旋多巴之类的多巴胺激动剂）可能在一些人身上制造出精神分裂症的症状（Davidson et al.，1987）。尽管存在这些以及观察到的其他结果，但最近的证据却不支持精神分裂症和多巴胺过度分泌之间的联系（例如，Davis et al.，1991；Javitt & Laruelle，2006）。例如，研究发现，在精神分裂症患者中，有很大一部分人在使用了削弱多巴胺活动和减少其分泌水平的药物之后病情并没有改善。此外，相对更新的药物（例如，奥氮平）也能有效治疗部分精神分裂症患者，然而，这类药物对于多巴胺系统的影响十分微弱（Javitt & Laruelle，2006）。据此，大多数研究者已经修正了他们对于多巴胺在精神分裂症中所起作用的构想，并且越来越多地考虑另一种可能性，即这种神经递质和其他神经递质（例如，血清素）之间的平衡和相互作用或许可以更好地解释该障碍的许多症状（Harrison，2012）。

研究也提示，精神分裂症和脑结构的改变有关。例如，许多研究发现，精神分裂症患者的侧脑室往往异常的大（Belger & Dichter，2006；Harrison，2012）。脑室体积本身并不是问题，但是侧脑室的增大或扩张可能提示邻近的脑区已经萎缩或没有发育完全。尽管如此，脑室增大这一现象并没有出现在所有精神分裂症患者身上，这一异常的原因也尚不明确。另一个和精神分裂症联系在一起的脑结构问题涉及额叶。具体来说，精神分裂症患者的额叶相比未患有该障碍的人而言，不那么活跃（Belger & Dichter，2006）。这一现象或可解释精神分裂症的许多阴性症状（Andreasen et al.，1992），并且可能影响了其他对阳性症状负责的脑区（Davis et al.，1991）。

正如前文所说，同卵双胞胎并不一定都会患上精神分裂症，这一观察结果提示我们，环境、心理和社会因素可能在该障碍的起因和病程中发挥着作用。在这一领域，许多研究者已经考察了生活应激源对于精神分裂症的影响。例如，Dohrenwend和Egri（1981）发现，战争时期本来健康的人若参加了战斗，则常常会短暂地表现出那些类似于精神分裂症的症状。那些回顾精神分裂症患者个人史的研究者常常发现，在最初出现该障碍的迹象之前往往有应激生活事件发生（Phillips，Francey，Edwards，& McMurray，2007）。类似的，精神分裂症症状的复发也往往和应激生活事件有关，不过，仍有相当大比例的复发是在没有生活应激事件的情况下出现的（例如，Ventura，Neuchterlein，Lukoff，& Hardesty，1989）。这类发现促使研究者提出了精神分裂症的素质—应激模型，即凸显出环境应激因素是激活潜在的基因或生物素质（易感性），从而发展出精神分裂症的必要条件（例如，Zubin & Spring，1977）。已有大量研究考察了个体的社会或家庭环境的某些方面是否和精神分裂症症状的产生或病程有关。在这个领域中，研究的最大热点是一种叫作"情绪表露"（expressed emotion）的情绪沟通风格。初步研究提示，在出院了的精神分裂症患者中，那些家庭成员倾向于表露高水平的批评、敌意以及情绪过度卷入的患者，最容易复发（Brown，Monck，Carstairs，& Wing，1962）。研究也证实了这样的观点，即对于经历过一次精神分裂症发作的病人来说，生活在一个高情绪表露的家庭中和显著更高的复发概率相关（例如，Bachman et al.，2002；Cechnicki，Bielanska，Hanuszkiewicz，& Daren，2013）。尽管高情绪表露对已发病的精神分裂症的病程（即复发）可能是一个重要影响因素，不过大多数研究者并不相信这种沟通风格在该障碍的病因中起到关键作用。

治疗目标和计划

在索尼住院期间，治疗的目标是：①减轻他的精神病性症状（即，幻觉和偏执妄想）；②确保他能持续服用抗精神病药物；③教授他一些技能去安排好自己的时间，从而帮助他逐渐恢复社会和职业功能；④教授他一些方法以减弱其自我批评和社交退缩的倾向；⑤提供家庭治疗以便对其父母进行有关这一障碍的心理教育，并且教授他们新的沟通方式，从而增加出现积极的长期结果的概率。

在索尼住院期间，主要的干预是鉴别出哪一种抗精神病药物及其具体剂量能对他的精神病性症状产生最佳效果。自20世纪50年代被发明以来，神经阻滞剂类的抗精神病药物极大地推动了对精神分裂症患者的治疗（Kane & Marder，2005）。若个体对这些药物有反应的话，他们能更加清晰地思考，幻听和妄想会减少或消失。据此，抗精神病类的药物能够影响阳性症状，而其作用是通过影响涉及多巴胺和血清素的神经递质系统来实现的。这些药物对于精神分裂症的阴性症状（例如，社交技能缺乏）并没有任何可见的效果，因此依然需要给病人提供心理干预（例如，社交技能训练）。大多数研究者都同意，药物不应该是精神分裂症的唯一治疗手段。

除了处理精神分裂症的阴性症状外，心理干预也能增加病人对药物治疗的依从性。只有恰当地服用药物，抗精神病药物才会起效，而许多精神分裂症患者并不会按规定服用药物。事实上，有关不依从治疗的普遍程度的研究发现，绝大多数精神分裂症的患者都会时不时停药（Lieberman et al., 2005）。

不依从抗精神病药物治疗的一个主要原因是副作用。这些药物会带来许多不良的生理症状，例如走路不稳、视线模糊以及口干。因为抗精神病药物会影响神经递质系统，因此可能会出现诸如锥体外系症状之类更为严重的副作用，包括迟发性运动障碍（即舌头、脸部、嘴部或下颌会出现非自主性的运动，例如伸舌头、两颊鼓起、噘嘴唇和咀嚼动作等）。迟发性运动障碍是长期使用高剂量的抗精神病药物导致的，在那些长时间使用这类药物的患者中，可能有多达20%的人会出现这些症状（Kane，2006；Morgenstern & Glazer，1993）。而一旦这些症状出现，它们就是慢性的，并且必须服用额外的药物才能控制。

治疗过程和治疗结果

索尼入院时，预估的住院时间是6周。第一天索尼就哭了，他说对于未来觉得没有希望了。他非常容易掉眼泪。他说自己对于新环境感到十分迷茫，因此，医护人员鼓励他在感到刺激过大的时候离开医院的公共场所。很显然，索尼在入院的时候，无论是生理层面还是心理层面，都没有做好药物治疗的准备。住院之前，他曾经服用过氯硝西泮（一种抗焦虑药物）以及洛沙平（一种抗精神病药物）。医院医生证实了索尼的抱怨，即抗精神病药物会产生不良的副作用，例如坐立不安，以及更严重的，某些能发出声音的舌头动作。因此，索尼停止服用了洛沙平，而尝试服用羟哌氯丙嗪（另一种抗精神病药物），起始剂量是每天24毫克。入院第二天起，索尼就参加了个体和团体治疗来处理前文提到的各项议题（例如，服药依从性、社交技能训练)。

入院一周内,索尼就明白了他的问题并不只是和大麻有关。他承认,自己一直在与人交往方面存在问题,并且对父亲有着过分依赖的依恋关系。索尼也能够讨论他缺乏证据支持的信念,即认为母亲酗酒,以及母亲的行为对他的自尊有负面影响。此外,在治疗中,索尼还能够谈论母亲如何拒绝接受自己的性取向。

改变药物处方不久之后,索尼似乎在生理上感到舒适一些了,较少出现坐立不安的情况,整个人也更有活力了。他报告自己感到更有希望了,而且体验到了更多情绪。因为自己对羟哌氯丙嗪的反应迅速且良好,索尼在某种程度上开始关注是否有可能早点出院。当医护人员反馈说,他应该住院足够长的时间以确保药物真的合适他时,他也能积极反应。尽管如此,索尼表示,第一次离开家这么久让他觉得很艰难。

住院期间,索尼很努力地试着在病房中展开社交,而且他报告说和几个病友进行了自在的互动。虽然索尼出席了每一次团体治疗会谈,但他在其中的参与通常很有限。他报告自己在团体中感到不舒服,而且从医护人员的观察来看,他在一对一的场合能够更好地与人交往。不过,索尼在家庭治疗会谈中说的很多,在这些会谈中,他表达了对母亲酗酒行为的关切。在这些会谈中,索尼的母亲显然并不认为饮酒对她来说是一个问题,这一点也得到了索尼父亲的认可。因此,治疗师鼓励索尼不去关注父母的事情,而是去处理自己难以与他们分离这件事情。这一建议对于索尼和他的父亲来说都是个难题,因为他的父亲已经习惯于插手接管儿子的责任。尽管如此,索尼也报告,他发现自己在相当长的一段时间里,没有父母陪伴也能够在医院中"活下来",这让他感觉很不错。

在家庭治疗中,索尼的父亲质疑了医院对儿子的诊断,而且他对于索尼患上精神分裂症的前景感到相当沮丧。除了提供支持和有关障碍及其治疗的知识外,治疗师还告诉索尼的父母,做出诊断常常是一个持续进展的过程，基于索尼今后的症状模式，对他的诊断也可能会发生变化。

住院4周之后，索尼出院了（比预计的出院时间提早了2周）。在他出院的时候，治疗师为他提供了参加医院的日间治疗项目的机会，索尼和父母接受了这个建议。在日间治疗项目中，索尼每周来医院5天，每天在医院里待8小时，以进行后续的治疗并监控他的服药情况。自此，他又和父母住在一起了，同时，日间治疗项目的治疗师继续和索尼一道处理家庭议题，并且着手帮助索尼重新进入社交和工作环境。

在参加日间治疗项目期间，索尼开始不按照医嘱服药，因为羟哌氯丙嗪渐渐让他产生了锥体外系症状（动舌头、语言单调）。医生尝试调低他的药量但失败了，他再次出现了轻度的妄想思维（例如，警察正在追捕他）。医生随后决定让他停止服用羟哌氯丙嗪，并让他开始服用一种新开发的抗精神病药物氯氮平。服用氯氮平成了索尼治疗中的重要转折点，因为氯氮平除了能和羟哌氯丙嗪一样很好地控制他的阳性症状外，最终它还显著减弱了他的锥体外系症状。因此，索尼一直按照医嘱服用氯氮平。

在接下来的几个月里，索尼偶尔出现短暂的妄想（尤其是关于大麻带来的永久损伤）和激越。但是，这些复发症状都没有严重到他住院治疗之前的程度，而且很容易就通过门诊（即调整药量）得到了控制。索尼有着支持他的家人（尤其是他的父亲）以及结构化的环境（例如，住在他父母家中），这些持续存在的因素都是让他在日常生活中维持稳定、结构和自尊的重要条件。短暂的复发通常和那些让他难以承受的各种环境应激源有关。其中一项应激源是索尼重新返回兼职岗位。在医院的员工支持项目的帮助下，索尼得以做回他之前的清洁工工作，从兼职开始。在治疗师的支持和帮助下，索尼重新适应了工作职能。

在作者编写本书的时候，索尼的功能调适继续改善，最终他恢复了全职工作，而且能够为自己的财务状况负责。索尼的妄想和幻觉在持续服用氯氮平的情况下已经接近消失，不过吸食大麻造成了自己永久性的脑损伤而且是自己身上所有症状的根源这一信念仍然时不时浮现在他脑海中,因而必须持续地在治疗中进行处理。目前,索尼能够更加自如地与人交往了,只是他仍然住在父母家里,而且他的社交生活也相当局限。除了定期拜访自己的精神科医生来监控和调整服药方案以外,索尼和他的父母继续每周与一位门诊心理治疗师见面(就是这位治疗师将他转介入院),以进行家庭治疗并处理其他议题(例如,学会识别复发的早期迹象、训练社会技能)。

讨 论

在一般人群中,精神分裂症的终身患病率估计在0.2%~1.5%之间(美国精神病学会,2013;Goldner, Hsu, Waraich, & Somers, 2002;Jalensky, 2012)。男性和女性的精神分裂症终身患病率相当。精神分裂症一般在15~35岁之间发病,很少在青春期之前发病。通常女性比男性发病要晚。此外,女性患者的心境症状(例如,抑郁、情绪平抑)更明显。尽管该障碍的起病可能很突然,但大多数患者都曾表现出某种形式的前驱期,即各类迹象和症状的缓慢、渐进式发展,包括社交退缩、个人卫生和形象修饰退化、行为不寻常、愤怒爆发,等等。最终会出现急性期的各种症状(例如,妄想、幻觉)。除了性别差异外,研究发现精神分裂症的起病年龄也和其他重要的因素有关。例如,起病年龄早的病人容易出现更差的病前功能调适状况、更低的学业成就、更明显的脑结构异常迹象以及更突出的阴性症状,而且他们的长期病程后果也更有可能比较糟糕。相反,研究发现,起病年龄晚的病人更少表现出脑结构异常,而且更有可能表现出比较积极的长期病程后果。

正如索尼的案例所显示的那样,精神分裂症是一种破坏性很强的障碍,通常伴随着个体在生活功能的大部分领域显著受损。此外,精神分裂症患者的预期寿命略低于平均水平,部分原因在于这类患者的自杀率较高(Tatarelli, Pompili, & Giraldi, 2007)。在考察精神分裂症的终生发展情况时,大部分研究者都假设该障碍的自然进程是中年过后随着年龄增长不断恶化。但是，有些证据显示，这并非必然。例如，对精神分裂症患者进行跟踪调查直至其暮年的研究一般都会发现（例如，Winokur，Pfohl，& Tsuang，1987），年纪较老的人倾向于表现出较少的阳性症状（例如，幻觉、妄想），而阴性症状（例如，言语困难）或许较多。事实上，有一项研究跟踪了118名20世纪50年代曾在佛蒙特州立医院接受治疗的精神分裂症病人，结果发现，按照在20世纪80年代所做的评估，有1/2~2/3的人表现出很大的改善，或是已经康复了（Harding，Brooks，Ashikaga，Strauss，& Breier，1987）。因此，精神分裂症似乎并不会随着时间的推移持续恶化，而是随着病人迈入成年晚期，在某种程度上会表现出好转（Jobe & Harrow，2005）。

尽管如此，大多数关于精神分裂症病程和预后的研究都提示，该障碍的病程多变，有些人会表现出病情加重和缓解，另一些人则持续呈现慢性疾病状态。约有20%的病人可能只出现单次精神分裂症发作，随后好转，并且没有表现出持久的损害。但是，大部分病人会经历数次精神分裂症发作（即出现诸如幻听和妄想这类急性期症状），而且在发作的间隔期体验到不同程度的功能损害（Zubin，Steinhauer，& Condray，1992）。

正如前文所说，抗精神病药物，比方说医生开给索尼的那些药物（例如，氯氮平、羟哌氯丙嗪），代表着精神分裂症的主要治疗手段。之前我们已经提到了抗精神病药物治疗的一些局限，包括相当一部分病人不依从治疗、可能产生严重副作用（例如，迟发性运动障碍等锥体外系症状）以及这些药物通常对于精神分裂症的阴性症状（例如，社交退缩）缺乏可见的效果等。研究者曾经期望1990年上市的氯氮平能够解决其他抗精神病药物所具有的问题。尽管氯氮平在一些其他药物治疗无效的病人身上起效，而且伴随的副作用较少，但它也的确引发了一些意料之外的负面效果，因此它的使用必须在密切的监控下进行，从而避免产生虽然罕见、但却致命的生理效果（Kane & Marder，2005）。

大多数研究者都同意，精神分裂症无法仅通过单纯的心理治疗方法来治疗，但这些干预却是控制该障碍的重要组成部分（Bellack & Mueser, 1993；Tarrier & Taylor, 2014）。例如，就像在索尼的治疗中那样，心理治疗常常通过帮助病人更好地与医生交流他们对副作用的关切来增加其服药依从性。此外，由于社交退缩和社交技能缺乏是精神分裂症常见的阴性症状，所以社交技能训练常常被包含在治疗当中（Smith, Bellack, & Liberman, 1996）。在这些治疗中，治疗师会将社交技能（例如，自我决断力）分解成不同部分，然后示范这些行为，再让病人扮演属于他们的角色，最终让他们在现实世界中练习自己的新技能；与此同时，他们也会获得治疗师的反馈和鼓励。在精神分裂症的治疗中，研究者对于社交技能训练有多大效果还存在分歧（Smith et al., 1996）；其中的一个问题是，病人常常无法在治疗结束后保持他们学会的新技能。

就像索尼的案例呈现的那样，家庭治疗是精神分裂症治疗中另一种常见的心理社会方法。前文讨论过的一些证据——那些高情绪表露家庭中的病人有相当高的复发风险，长期结果糟糕的可能性也很大——已经在一定程度上凸显出这种治疗的必要性（Bachman et al., 2002）。在针对精神分裂症的家庭治疗中，家庭成员一般都会得到有关该障碍及其治疗的信息，并且会学习为病人提供更多支持的技能（Montero, Masanet, Bellver, & Lacruz, 2006）。例如，家庭成员可以学习如何成为更富于共情的倾听者，如何以更有建设性的方式表达负面反馈，还能学习问题解决技能以帮助解决出现的问题或冲突。整体来看，有关社会技能训练和家庭治疗的研究表明，这些干预能有效地避免或延迟精神分裂症复发，尤其是如果持续进行这些干预的话（Kopelowicz, Liberman, & Zarate, 2006；Kurtz & Mueser, 2008）。

批判性思考

1. 你认为在精神分裂症的发展和维持中,家庭和社会因素有多重要?你相信精神分裂症主要是一种生物性障碍,心理社会变量对于其发病和进程没有任何影响吗?为什么?

2. 请思考一下本篇案例中涉及的部分研究,它们发现精神分裂症的长期病程常常具有令人惊讶的积极结果。你认为,哪些因素有助于解释那些年轻时因精神分裂症入院治疗的人年纪增长后完全康复了?

3. 基于本篇案例所呈现的信息,你认为是否有人可能在鲜有或没有任何警示信号的情况下突然进入急性精神病发作期?或者,你认为在这些症状出现之前警示信号几乎总是已经存在很长一段时间了?为什么?如果你认为精神病性症状能够突然出现,那么这会在何种情况下发生?

4. 约翰·欣克利曾试图刺杀罗纳德·里根总统。后来他被确诊为患有精神分裂症,并在审判中因患有精神疾病而免罪。你认为把精神疾病作为辩护理由合理吗?或者你认为精神分裂症患者也应该为自己的犯罪行为承担全部责任?为什么?

案例 17

自闭症谱系障碍

基本情况

首次去某大学的附属诊所就诊时，里奇·费尔金斯是一个5岁的白人男孩，刚上学前班2个月。他所在的班级是一个特殊教育班，班上的孩子都有发展迟滞问题（例如，在智力、社交或语言方面发育缓慢）或情绪问题。里奇2岁半的时候被诊断出患有自闭症谱系障碍。从2岁开始，里奇经常发脾气，他发脾气时会尖叫、用头撞东西和打人。而开始上学前班后，里奇发脾气的频率和严重程度显著增加，无论是在班里还是在家里都是如此。里奇通常每天会在家里发5次脾气，在学前班发6次脾气。此外，里奇拒绝在学前班的桌子前坐哪怕几分钟。他常常会在教室里乱跑，而且很少去留意老师。

在一次家长会中，里奇的老师和父母都表示他们在管理里奇的问题行为方面遇到了很大的困难，而且这些问题行为正在恶化。里奇的父母认为，学前班的环境变得越来越有结构，而且对良好的行为有较高的期待，这些很可能是儿子的问题行为增多的原因。里奇乱发脾气的行为在家中造成了很大的麻烦。例如，因为这类行为，一家人曾经取消过一次度假，而且越来越少去动物园或博物馆之类的地方。当里奇的父母外出吃饭、看电影或购物时，他们往往会让一个临时看护陪里奇待在家里（以保证其他人不会发现里奇的行为）。在这次家长会结束时，里奇的母亲同意打电话给当地的一所大学，以寻找能够帮助她和老师管理里奇问题行为的专业人士。

病　史

里奇患有自闭症谱系障碍的最初迹象出现在他2岁的时候。当时，里奇的父母注意到他十分退缩，而且没有任何想要或喜欢和父母或哥哥（比他大4岁）待在一起的表现。例如，里奇的父母观察到，和他们的大儿子不同，里奇似乎并不愿意被人抱着。当父母尝试拥抱里奇时，他常常会后撤，而且他不开心的时候也很少去找父母。

此后，里奇的父母注意到这个儿子似乎对其他孩子也不感兴趣，包括他的哥哥。里奇在他迄今为止5年的人生中没有任何朋友。不仅里奇对他人缺乏兴趣，小伙伴也不喜欢和里奇待在一起。学前班里有几个同学表现出了对里奇的嫉妒，因为里奇是班里唯一一个无法静坐又不关注老师却很容易被老师放过的孩子。有些孩子则害怕里奇，因为他常常发脾气。除了缺乏对他人的兴趣外，里奇也从来没发展出独立做事情的兴趣，例如自己穿衣服或清洁自己。若父母坚持让他做一件事情（例如梳头发），里奇通常都会发脾气。

里奇也表现出严重的语言迟滞。事实上，他没有发展出任何言语能力。有时候，里奇会通过抓住父母的一只手，把手放到他想要的某个物品上来与他的父母沟通。例如，若里奇想要看电视，他会拉起父亲的手，把它放到遥控器上。不过，大多数时候，里奇通过哭和发脾气来沟通。如果里奇想要某个东西，例如他想要牛奶却拿不到时，他往往会尖叫或用他的头撞某个东西。而他的父母通常会四处搜索，找出里奇想要的是什么，并把东西拿给他，这样一来他就会停止发脾气。

此外，里奇还会表现出重复的行为和仪式性行为。从很小的时候开始，他就会花很多时间前后摇晃身体和拍手。他也会经常旋转物品，例如玩具车、钢笔和铅笔。里奇的父母报告，他们从来没有见过他以恰当的方式玩玩具。

尤其令人头痛的是里奇的仪式行为和让东西维持原样不变的强烈渴望。若物品没有准确无误地摆成他想要的样子，里奇就会变得非常不开心。例如，里奇常常因为母亲收起了起居室的百叶窗而大发脾气，他坚持要百叶窗完全打开。若饭桌没有按照特定的方式布置，里奇也会不开心。此外，他也不允许任何人重新摆放他卧室里的物品。

除了自闭症谱系障碍之外，里奇还曾经被学校心理学家诊断为患有注意力缺陷/多动障碍。这一障碍的特征是持续存在注意力不集中、多动—冲动，或两者兼有的模式，并且以个体所处的年龄而言，这些表现明显比正常情形更为频繁和严重。和一般的注意力缺陷/多动障碍病例一样，里奇开始上学前班后才被诊断出患有这种障碍。因为在家里和幼儿园中，对里奇在静坐和集中注意力方面并无什么要求。但在学前班里，老师期待里奇能每天几次静坐较长时间。例如，里奇需要在早晨点名时安静地坐着，而且在每天下午老师给大家读故事的时候集中注意力。然而正如前文所说，里奇无法满足这些期待。他通常会在其他孩子专心听老师讲话的时候在教室里乱跑。在里奇第一次去大学附属诊所就诊之前，家庭医生已经给他开了哌甲酯来治疗他的注意力缺陷/多动障碍症状。哌甲酯似乎对他有一些效果，因为老师感到里奇的注意力不集中和多动症状在他服药之后减轻了。

里奇来自一个富足的家庭。他的父亲是一个生物化学家，他的母亲是一个会计师，自己开了一家成功的会计师事务所。和几乎所有的自闭症谱系障碍案例一样，没有发现任何显著的应激源或其他环境因素和里奇的发病有关。自出生起，里奇的身体一直很健康，从来没有患过任何躯体疾病；他成长在一个充满支持和关爱的家庭中；他所上的学校也是一所资源丰富的好学校。里奇的家族中没有任何发展性障碍或情绪障碍的历史。里奇哥哥的适应情况非常不错，而且在学校里表现出色。

DSM-5 诊断

基于上述信息,里奇的DSM-5诊断如下:

299.00 自闭症谱系障碍;其在社交交流上的缺陷以及受限的、重复的行为模式需要非常大量的支持;伴随智力损害和言语损害(主要诊断)

319.00 智力残疾,中度

314.01 注意力缺陷/多动障碍,共病,部分缓解

在DSM-5(美国精神病学会,2013)中,自闭症谱系障碍属于"神经发育障碍"这一分类。神经发育障碍一般都起病于发展早期(通常在儿童上小学之前),并以导致了个人、社交、学业或职业功能损害的发展缺陷为特征(例如,学习能力有限、社交互动和沟通技能受损,还有刻板的行为、兴趣和活动等)。尽管每个儿童的发展速度都有所不同,但神经发育障碍的损害严重程度明显超出了儿童的发展阶段或心理年龄。除了自闭症谱系障碍外,DSM-5中其他类型的神经发育障碍包括智力残疾(过去被称为智力迟滞)、注意力缺陷/多动障碍、学习障碍,以及运动障碍(例如,抽动秽语综合征这类的抽动障碍)。

自闭症谱系障碍指的是个体在社交互动和沟通方面的发展显著异常或受损,以及活动和兴趣显著受限且重复。根据DSM-5,自闭症谱系障碍的核心诊断标准被分为以上两大主要症状群。这两大主要的症状群又被进一步分为若干具体的特征。在社交沟通和社交互动上存在持续缺陷表现为3个特征:①缺乏社交或情绪的对等交换(例如,不会积极参与简单的社交游戏或客套,无法发起社交互动或对社交互动做出反应);②使用多重非语言行

为的能力受损（例如，眼神接触和身体语言异乎寻常，缺乏面部表情，或者在理解手势方面存在缺陷）；③发展、维持和理解社交关系的能力受损（例如，无法发展出同伴关系）。行为模式、兴趣或活动受限、重复则包括以下4项：①躯体运动、使用物体的方式或言语等（例如，拍手或绞手、摇晃身体）刻板或重复；②坚持要分毫不差，缺乏弹性地固守常规程序，语言或非语言行为的模式仪式化（例如，坚持每天上学走一模一样的路线，一旦这项常规行为受到干扰就会非常痛苦或大发脾气，或食谱局限于少数几种食物）；③兴趣高度受限且固定，其强度和专注程度达到异常水平（例如，对不寻常的物体有强烈的依恋，兴趣过于局限或顽固，例如，持续地积累棒球数据而不从事其他任何活动）；④对感觉输入的反应性过强或不足，或在对环境的感受方面有不同寻常的兴趣（例如，对疼痛或温度不敏感，或喜爱凝视光线或运动）。

对于自闭症谱系障碍的诊断，DSM-5要求个体表现出社交沟通和社交互动存在持续缺陷方面的全部3个特征（不过请注意，自闭症谱系障碍诊断定义中列出的这3点并未穷尽这方面的所有症状），并且在行为模式、兴趣或活动受限、重复症状群的4个特征中至少表现出2个。此外，自闭症谱系障碍的标准还要求，这些症状必须出现在儿童发展的早期，而且造成个体在社交、职业或其他重要领域的功能显著受损。就像里奇的诊断所体现出来的那样，根据DSM-5的指导原则，自闭症谱系障碍也可使用标注来进一步描述障碍的性质（例如，"伴随智力损害"）以及社交沟通/互动和行为受限/重复两类症状的严重程度（例如，"需要非常大量的支持"）。

除了注意力缺陷/多动障碍（部分缓解）外，里奇还被给予了智力残疾的诊断，因为他在智力和适应功能方面表现出了缺陷。就像DSM-5所承认的，自闭症谱系障碍和智力残疾常常会共病。不过，DSM-5也指出，若要做出自闭症谱系障碍和智力残疾的共病诊断，患者的社交沟通能力必须低于一般发展水平所预期的程度（就像在里奇的案例中那样）。

使用整合模型进行案例概念化

和本书中讨论的其他所有障碍一样，根据自闭症谱系障碍的工作模型，这一问题无法被归结于单一的病因。不过，Barlow和Durand（2015）已指出，关于自闭症谱系障碍的研究还处于起步时期，尚未形成一个整合的理论。目前，很少有研究者相信，心理或社会影响因素在自闭症谱系障碍的起病中占据了主要角色（不过，接下来我们会谈到，心理和社会因素可能对该障碍的特征及病程有很大影响）。社会因素并非导致自闭症谱系障碍的罪魁祸首，这一结论极大地安慰了此类患儿的父母。早些年，该领域的主流理论（例如，Bettelheim，1967；Ferster，1961；Tinbergen & Tinbergen，1972）认为自闭症谱系障碍源于父母糟糕的抚育，但是后续的研究对这类观点进行了强有力的反驳。有关人格和适应性的多项心理测量显示，自闭症谱系障碍患儿的父母和其他父母并无显著区别（Bhasin & Schendel，2007）。很显然，在里奇的案例中，也没有迹象表明父母抚育或其他社会因素促成他发病。

现有的证据提示，自闭症谱系障碍和生物因素有关。自闭症谱系障碍背后具有明确的基因成分（Cook，2001；Curran & Bolton，2009；Gupta & State，2007）。双生子研究已经发现，同卵双胞胎中自闭症谱系障碍的患病率高于异卵双胞胎（例如，Bailey et al.，1995）。例如，在对21对双胞胎进行的早期研究中，Steffenburg等人（1989）发现，若双胞胎中其一患有自闭症谱系障碍，那么同卵双胞胎中的另一人有91%的可能性患有自闭症谱系障碍，这比在异卵双胞胎中的患病率要高得多——实际上，异卵双胞胎中同时患有自闭症谱系障碍的比例是0%（即在所有的异卵双胞胎中，都仅有一方患有自闭症谱系障碍）。因为同卵双胞胎共享几乎全部的基因，而异卵双胞胎只共享50%的基因（和一级亲属之间共享的比例相同），所以自闭症谱系障碍在同卵双胞胎中显著更高的患病率表明基因因素对于该障碍的发展有重要影响。事实上，后续进行的文献综述都认为自闭症谱系障碍是一种遗传性很高的障碍，其遗传率（即遗传因素对该障碍的影响力）估计超过90%（例如，Gupta & State，2007）。然而，研究者尚未鉴别出造成这一障碍的单个基因或一组基因。但研究者普遍赞同，自闭症谱系障碍背后的基因并非那么简单直白，可能有多个基因影响着这一障碍（自闭症基因组联合项目组，2007；Li，Zou，& Brown，2012）。

神经因素和自闭症谱系障碍之间的联系非常密切。临床观察提供了一项关于神经因素的间接证据：大约一半患有自闭症谱系障碍的个体也表现出某种程度的智力残疾（Edelson，2006）。此外，患有自闭症谱系障碍的人群中，有相当比例表现出某种其他类型的神经异常，例如笨拙或不正常的姿势或步态（Tsai & Ghaziuddin，1992）。神经异常的进一步证据来源于包含了计算机辅助断层扫描技术（简称CAT）和核磁功能成像（简称MRI）技术的研究，这些技术可以制作出一份活体大脑的图像。使用这些成像技术的研究发现，自闭症谱系障碍患者的大脑有一些异常，部分自闭症谱系障碍患者的小脑异常的小（小脑位于后脑处，目前已知小脑会参与运动协调）。尽管这一异常并没有出现在每一个自闭症谱系障碍患者身上，但它的确是目前为止自闭症谱系障碍研究领域中较为稳定的发现之一（参见Courchesne，1991）。并非所有自闭症谱系障碍的患者都具有小脑体积减小的特点，这一证据也支持了自闭症谱系障碍可能是一个多因素病因的障碍（事实上，最初使用MRI技术的一些研究发现，许多自闭症谱系障碍患者的整个脑体积比未患有该障碍的个体要大，例如，Piven et al.，1995）。尽管基因和神经因素似乎在自闭症谱系障碍的起源中占据主导，但心理和社会因素也会对于该障碍的病程和并发症造成重要影响。这类因素中有一项是社会强化，即学习理论所提出的一项原理（Skinner，1971）。强化将在下文里奇的治疗计划等内容中进行详细的讨论。

治疗目标和计划

尽管里奇在许多领域都表现出问题，但他的父母和老师应付起来最困难的是他的行为问题。里奇常常在发脾气的时候用头撞地板，这一点最令人担心。有好几次，他把自己头上撞出了大包。另外，有时里奇发脾气的时候会大声尖叫或者打人。因此，他的父母请求诊所帮助他们减轻里奇发脾气的程度。有意思的是，尽管里奇近3年前就被诊断出患有自闭症谱系障碍，但在他向大学附属诊所求治之前，从未接受过任何专业干预（不过里奇的母亲很主动地学习有关自闭症谱系障碍的知识，她参加过许多工作坊，而且也读了好几本这方面的书）。

里奇的治疗师团队认为，尽管里奇的自闭症谱系障碍很可能源于神经异常，但他的行为问题却是通过社会强化来维持的。强化指的是环境给予行为某些后果，而这些后果会巩固这一行为或增加它的频率。自闭症谱系障碍的患儿似乎更容易发展出行为问题（例如发脾气），因为他们无法通过语言来交流。这些孩子常常学会借助自己的问题行为来拿到东西。就像前文提到的那样，里奇似乎已经学会通过发脾气来沟通。如果他想要牛奶却拿不到，他就会尖叫或撞头。而和大多数家长一样，里奇的父母在看到孩子哭闹或伤害自己的时候都会感到很痛苦。因此，他们会做出马上递给里奇牛奶（或其他任何他想要的东西）这样的反应来结束他发脾气的行为。但是，给牛奶虽然能够成功地结束这一次发脾气，却强化了里奇的问题行为，让这些行为今后更有可能会发生。在本质上，父母这样的反应让里奇学会了他可以通过发脾气来立刻获得他想要的东西（即拿到牛奶的积极结果强化了发脾气的行为）。此外，患有自闭症谱系障碍的儿童常常会通过表现出问题行为来回避事情。例如，里奇会通过发脾气来避免做应该做的事情。例如，当父亲让他梳头或是学习其他的个人卫生技能时，里奇常常会大哭。一般情况下，父亲的反应是告诉里奇没关系，他可以之后再学做这些事。

除了他的父母外，里奇的老师似乎也强化了他的某些问题行为。例如，老师会允许里奇不做他应该做的事情（例如，在老师给大家读故事的时候安静地坐在座位上），或者，如果里奇发脾气，就会给他想要的东西。因此，治疗的目标定为：①教会里奇以某种更具适应性的方式来沟通，从而不需要通过发脾气来表达他的需求；②教会里奇的父母和老师如何以一种不会强化这些问题行为的方式来对里奇的问题行为做出反应。为了达成这些目标，里奇的治疗师使用功能性沟通训练来实施干预（Durand，2014；Durand & Merges，2001）。接下来，我们详细介绍这种干预方法。

治疗过程和治疗结果

治疗在6个月的时间里一共进行了15次。其中9次治疗是在里奇的学校里进行的，另外6次治疗是在里奇的家中进行的。治疗的初期目标是鉴别出那些强化或维持了里奇问题行为的事情。里奇的治疗师团队通过对他的父母和老师进行细致的访谈，以及观察里奇在家中和学校里的情况来获得有关的信息。治疗师观察到，里奇表现出问题行为是为了获得他想要的东西，或逃避他应该做的事情。这个发现和他们从初始访谈中得到的印象一致。更具体地说，里奇在他想要食物、想要某人以特定的方式把他的环境恢复原状（例如，完全打开起居室的百叶窗）的时候就会发脾气。在鉴别出里奇的发脾气行为得到强化的方式之后，功能性沟通训练的下一个目标就是教会他使用新的、更具适应性的方式来获得这些强化物（就里奇而言，强化物就是食物、帮助他重新设置周围环境，以及逃避做他该做的事情）。

治疗的下一步是教会里奇如何就维持了他的问题行为的强化物提出要求。治疗师必须判断，对于里奇而言最佳的沟通方式是什么。因为里奇从来没能发展出任何言语，治疗师决定不尝试教他使用语音来沟通，而是教他指出他想要的物品的图片。由此，他们编辑了一本包含了各种食物图片的

"沟通书",并提示和鼓励里奇去触碰食物的图片。一旦他触碰到图片,他马上就会得到一些食物。一段时间之后,治疗师(以及父母和老师)逐渐减少让里奇触碰图片的提示,直到他能够为了获得食物而独立触碰食物图片。

在里奇学会用触碰图片来表达他对食物的渴望后,治疗师在沟通书中增加了新的图片。其中一张新图片上写着:"请修好它。"这一部分的治疗从收起里奇家起居室的百叶窗开始,同时提示里奇去触碰新的图片。在里奇触碰到图片之后,百叶窗很快就放下了。通过使用这样的策略,里奇学会了通过触摸合适的图片来独立提出重新安排环境的要求。此后,又一张图片添加到书中,上面写着:"请暂停一下。"治疗师用这张图片来教里奇,他可以通过触摸这张图片,让自己从正在进行的事情中获得一次休息。针对治疗的这一方面,治疗师给里奇的父母和老师提供了指导,详细内容可参见表17.1。

里奇的治疗中最为重要的时刻之一就是他第一次独立使用他的沟通书来要求获得食物。在此之前他从来没有用过这种方式与人沟通,而且这也是他第一次能够不通过问题行为来获得自己想要的东西。从理论层面来看,带来这一积极结果的原因是一条叫作"功能等同性"的学习理论原理。也就是说,对于里奇而言,发脾气和新的沟通活动具有相同的功能——获得食物。面对在获取食物这一功能上等同的两种方法,大多数情况下里奇都会选择对他而言更容易的那种——指出图片。

里奇花费了约2周的时间每天训练(在治疗师教授了这种技术之后,由他的父母和老师来实施),学着使用他的沟通书来要求获得食物。当里奇领会了使用这本书给他带来的益处之后,他学习新反应的动机就更强了。例如,里奇只用约1周就学会了使用他的第二个和第三个短语("请修好它",以及"请暂停一下")。

尽管如此,里奇的治疗也并非一帆风顺。在里奇开始用他的图片书进行沟通之后,很快就出现了一个新问题。里奇刚刚开始独立地要求获得食物,他就在学校里十分频繁地提要求(几乎每30分钟一次)。老师感到很难这

表17.1 给里奇的父母及其老师提供的功能性沟通训练指导范例

训练目标是教会里奇通过使用沟通书来要求从他当前的活动中获得一次休息。实现这个目标的方法是：起初完全从身体上给予提示，然后尽快撤走这些提示，直到里奇能够独立地做出反应。最初，训练需要一对一进行，而且很重要的是，这些训练必须每天持续地进行。

初始阶段——阶段 I

所有的训练都要在里奇被要求完成某个任务的情况下进行。首先，应该完全从身体上给予提示来帮助里奇使用沟通书去获得一次休息。

1. 让里奇短暂地尝试完成任务。

   在给予身体提示之前，要求里奇完成任务的时间长度应该短于通常来说他出现不良情绪之前能够忍受的时间长度。例如，若里奇通常能够忍受完成 2 分钟以内的任务，那么提示应该在 1 分钟之后就给出。若里奇在 1 分钟内就开始发脾气，重要的是先解决问题行为，然后再等待 1 分钟，才能提示他要求休息。

2. 在预定时间之后，对里奇说："要求休息一下。"
3. 指导里奇的手伸向沟通书，然后帮助他指出那张代表了要求休息的图片。
4. 在里奇指出图片之后，将他的任务材料拿走，并允许他休息大约 1 分钟。
5. 再次短暂地将任务材料交给里奇，然后从第一步开始重复此过程。

当里奇在上述步骤中成功指出图片 3—5 次之后，身体提示就可以开始撤出。这一过程将按照阶段 II 所描述的步骤进行。

阶段 II

1. 让里奇短暂地尝试完成任务。
2. 在预定时间之后，对里奇说："要求休息一下。"
3. 指导里奇的手伸向沟通书，等待大约 5 秒钟，看看他是否能够独立指出图片。若他没有那么做，给予身体上的提示帮助他去做。
4. 在里奇指出图片之后，将他的任务材料拿走，并允许他休息大约 1 分钟。
5. 再次短暂地将任务材料交给里奇，然后从第一步开始重复此过程。

当里奇在上述步骤中成功指出图片 3—5 次之后，身体提示就可以继续撤出。这一过程将按照阶段 III 所描述的步骤进行。

阶段 III

1. 让里奇短暂地尝试完成任务。
2. 在预定时间之后，对里奇说："要求休息一下。"
3. 指导里奇的手伸向沟通书，但只指导到半途，等待大约 5 秒钟，看看他是否会继续把手伸向沟通书，并且指出图片。若他没有那么做，给予身体上的提示帮助他去做。
4. 在里奇指出图片之后，将他的任务材料拿走，并允许他休息大约 1 分钟。
5. 再次短暂地将任务材料交给里奇，然后从第一步开始重复此过程。

(续表)

当里奇在上述步骤中成功指出图片3—5次之后,身体提示就可以进一步撤出。这一过程将按照阶段Ⅳ所描述的步骤进行。

阶段Ⅳ

1. 让里奇短暂地尝试完成任务。
2. 在预定时间之后,对里奇说:"要求休息一下。"
3. 此时,仅触碰一下里奇的手肘,等待大约5秒钟,看看他是否会自己把手伸向沟通书,并且指出图片。若他没有那么做,给予身体上的提示帮助他去做。
4. 在里奇指出图片之后,将他的任务材料拿走,并允许他休息大约1分钟。
5. 再次短暂地将任务材料交给里奇,然后从第一步开始重复此过程。

当里奇在上述步骤中成功指出图片3—5次之后,就不应该再给予任何身体上的提示。这一过程将按照阶段Ⅴ所描述的步骤进行。

阶段Ⅴ

1. 让里奇短暂地尝试完成任务。
2. 在预定时间之后,对里奇说:"要求休息一下。"
3. 等待大约5秒钟,看看他是否会自己把手伸向沟通书,并且指出图片。若他没有那么做,轻轻碰一下他的胳膊。
4. 在里奇指出图片之后,将他的任务材料拿走,并允许他休息大约1分钟。
5. 再次短暂地将任务材料交给里奇,然后从第一步开始重复此过程。

当里奇开始在没有任何身体提示的情况下要求休息,口头提示就可以撤出。这一过程将按照阶段Ⅵ所描述的步骤进行。

阶段Ⅵ

1. 让里奇短暂地尝试完成任务
2. 逐渐延长你对里奇说"要求休息一下"之前的时间。

持续这么做,直到里奇在没有任何提示的情况下要求休息。

么频繁地给里奇提供食物。为了解决这一担忧,治疗师决定教会里奇忍受强化的延迟。起初,治疗师指导老师在里奇要求食物之后立刻给他提供点心。2周之后,治疗师告诉老师在里奇提出要求时对他说:"是的,你会得到一些吃的东西,但是请等待2分钟。"等2分钟过去后,老师才给里奇一份点心。3天之后,老师把里奇获得食物前的等待时间再延长2分钟。在接下来的几周里,强化的延迟逐步增加了(平均来说,老师每3天增加延时2分钟)。

里奇有一些发脾气的行为在开始实施延迟强化的第一周内重新出现了。治疗师建议，老师所加的时间不要比里奇能够忍受的时间更长。尽管老师增加时间的速度很慢，但是里奇的发脾气表明延迟的增加速度让他无法应对。因此，老师需要偶尔将一个特定的延迟长度维持1周；还有两次，她不得不缩短延迟的时间。不过，3个月之后，里奇已经可以接受30分钟的延迟而很少发脾气了。一旦里奇能够忍受再多等待30分钟来获得食物（即他大约每小时获得一份小点心），延迟的时间就不再增加了。因为老师觉得以这个频率来给里奇提供食物已经不会干扰到班级活动了。

在里奇的治疗中，另一件棘手的事情是，他在音乐和体育课上发脾气的频率本质上没有改变。换句话来说，里奇没有把干预训练泛化到其他场合。而且，里奇也不会在面对新老师时使用他的沟通书。在得出这些观察结果后，治疗师团队邀请里奇的所有专科（即，音乐、体育、阅读和艺术）老师参加一个短期的工作坊来学习功能性沟通训练。这些老师会接受手把手的训练，以学习如何提示里奇用他的图片书来沟通，以及如何撤走这些提示。经过这次培训，里奇在所有课堂上、面对所有老师时，发脾气的频率都维持在了低水平。事实上，里奇的班主任报告说，有一天的艺术课由一名代课老师来上，而里奇用他的沟通书向代课老师要求了一次休息。所以说，这些泛化训练程序在里奇的治疗中非常重要，因为它们让他发现，自己可以和各种各样的人、在各种各样的场合运用他的书。

当里奇的问题行为削弱到父母和老师能够容忍的程度，并且他能够在各类场合稳定可靠地使用这三种沟通图片后，正式的治疗就结束了。不过，治疗师鼓励里奇的父母和老师在出现其他问题时和他们联系。在治疗结束的时候，里奇发脾气的行为已经很少见了。最为重要的是，里奇不再撞头，因而也不再受伤了，并且他的父母也很有信心地认为，他不会再做出自伤行为。由于里奇不再频繁地发脾气，没过几个月，他就能够参与以前没有参与过的活动了。例如，他的父母开始带着他出去吃饭、购物。此外，里奇又能和父母以及哥哥一起旅行和度假了。在学校里，里奇的同学也似乎不再害怕他了。此外，里奇老师的一个主要目标是让她的每一个学生在一年级的时候能够随班跟读。一开始，她很确信里奇没有办法成为随班跟读生。不过，在学年进行到一半的时候，她认真地考虑了这一可能性，而且带着里奇拜访了几个实行随班就读的一年级预备班。与此同时，老师开始慢慢地在里奇的沟通书中增加图片，从而拓展他的词汇量。她成功地增加了"洗手间""请给我喝水""请播放音乐""我能够玩电脑吗？"等语句。里奇能够流利地运用每一张新增加的图片。而在本书写作期间，他的老师仍然在持续添加新的图片，希望里奇的词汇量能够越来越大。

虽然有这些令人鼓舞的结果，但里奇依然表现出明显的症状和缺陷。尽管治疗让他发脾气的频率下降了许多，但他还是会表现出很多自闭症谱系障碍的症状（以及有关的注意力缺陷/多动障碍的症状）。里奇仍然有些退缩，而且照旧会从事刻板和仪式行为（例如，前后晃动身体）。哌甲酯显著减轻了里奇的多动症状，并增加了他维持注意力的时间，但里奇仍然很难长时间地在自己的座位上坐定并关注老师。最终里奇也许能够随班跟读，但他很可能会一直需要特殊教育老师的帮助，以确保他能够获得一般自闭症谱系障碍患儿学习新事物时所需要的那类高强度的教育。此外，结交朋友对于里奇来说，或许会一直是件困难的事情。

讨 论

自闭症谱系障碍曾经被认为是一种很罕见的障碍，但近期的统计对其患病率的估算结果却在不断增高。之前估计其患病率低至每10000人中有60名患者，而2013年的一项调查显示，美国每50个学龄儿童中就有1个获得了自闭症谱系障碍大类下的某个诊断（Blumberg, Bramlett, Kogan, Schieve, & Jones, 2013）。患病率的急剧增加很可能是由于DSM对于自闭症谱系障碍的诊断标准在不断变化，以及健康专业工作者和广大家长们现在能够更好地识别该障碍的迹象。在全世界范围内，自闭症谱系障碍的男性患病率几乎比女性高4倍（Fombonne，Quirke，& Hagen，2011；Shattuck，2006）。这一性别差异的原因尚不清楚（Volkmar, Szatmari, & Sparrow，1993）。在自闭症谱系障碍的患病率和性质上，目前为止未见其他明确的人口学变量（例如，种族、文化）差异。

除了构成DSM-5自闭症谱系障碍正式诊断的那些特征之外，这一障碍常常也和其他问题行为有关。例如，自闭症谱系障碍的患者可能有一系列行为问题，包括多动（就像里奇那样）、注意时间短、糟糕的冲动控制、攻击性、自伤行为（例如，撞头）以及发脾气。自闭症谱系障碍的患儿在面对各种形式的环境刺激时可能会表现出古怪或不同寻常的反应（例如，疼痛阈限高、对于触碰极为反感）。心境或情绪表达方面存在困扰（例如，没有明显理由的哭或笑）也是自闭症谱系障碍常见的关联特征。此外，对于那些大多数人都会有所反应的情境或事物，自闭症谱系障碍的患者可能不会表现出任何情绪反应（例如，在面对凶狠的大型犬时没有任何恐惧的表现），但他们却会对于无害或无关紧要的情境或事物表现出过度的情绪反应（例如，在发现一件家具被挪动过后表现出极大的痛苦）。研究者曾经观察到，在青春期和成年早期，那些具备了内省所需的智力水平的自闭症谱系障碍患者，在认识到自身严重的缺陷之后发展出了抑郁。

自闭症谱系障碍的症状通常会在儿童出生后第二年被识别出来。这一障碍一旦出现，就会持续存在（即，和某些障碍不同，它总体上不具有改善和复发阶段交替出现的特征）。尽管如此，自闭症谱系障碍的终身病程仍然有很大的个体差异。有些自闭症谱系障碍的患儿在他们进入青春期后会表现出行为恶化，而另一些患儿则会出现改善。研究提示，语言技能的存在（即，能用言语进行沟通）和较高的整体智力水平或许可以很好地预测一个更为积极的长期预后。尽管如此，对于自闭症谱系障碍长期病程的研究提示，在这些儿童中，仅有一小部分成年后能够具备独立生活和工作的能力。并且，即便是那些能够在一定程度上实现独立的患者在社交互动和沟通方面也会继续表现出问题，他们的兴趣和活动也依然很有限（美国精神病学会，2013）。

  目前为止，对于自闭症谱系障碍，还没有任何有力的治疗手段。现今发展出来的大多数治疗，都把重心放在与此障碍有关的问题特征上，例如破坏行为或自伤行为。诸如精神活性药物（例如，哌甲酯，经常用于注意力缺陷/多动障碍的治疗；五羟色胺重吸收抑制剂）和维生素（例如，维生素B6）之类的生物治疗，并没有在智力水平、社交能力或多动问题上产生显著或持久的改善（Broadstock，Doughty，& Eggleston，2007；West，Brunssen，& Waldrop，2009）。针对自闭症谱系障碍的大多数心理社会干预都严重依赖于学习理论中的强化和惩罚等原理，以改善病人的生存技能并消除行为问题。就像里奇的案例所呈现的那样，这些治疗用于改善自闭症谱系障碍儿童的沟通技能（Durand，2014；Lovaas，1997）。此外，这类治疗也用来改善患者在社会化方面的技能（即增加和他人进行社会互动的兴趣和频率）。行为治疗能够增加社交行为的频率，例如玩玩具或和其他孩子玩，但这些治疗在改变这些互动的质量上并没有表现出任何显著的积极效果（例如，发起并维持和其他孩子的友谊的能力）。不过，对于时间上非常密集的心理干预（例如，每周治疗超过40小时，持续2年以上），研究已经发现，它们能够在自闭症谱系障碍患儿的智力和社交能力上产生持久且有意义的改变（Lovaas，1987；Matson & Smith，2008）。例如，Lovaas（1987）报告，在接受了这类密集型治疗项目的自闭症谱系障碍患儿中，有47%在上一年级时表现出了正常的智力和教育功能（而接受非密集型治疗项目的自闭症谱系障碍患儿当中，无一人达到正常水平）。虽然这样的结果令人鼓舞，但有些研究者指出，这些治疗因为实用性很差而存在严重缺陷（即非常昂贵和费时）；另一些研究者则认为，鉴于其潜在收益十分可观（即在正常范围内的智力功能），为达到如此的结果还是值得尝试这类密集手段的。尽管如此，未来我们仍然必须进行大量的工作，以发展出针对自闭症谱系障碍更有效和更实用的治疗（Matson & Smith，2008）。

批判性思考

1. 既然有清晰的证据表明，基因、神经和生物学因素在自闭症谱系障碍中扮演重要角色，那么有何理由支持针对这一障碍使用行为治疗呢？
2. 你是否认为，给患有神经发展障碍的儿童提供教育的最佳途径是公共教育系统？你认为，特殊教育项目相比致力于将这些学生整合入正常班级就读的项目而言，有哪些优势和劣势？
3. 你认为，哪些因素能够解释自闭症谱系障碍在男孩中的患病率比女孩高？
4. 在DSM-5中，一个主要的变化是删去了阿斯伯格综合征的诊断，将之归入一个新的诊断分类之下，即自闭症谱系障碍。阿斯伯格综合征和自闭症有几个共同特征，例如在社会互动和非言语沟通方面存在显著困难，以及行为和兴趣模式受限或重复。但是，阿斯伯格综合征与自闭症不同的是，符合前一诊断的个体有正常的语言和认知发展。在DSM-5中，阿斯伯格综合征和自闭症这两项诊断都被并入自闭症谱系障碍，这一修改背后的逻辑是：二者是同一障碍在不同严重程度上的反映。你怎么看待分类系统上的这一改变？将这些障碍合并入一个单一的诊断有哪些支持和反对的理由？你认为，这种诊断上的重组可能会带来哪些积极或消极的后果？

案例 18

未诊断的案例一

基本情况

卡尔·兰道是一名19岁的单身白人男性,最近入住了精神病院。他是一名大学新生,专业是哲学,因为自己的症状和行为日益严重干扰生活而休学。他有8年行为和情绪问题的历史,并且这些问题变得日益严重,主要包括:过度清洗和沐浴;在穿衣和学习方面有仪式性行为;强迫性地摆放自己所经手的物件;进食时会发出怪异的嘶嘶声、咳嗽并摇晃头部;拖着脚走路和在走路时擦拭自己的双脚。

这些行为干扰了卡尔生活的方方面面,而且在过去2年中变得越发严重了。他已经完全把自己同家人及朋友隔绝起来,拒绝和他们一起吃饭,并且不再打理自己的外表。他的头发非常长,因为他已经5年不允许别人给他剪头发了。他还完全不刮胡子,哪怕做任何一点修剪。走路的时候,他会一面不停拖着脚走路,只用脚尖迈出很小的步子,一面不停地往后看,一而再再而三地查看周围的情形。有些时候,他会原地跑步。卡尔还将左臂从衬衫袖子里彻底抽出来,就好像这只胳膊受了伤而他的衬衫是医用悬带一样。

在他住院前的7周里,卡尔的行为变得极度耗时,并且令他极度虚弱,以至于他拒绝打理个人卫生,因为害怕这些清洁卫生工作会打断他必要的学习时间。尽管以前卡尔几乎总是在不断地洗澡,但是到了此时,他已经完全不再洗澡了。他也不再洗头、刷牙和更换衣物。他很少离开自己的卧室,而且开始在厕纸上大便,在纸杯里小便,然后将排泄物储藏在卧室壁橱的角落里。他的进食习惯也在不断退化，从和家人一起吃饭，变为在邻近的房间里吃饭，再变为在自己的房间里吃饭。在他入院前的2个月里，卡尔只在晚上别人睡觉时才吃东西，他的体重骤减了约9千克。他觉得进食是"野蛮人的行径"，他怪异的进食仪式则很好地体现了他的这种感受。这套仪式包括发出嘶嘶的噪声、咳嗽、干咳以及大幅晃动头部。他所摄入的食物种类也变得非常有限，他只吃冰激凌或是一种由花生酱、白糖、可可粉、牛奶和蛋黄酱组成的混合物。有几种食物（例如，可乐、牛肉和黄油）卡尔绝对不吃，因为他觉得这些食物带有细菌和疾病，因此是有毒的。此外，他对摆放物品异常执着，把过量的时间花在确保垃圾桶和窗帘各就其位上。卡尔的这类痴迷行为已经发展到不断倾斜垃圾桶、不断拧绞窗帘的地步，他一整天都会时不时地去检查这些物品。

卡尔的大多数问题行为都和他所具有的令人困扰的思维有关。卡尔觉得，只有从事了这些活动，他才能够将自己头脑中发生的事情放在一边或是不再去想。就像刚才提到的，他的许多怪异的进食行为和受限的食谱源自他极端害怕自己会中毒。卡尔说，他在吃饭时所做的一些仪式行为是为了降低食物被污染或者令其中毒的可能性。例如，他在把食物放进嘴里之前大声"嘶嘶"和咳嗽是在努力排出身体内部的所有空气，这样他就能让任何食物在下咽后进入一个隔绝空气的相对无菌的环境（他的胃部）。卡尔意识到这种想法并不合理，但是这种"降低一切被污染的机会"的念头总是强烈地驱使他做出上述行为。

此外，他停止洗漱和去厕所排泄则和他无法剪头发以及剃须有关。卡尔的想法一直围绕着刮胡子有可能割伤自己，而割伤又有可能让致命的污染物侵入身体这类念头上。因此，在他刮胡子时，即便使用的是电动剃须刀，他也不得不格外小心，导致这个过程常常花费数小时。类似的，如果不按照一些事先计划好的刻板模式去洗漱，那么他就会觉得没有办法清除所有污染物，因此得从头再来一遍。这些行为从需要花费几个小时逐渐恶化到需要花费一整天；因此，卡尔唯一可以选择的就是不再去做这些行为，从而留出一些时间从事其他的活动。

最后，卡尔摆放物品的行为，包括以特定的方式摆放垃圾桶和安置窗帘，以及将自己的手臂从袖管里抽出来放在衬衫里面，就好像戴着悬带那样，这些奇怪的行为在卡尔的头脑中也是为了保护自己和家人免除未来的一些灾难，例如感染艾滋病。同样，卡尔也意识到在这些刻板的行为和任何人患上艾滋病或因为其他原因死亡之间不存在任何合理的联系，但是一旦他不从事这些活动，他就会终日被大灾大难即将降临到自己和家人头上的念头所侵扰。事实上，在刚出现这些症状的时候，卡尔曾经认为他具有的这些念头是毫无意义的，但随着时间的推移，这些念头变得越来越强烈，让他感到越来越痛苦。卡尔越是不想去在意这些想法，或是试图抗拒诸如拖着脚走路这类问题行为，这些想法就会变得越发强烈且令他痛苦不堪。

病　史

卡尔在一个充满关爱的家庭中长大，家庭成员包括他自己、他弟弟、母亲和父亲。他的父亲是当地新教教会的一位牧师。卡尔小时候是一个安静且退缩的孩子，朋友很少。尽管如此，他在学校里表现得很不错，各方面的行为功能也很好，直到大约七年级时，他成了班级里一群学生开玩笑、取乐和贬斥的对象。在这种持续不断的骚扰下，卡尔逐渐出现严重的情绪困扰，而且产生了许多问题行为。尽管卡尔在整个初中和刚升入高中时学业成绩一直很好，但卡尔的问题行为仍在不断恶化，最终他开始缺课，并且失去了为数不多的朋友。卡尔变得越发退缩了，整天待在自己的房间里从事前面提到的那些行为。卡尔行为方面的显著恶化最终促使父母将他送去治疗。

DSM-5 诊断

基于以上信息，你认为哪一个（或哪一些）DSM-5 诊断最符合卡尔的情况？

案例 19

未诊断的案例二

基本情况

埃里克·贝克，一名32岁的单身白人男性，来到了一家精神病院的门诊部。埃里克大学毕业后曾经做过股票交易员，接受过助理律师训练，但他最近几年里都没有工作；目前，他在城里的一家大型专业写字楼里做兼职的夜间保安。埃里克和父母住在一起。他在大学期间曾经有几段异性恋关系，但是在过去8年多的时间里都没有稳定的亲密关系。

埃里克有长期的情绪困扰史，始于他上高中时。症状严重时他曾经3次住院接受治疗。最近一次住院是在他首次来到精神病院门诊治疗的一年前，那一次他在医院里住了2个月。过去的13年里，埃里克一直在为治疗他的症状持续服用一些药物。

在首次来访中，埃里克表示寻求治疗的最主要原因是想处理他持续存在的难以集中注意力、担心以及焦虑的症状。埃里克报告说，他对任何事情都感到担心，包括担心自己没有办法维持一份使他能自给自足的工作，担心失去家人的支持，担心自己对他们来说是一个过分沉重的负担，担心车子有可能半路抛锚，担心不经意间冒犯别人，担心自己没有女朋友，等等。他说，自己很难控制这些担心，无法把它们逐出脑海从而让注意力集中在其他事物上。由于担心阻碍了他集中注意力，埃里克必须不断重复头脑中的信息，以免忘记那些他觉得以后可能会变得十分重要的事情（例如，在未来的某个时刻他可能会申请职位的某家公司的名字）。

埃里克担忧的核心问题在于：自己无法维持一份工作，以及自己或许永远都会是一个"失败者"。而与这些担心有关的行为则包括：难以丢掉报纸（因为他害怕自己可能会错过分类广告中合适他的招聘信息），对工作面试做过度的准备，过度地反复改写求职信，频繁更新自己的简历。此外，埃里克的所有担心都伴随着其他症状，例如易激惹、感觉身体在颤抖、肌肉紧张、心跳加快以及极度坐立不安。埃里克的坐立不安症状非常严重，当他为某些事情感到激动和担心的时候，他常常在自己的卧室里来来回回地踱步，以至于卧室的地毯被他磨出了一个又一个洞。

尽管埃里克报告自己此次寻求治疗主要是为了解决他的广泛性焦虑和担心，但是对他进行初始评估的心理学家很快意识到，就像在过去15年里一直存在的那样，这些困扰以其他一些重要症状为背景。具体来说，埃里克从高中起就有反复发作的抑郁史。多年来，这些抑郁发作期的特征主要包括抑郁心境、对于能带来愉悦感的活动丧失兴趣（在初始评估中，埃里克表示，"当我从事那些原本让我快乐的事情时，我甚至感到更加不快乐了"）、难以集中注意力、难以做出决策、内疚感、无价值感（例如，觉得自己没有办法为家庭或社会做出贡献，并且不期待自己能够成为一个有用的人）。此外，埃里克反复出现自杀念头，并且曾经4次尝试自杀。埃里克第一次试图自杀是在高中，当时他"故意撞了家里的车，因为想死"；其余3次则全都发生在过去3年里，每一次他都企图上吊自杀。

大学一年级的时候，埃里克在2周时间里体验到了过度的心境高涨和易激惹。除了感到心境高涨和精力充沛外，埃里克还变得非常多话，而且讲话又快又响。他也变得更容易分心，而且常常因为沉浸在某些无关紧要的任务（例如重新摆放自己房间里的家具）中而导致在上课和约定时迟到或缺席。此外，当时埃里克还做出了不少鲁莽放纵的行为，其中最值得一提的是在那2周里，埃里克尝试了可以在校园里搞到手的所有种类的毒品，除了海洛因。在吸食毒品和激越心境的共同作用下，埃里克参与了好几次斗殴。

这段时期以埃里克撞了父母的车（纯属意外而非自杀尝试）而告终——当时是凌晨3点，他在高速路上把车速飙到了每小时150千米。由于在这次车祸中受伤，埃里克在医院住了4天，而在住院期间，医生发现了埃里克的情绪障碍，并且第一次让他服用了相应的药物。

在之后的几年里，埃里克继续经历了若干抑郁发作的时期以及心境高涨、激越或膨胀的时期。事实上，在之后的"高涨"期里，埃里克曾2次因为高速驾驶而撞毁了车，并因其中一次被吊销驾照达一年之久。另外有一次，埃里克把车的引擎烧毁了，因为他发动汽车后却因其他一些事情分心，离车而去，让引擎就那么运转了几个小时。在其他发作期内，埃里克还会疯狂购物，花数千美元（主要是他父母的钱，因为埃里克在股票交易员之后就再没有过稳定的工作）购买维生素、给家人的礼物以及图书。尽管在埃里克担心某些事情的时候会长时间踱步，但是大多数的踱步行为都发生在他感到精力过度充沛或激越的时期。在后来失业或只有兼职工作可做的时候，埃里克将这种精力投入到了诸如反复写简历，或者一遍又一遍翻阅电话黄页本，试图让每一个有可能会雇用他的公司或单位给自己安排面试活动。

在他做了6个月的股票交易员（他在大学毕业后一年才找到这份工作）之后，埃里克辞职了，因为他觉得自己没有办法应对这份工作的压力。在辞职后，埃里克经历了一段格外漫长的严重抑郁期，他认为自己是一个彻底的失败者。不过，和其他心境低落的时期不同的是，在这一次抑郁发作中，其他症状开始出现。具体来说，埃里克在这段发作期得出了一个结论：因为他的父亲和哥哥都曾经在美国联邦政府中担任高度机密的职位，所以中央情报局（简称CIA）持续监视着他的动向。埃里克开始坚信，是CIA故意安排他在工作和人际关系中都陷入失败。在得知埃里克的这些信念之后，之前一直给他开具旨在调节心境药物的医生们认为，埃里克应该开始服用那些针对精神病性症状的药物。于是，埃里克开始服用抗精神病药物。然而，正如此类药物常常导致的情况那样，埃里克体验到一系列糟糕的副作用，因此常常不遵循医生的药物治疗方案。所以，埃里克频繁出现症状复发（要么感觉情绪非常低落，要么感觉情绪非常高涨），并且那些奇怪的信念又会卷土重来。在之后几次的发作中，埃里克开始听到一些声音，他告诉医生，那是CIA的人命令他乖乖吃药的说话声。而这使得埃里克更加不愿意听从医生的建议，因为他相信，CIA之所以想让他吃药是因为这些药物会让他一直情绪低落、无法成功。埃里克的自杀尝试往往发生在他感到非常沮丧和无望的时候，因为他觉得既然政府在针对他，那么他成为一个"有用的公民"的前景就十分暗淡了。

不过，当埃里克既不感到心境过于低落也不感到心境过于高涨的时候，他几乎没有什么症状。例如，在两次病情发作的间歇期，埃里克不会沉浸在有关CIA或美国政府的任何想法中，也不会听到任何有关的说话声。在这些时期，埃里克的过分担忧也消失了，按照他的回忆，此时他只担心下一次发作也许很快就会到来，以及持续服用药物有可能会造成长期的负面后果。

病　史

埃里克的一级亲属（即父母、祖父母和兄弟姐妹等）中没有发现心理障碍病史。埃里克是在一个关系紧密且有宗教信仰的中产阶级家庭中长大的。他的哥哥和两个妹妹调适得都不错，而且每个人都从大学毕业并且工作顺遂（这个事实让埃里克越发觉得自己是一个失败者）。正如之前提到的那样，埃里克有情绪困扰的迹象最早在他高中时代就显露出来，当时埃里克在学业上遇到了一些困难。他的成绩在A和C之间浮动，而且在有些课程中难以及时完成阅读作业，也难以应对考试（因为考试焦虑非常严重）。渐渐地，埃里克开始怀疑自己能否进入大学，重压之下濒于崩溃。雪上加霜的是，埃里克总觉得父母和老师一直拿自己和哥哥比较，而他的哥哥当时在上大学三年级，拿着全额奖学金，致力于成为一名电气工程师。于是，埃里克的症状迅速恶化，出现了本案例开头谈及的那些严重失能的症状。

总体而言，埃里克的家人对他相当支持。除了在他辞去股票交易员的工作后允许他搬回家里居住外，埃里克的父母多年来积极参与他的治疗，并且对他照顾有加。父母尽了一切努力让埃里克留在家里，避免他住院，这其中有一部分原因是埃里克最近三次住院已经花光了他们的医疗保险所能支付的住院费用，但同时他们也觉得，埃里克的处境因为长期住院而变得更糟糕了。埃里克的父亲绘制了图表来记录埃里克的症状以及每日的服药情况，希望能预测出埃里克在什么时候有症状加剧的风险。此外，为了避免埃里克的病情可能带来的某些严重后果，父亲会定期采取一些预防措施。例如，他已经永久地"吊销"了埃里克的信用卡，转而给他零用钱，以防止他在心情高涨时乱花钱。因为埃里克已经几次撞车或损坏了车，父亲就想办法让车子不能发动（在他自己不用车的时候，他会悄悄地把引擎线路断开），从而让埃里克没法开车出去。尽管父亲的这些措施都是为了避免让埃里克承受更可怕的后果，但它们却导致家庭内部出现相当大的冲突，因为埃里克觉得自己被当成了一个小孩子，即便他已经三十岁出头了。父亲和母亲之间偶尔也会发生冲突，因为母亲觉得父亲有些时候对埃里克管得太紧（比方说绘制图表记录埃里克的症状和服药情况）。例如，当埃里克的症状很严重时，父亲通常不会按照预先约定好的时间开车带儿子去做治疗，而是让他"安全"地待在家里。母亲非常不赞同这个决定，因为她觉得在症状加剧的时候，埃里克更需要去接受治疗。不过，埃里克和父亲经常在这一争论中获胜——这一胜利实在不幸，因为它是埃里克在多年来治疗效果不佳的一大因素（即无法规律地接受治疗）。

事实上，尽管埃里克多年来服用的各种药物控制了他起初表现出的攻击性（例如，和人打架），但它们并没有能够有效地改变抑郁和过度激越在他身上周期性发作。埃里克认为，"治疗"和他的疾病一样糟糕，因为药物让他感觉"昏昏沉沉"，而且干扰了他的记忆力和注意力。例如，药效使得他难以在看报纸、读书或看电视时全神贯注。正如刚才所提到的那样，除了这些副作用外，埃里克对于药物治疗的依从性也常常因为他的奇怪念头而大打折扣。他坚信CIA想要他服用药物，在极度抑郁或极度激越的时候（在其他时候则并非如此），他总是会有这个念头。

DSM-5 诊断

基于以上信息，你认为哪一个（或哪一些）DSM-5诊断最符合埃里克的情况？

案例 20

未诊断的案例三

基本情况

在汉克·布鲁克斯首次来到这家提供门诊服务的诊所时,他还只是一个读小学五年级的11岁白人男孩。汉克是由他的母亲带来就诊的,因为老师建议他来评估一下他在学习情境中过度焦虑的问题。具体来说,汉克经常担心自己的学业成绩,在面对有挑战性的学业任务时常常感到痛苦。此外,汉克的老师和父母报告他很容易分心,并且在集中注意力方面有显著的困难,而他的老师认为这是由于他对学业成绩的焦虑所造成的。老师还报告说,她难以应对汉克在课堂上的行为。

汉克和他的母亲都报告说他担心自己的成绩,尤其是在英语和语言艺术领域。整体上,汉克的成绩为中等(大多数成绩都是B),但他在阅读/语言艺术科目上似乎有些吃力,而且在进行这次评估时,他这一科的成绩是C。他在阅读和基于语言的任务方面有显著的困难。具体来说,在英语课上,汉克至少得把阅读材料读三遍才能理解材料的内容,并且仍然难以跟上课堂讨论,因为他在提取较为抽象的概念和主题方面存在困难。这些困难导致他对自己的成绩产生了严重的焦虑。汉克和他的母亲都提到,他常常担心即将到来的考试和作业,特别是英语课,而且会反反复复地回想失败的可能性。母亲观察到,汉克一开始担心学校里这些事情就停不下来。此外,她说,汉克经常难以完成自己的作业,不仅仅是阅读和语言艺术,而是所有科目的作业都是如此。她说,汉克总是匆匆忙忙地做完作业,因此频频因粗心而做错。此外，她说汉克喜欢数学，但是即便是在学习数学时，他也很容易分心，而且容易忽略细节。例如，汉克常常没有办法注意到数学题中的运算符号，并且会在应当做减法的时候做加法，或者反过来。汉克经常会弄丢学习用品（例如课本和卷子），或是把它们放错地方，而且经常忘记记下要做哪些作业。汉克的老师观察到他在课堂上也有类似的困难，而且她经常向汉克的父母报告说，汉克在课堂上极易分心，并且很难在自己的任务上长时间集中注意力。汉克会在课堂上不经允许就说话，并常常因为打断别人的发言而受到责备。汉克的母亲解释说，这些困难加深了他整体上的焦虑程度。他担心自己在学校里的表现，并且会说自己"愚蠢"。汉克在家里的表现也差不多。他难以完成家务，而且他开始做一项具体任务之后常常会分心。他的父母和老师都说，他们经常要对汉克重复自己的指令和要求，因为他难以听进去和集中注意力。汉克的母亲说，他的心不在焉常常让她感到挫败，而且他无法完成家务和其他一些任务有时也会引发两人的冲突。不过，她没有报告汉克有任何对抗性的或违拗的行为。

除了过度担心自己的学业成绩外，汉克对社交情境也感到了一定程度的焦虑和担忧。根据他人的描述，汉克是一个外向的孩子，喜欢和同伴交往，但是他在社交中存在一些困难。汉克经常会打断其他人，而且似乎不会关注社交线索。例如，他存在一种不断讨论某个话题的倾向，哪怕其他孩子都对此没有兴趣。尽管汉克花不少时间和其他孩子待在一起，但他难以建立亲密的友谊。他已经开始担心自己和其他孩子的交往，以及自己会不会受同伴欢迎。

此外，汉克觉得自己必须要按照一定的规则来从事某种行为。这些行为大部分都和对称性以及需要让事物成偶数有关的。例如，汉克表示，走楼梯的时候，他需要最终落脚在一个偶数上（第一阶是1，第二阶是2，依次类推），为此他会跳过某些台阶，或者倒退一阶。他讲话也需要讲"偶数"遍，因此他常常会把一个问题或一句话说2遍或4遍。他还觉得，自己一定要花费"偶数"时间来完成各式各样的任务。例如，他会用不多不少2分钟来刷牙，而且如果受到干扰的话，他会再重新刷一遍。汉克说，一开始他只是因为无聊才会去做这些仪式行为，它们只是他用来给自己找乐子的游戏。但是，在过去的几个月里，这些行为逐渐变得频繁，直到现在，他觉得如果不这样做的话就不舒服。汉克说，他对对称性的需求只是为了"感觉好"，并且告诉治疗师，他担心如果没有做那些行为来让事情保持对称，那么他在学校里就会度过糟糕的一天。大部分这些行为，汉克都可以悄悄地完成，因此很多人不会注意到此事。然而，汉克估计现在他需要每天花费2个小时来完成这些行为。他形容它们是令人痛苦的，但是他报告说，哪怕他觉得它们"令人心烦"，自己似乎也无法停止这些行为。

病 史

汉克成长在一个四口之家，除了他自己，家里还有父母和哥哥（13岁）。汉克的母亲注意到，从汉克很小的时候开始，他就有某种程度的注意力不集中和分心的状况（例如，"相比他的哥哥，汉克对事物的关注似乎总是少一些"）。这些症状到了汉克6岁的时候变得最为明显。当时汉克上了一年级，而教室环境相比幼儿园和学前班来说变得更有结构。汉克一年级的老师注意到，他似乎难以集中注意力，即便在时间相对较短的任务或活动中也是如此。这些症状贯穿了汉克的整个小学阶段。事实上，因为在加工语言和学习阅读上存在困难，汉克在小学二年级时留了一级。在二年级时，他接受了心理教育学测试，结果发现，他在知觉推理技能上高于平均分，而在语言理解技能上低于平均分，最终得到的智商分数为中等。学业考试则显示，汉克的阅读分数低于平均分，数学能力则高于平均分。因此，汉克被诊断为在阅读方面存在学习障碍，并且参加了一个定制的教育项目，在他上学期间给他提供了言语治疗和在阅读及写作方面的个体辅导。但是，当汉克升入五年级时，学校相关人员无视汉克在阅读理解方面依然存在的困难情形，认为汉克已经从言语治疗中获得了"最大收益"，于是终止了这一项目。

在心理障碍的家族史方面，汉克的父亲自童年时起就表现出分心和在组织事物方面存在困难的特点，但他从来没有因为这些症状而获得任何正式诊断。而在汉克的整个童年中，这些行为都成了汉克的"榜样"。此外，汉克的母亲曾经有过抑郁史，并伴随着忧虑，而且在之前的五年里一直都在接受抗抑郁药物的治疗。她说自己难以控制自己的情绪，尤其是汉克的行为让她感到挫败的时候。她谈到，围绕着汉克无法完成作业和家务事，两人经常发生矛盾。不过，她通常会和汉克争吵，而非对他的行为给予具体的奖惩。此外，她似乎很少针对汉克的积极行为给予表扬或正强化。

DSM-5 诊断

基于以上信息，你认为哪一个（或哪一些）DSM-5诊断最符合汉克的情况？

参 考 文 献[*]

Abel, G. G., Becker, J. V., Cunningham-Rathner, J., Mittelman, M., & Rouleau, J. L. (1988). Multiple paraphilic diagnoses among sex offenders. *Bulletin of the American Academy of Psychiatry and Law, 16*, 153-168.

Abela, J. R., Stolow, D., Mineka, S., Yao, S., Zhu, X. Z., & Hankin, B. L. (2011). Cognitive vulnerability to depressive symptoms in adolescents in urban and rural Hunan, China: A multiwave longitudinal study. *Journal of Abnormal Psychology, 120*, 765-778.

Abramson, L. Y., Metalsky, G. I., & Alloy, L. B. (1989). Hopelessness depression: A theory-based subtype of depression. *Psychological Review, 96*, 358-372.

Abramson, L. Y., Seligman, M. E. P., & Teasdale, J. D. (1978). Learned helplessness in humans: Critique and reformulation. *Journal of Abnormal Psychology, 87*, 49-74.

Ackerman, D., & Greenland, S. (2002). Multivariate meta-analysis of controlled drug studies for obsessive- compulsive disorder. *Journal of Clinical Psychopharmacology, 22*, 309-317.

Afifi, T. O., Asmundson, G. J. G., Taylor, S., & Jang, K. L. (2010). The role of genes and environment on trauma exposure and posttraumatic stress disorder symptoms: A review of twin studies. *Clinical Psychology Review, 30*, 101-112.

Agras, W. S. (2001). The consequences and costs of eating disorders. *Psychiatric Clinics of North America, 24*, 371-379.

Agras, W. S., Walsh, B. T., Fairburn, C. G., Wilson, G. T., &; Kraemer, H. C. (2000). A multicenter comparison of cognitive-behavioral therapy and interpersonal psychotherapy for bulimia nervosa. *Archives of General Psychiatry, 57*, 343-347.

---

[*] 为了环保，也为了减少您的购书开支，本书参考文献不在此一一列出。如需完整参考文献，可拨打010-65125990咨询，或发送电子邮件至"万千心理"读者信箱（1012305542@qq.com）索取。